作者简介

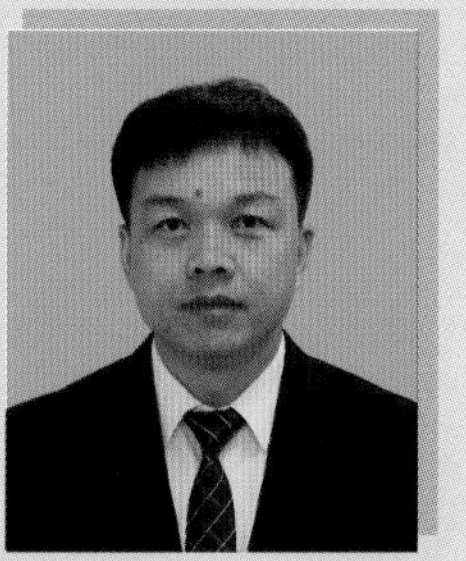

吴英杰 1979年6月出生，福建安溪人，博士，教授。美国宾夕法尼亚州立大学访问学者，2001年7月毕业于福州大学计算机科学与技术专业，获学士学位；2004年3月毕业于福州大学计算机软件与理论专业，获硕士学位，随后留校任教；2012年3月获东南大学计算机应用技术博士学位；2012年7月晋升副教授；2016年6月晋升教授。

曾担任福州大学国家精品资源共享课程“算法与数据结构”和福建省优质硕士学位课程“算法设计与分析”负责人；作为福州大学ACM国际大学生程序设计竞赛代表队总教练，带领福州大学代表队9次晋级ACM国际大学生程序设计竞赛全球总决赛；兼任福建省计算机学会秘书长、CCF YOCSEF福州分论坛主席（2018—2019）。曾获宝钢优秀教师奖、福建青年五四奖章等荣誉和福建省优秀教师、福建省优秀共产党员等称号。

主要从事数据安全隐私保护、推荐系统与视觉问答等领域的研究。近年来，先后主持及参与2项国家自然科学基金项目和5项福建省自然科学基金项目的研究工作。获得国家发明专利3项。主持的教学改革项目获2018年福建省教学成果特等奖。在*IEEE Transactions on Mobile Computing*、《中国科学》、《软件学报》、*Information Processing Letter*等国内外重要学术期刊上发表50余篇学术论文。

Differential Privacy Statistical Data Publication

差分隐私统计数据发布

吴英杰　著

清華大學出版社
北　京

内容简介

本书主要阐述数据统计发布中的差分隐私保护模型及其关键算法。全书共8章，主要内容包括差分隐私基础知识、面向任意区间树结构及其扩展背景(考虑区间计数查询分布和异方差加噪)下的差分隐私直方图发布、面向流/连续数据发布的差分隐私保护、差分隐私数据发布方法的误差分析等。

本书主要面向高等学校计算机科学与技术、网络空间安全、管理科学与工程等学科相关专业高年级本科生、研究生以及数据安全隐私保护的研究者。

图书在版编目(CIP)数据

差分隐私统计数据发布/吴英杰著. —北京：清华大学出版社，2022.6（2023.6重印）
ISBN 978-7-302-52416-8

Ⅰ.①差… Ⅱ.①吴… Ⅲ.①数据管理－模型－研究 ②数据管理－算法－研究 Ⅳ.①TP274

中国版本图书馆CIP数据核字(2019)第042147号

责任编辑：张瑞庆　战晓雷
封面设计：傅瑞学
责任校对：焦丽丽
责任印制：曹婉颖

出版发行：清华大学出版社
网　　址：http://www.tup.com.cn，http://www.wqbook.com
地　　址：北京清华大学学研大厦A座　　**邮　　编**：100084
社 总 机：010-83470000　　**邮　　购**：010-62786544
投稿与读者服务：010-62776969，c-service@tup.tsinghua.edu.cn
质量反馈：010-62772015，zhiliang@tup.tsinghua.edu.cn
课件下载：http://www.tup.com.cn,010-83470236
印 装 者：天津鑫丰华印务有限公司
经　　销：全国新华书店
开　　本：185mm×260mm　　**印　　张**：10.75　　**插　　页**：1　　**字　　数**：264千字
版　　次：2022年7月第1版　　**印　　次**：2023年6月第3次印刷
定　　价：59.00元

产品编号：081908-01

前　言

随着数据挖掘和信息共享等数据库应用的出现与发展，如何保护隐私数据和防止敏感信息泄露成为当前面临的重大挑战。作为数据挖掘与信息共享应用中的重要环节，数据发布中的隐私保护已成为当前的研究热点。隐私保护数据发布自提出以来，已吸引国内外众多学者、数据管理人员以及工程科技人员对其展开研究，并取得了大量的研究成果。

近十年来，作者及其课题组一直致力于隐私保护数据发布的模型及算法研究，在多年研究积累的基础上撰写了本书。本书主要阐述以差分隐私模型为基础的统计数据发布，其主要内容是作者主持的国家自然科学基金项目和福建省自然科学基金项目的研究成果，并融合了课题组近年来在国内外重要学术期刊和学术会议上发表的研究成果。

全书共8章。第1章概述差分隐私模型的相关基础知识。第2～4章论述基于区间树结构的静态数据发布及流数据发布。其中，第2章论述面向任意区间树结构的差分隐私直方图数据发布方法；第3章介绍从调整树结构和添加异方差噪声的角度优化基于树结构的差分隐私直方图数据发布，以进一步提高发布直方图数据的查询精度的方法；第4章介绍面向流数据发布背景，通过异方差加噪与一致性约束优化基于树结构的差分隐私流数据发布的方法。第5～7章论述基于矩阵机制的静态数据发布与流数据发布方法。其中，第5章阐述基于矩阵机制的差分隐私连续数据发布方法；第6章阐述指数衰减模式下的连续数据发布方法；第7章介绍面向流数据发布背景，基于矩阵机制与滑动窗口优化流数据发布的算法效率与发布精度的方法。第8章介绍基于矩阵机制提出的一种面向差分隐私数据发布的误差分析方法。

在撰写本书过程中，作者得到国内外许多专家的支持和帮助，与他们的讨论给了作者许多启发。王晓东教授在百忙之中认真审阅了全书，提出了许多宝贵的改进意见，作者在此表示感谢。同时，感谢课题组参与有关研究工作的王一蕾副教授、傅仰耿博士、孙岚讲师以及张玺霖、陈鸿、黄泗勇、康健、蔡剑平、张立群、葛晨、陈靖麟等硕士生。

本书的相关研究工作得到国家自然科学基金项目“基于线性无偏估计面向任意树结构的差分隐私直方图发布”(No. 61300026)、福建省自然科学基金项目“异方差加噪下的差分隐私直方图发布模型及算法研究”(No. 2017J01754)和“面向LBS的位置隐私保护与移动轨迹匿名发布模型及算法研究”(No. 2014J01230)等的支持。清华大学出版社对本书的出版给予了大力支持，在此一并致谢。

本书可作为高等学校计算机科学与技术、网络空间安全、管理科学与工程等学科相关专业高年级本科生、研究生以及数据安全隐私保护的研究者的参考用书。

差分隐私统计数据发布是一个新兴的多学科交叉研究领域，许多概念和理论尚待探讨，加之作者水平有限，撰写时间仓促，因此书中难免存在疏漏，恳请读者指正。

作　者

2021年9月

目录

第 1 章　基于差分隐私的统计数据发布概述 …… 1

1.1　ε-差分隐私模型 …… 1

1.2　差分隐私的实现机制 …… 2

1.2.1　Laplace 机制 …… 3

1.2.2　指数机制 …… 4

1.3　差分隐私的组合特性 …… 4

1.4　差分隐私数据保护框架 …… 4

1.5　差分隐私保护方法的性能度量 …… 5

参考文献 …… 6

第 2 章　面向任意区间树结构的差分隐私直方图发布 …… 8

2.1　引言 …… 8

2.2　基础知识与问题提出 …… 9

2.3　面向任意区间树结构的差分隐私直方图发布迭代算法 …… 10

2.3.1　k-区间树 …… 10

2.3.2　局部最优线性无偏估计及其算法 …… 12

2.3.3　基于 LBLUE 解全局最优线性无偏估计的迭代算法 …… 13

2.3.4　算法分析 …… 14

2.3.5　实验结果与分析 …… 18

2.4　面向任意区间树结构的差分隐私直方图发布线性时间算法 …… 21

2.4.1　差分隐私区间树中节点权值的最优线性无偏估计 …… 21

2.4.2　求解差分隐私区间树节点权值最优线性无偏估计的算法 …… 22

2.4.3　算法复杂度分析 …… 24

2.4.4　实验结果与分析 …… 24

2.5　本章小结 …… 26

参考文献 …… 27

第 3 章　异方差加噪下的差分隐私直方图发布 …… 28

3.1　引言 …… 28

3.2　基础知识与问题提出 …… 28

3.3　基于区间查询概率的差分隐私直方图发布 …… 29

3.3.1 问题提出 …… 29
3.3.2 基于区间计数查询概率的差分隐私直方图发布算法 …… 31
3.3.3 实验结果与分析 …… 35
3.4 异方差加噪下面向任意树结构的差分隐私直方图发布算法 …… 38
3.4.1 节点覆盖概率计算 …… 38
3.4.2 节点系数计算及隐私预算分配 …… 38
3.4.3 算法描述与分析 …… 42
3.4.4 实验结果与分析 …… 47
3.4.5 算法运行效率比较 …… 49
3.5 本章小结 …… 50
参考文献 …… 51

第4章 差分隐私流数据自适应发布 …… 52

4.1 引言 …… 52
4.2 基础知识与问题提出 …… 53
4.3 基于历史查询的差分隐私流数据自适应发布 …… 55
4.3.1 滑动窗口下的区间树动态构建 …… 55
4.3.2 节点被覆盖概率计算及隐私预算预分配 …… 57
4.3.3 基于历史查询的差分隐私流数据发布自适应算法 HQ_DPSAP …… 60
4.3.4 实验结果与分析 …… 63
4.4 异方差加噪下差分隐私流数据发布一致性优化算法 …… 68
4.4.1 一致性约束优化 …… 68
4.4.2 基于滑动窗口的差分隐私流数据一致性优化算法 …… 72
4.4.3 算法分析 …… 73
4.4.4 实验结果与分析 …… 73
4.5 本章小结 …… 78
参考文献 …… 78

第5章 基于矩阵机制的差分隐私连续数据发布 …… 80

5.1 引言 …… 80
5.2 基础知识与问题提出 …… 81
5.3 基于矩阵机制的差分隐私连续数据发布 …… 82
5.4 隐私连续数据发布算法 …… 83
5.4.1 策略矩阵的构建 …… 83
5.4.2 查询均方误差的降低 …… 86
5.4.3 最小误差的快速求解 …… 87
5.4.4 优化效果分析 …… 91
5.4.5 实验结果与分析 …… 92

5.5 本章小结 …… 95
参考文献 …… 95

第 6 章 指数衰减模式下的差分隐私连续数据发布 …… 97

6.1 引言 …… 97
6.2 基础知识与问题提出 …… 98
6.3 指数衰减模式下的差分隐私连续数据发布 …… 99
6.3.1 策略矩阵构造 …… 99
6.3.2 利用对角矩阵优化发布精度 …… 102
6.3.3 实验结果与分析 …… 106
6.4 本章小结 …… 111
参考文献 …… 111

第 7 章 基于矩阵机制的差分隐私流数据实时发布 …… 113

7.1 引言 …… 113
7.2 基础知识与问题提出 …… 113
7.3 差分隐私流数据实时发布 …… 115
7.3.1 树模型构建 …… 115
7.3.2 利用矩阵机制优化查询精度 …… 118
7.3.3 算法描述 …… 119
7.3.4 算法分析 …… 121
7.3.5 实验结果与分析 …… 121
7.4 指数衰减模式下的差分隐私流数据发布 …… 125
7.4.1 算法思想 …… 126
7.4.2 算法描述 …… 127
7.4.3 算法分析 …… 129
7.4.4 实验结果与分析 …… 129
7.5 基于历史查询的差分隐私流数据实时发布 …… 135
7.5.1 算法思想 …… 136
7.5.2 算法描述 …… 138
7.5.3 实验结果与分析 …… 139
7.6 本章小结 …… 143
参考文献 …… 143

第 8 章 矩阵机制下差分隐私数据发布方法的误差分析 …… 145

8.1 引言 …… 145
8.2 基础知识与问题提出 …… 146
8.3 Prievlet 算法的误差分析 …… 147

8.3.1 Prievlet 差分隐私算法 …… 147
8.3.2 分析 Prievlet 算法的均方误差 …… 148
8.3.3 求解 Prievlet 算法的均方误差 …… 151
8.4 $O(\log_2^3 N)$精确度指标 …… 156
8.5 实验分析 …… 157
8.5.1 验证固定区间查询误差算法 …… 157
8.5.2 验证平均区间查询误差算法 …… 158
8.6 本章小结 …… 160
参考文献 …… 160

第1章 基于差分隐私的统计数据发布概述

现有以匿名为基础的隐私保护模型由于需要特殊的攻击假设和一定的背景知识，且未能对隐私保护强度进行量化分析，因此在实际应用中具有较大的局限性。由此，Dwork 等人提出一种可有效消除以上局限性的隐私保护模型——差分隐私模型[1,2]。该模型通过对发布数据进行随机扰动，使得在统计意义上攻击者无论具有何种背景知识，都无法识别一条记录是否在原数据表中。该模型的优点在于不需要特殊的攻击假设，不关心攻击者所拥有的背景知识，同时给出了定量化分析来表示隐私泄露风险。如何在满足差分隐私的前提下提高发布统计数据的可用性及算法的效率是当前差分隐私数据发布研究的核心问题[3]。近年来，国际上众多研究人员围绕这一核心问题做了一些有意义的研究工作，研究内容覆盖了直方图发布[4-11]、划分发布[12-17]和采样发布[18-21]等方面，并取得了一系列研究成果[22,23]。

1.1 ε-差分隐私模型

为了引入差分隐私的定义，下面先介绍兄弟数据表的概念。

定义 1.1(兄弟数据表)[1] 若两个数据表 T_1 和 T_2 存在且仅存在一条记录相异，则称 T_1 和 T_2 为兄弟数据表。

在表 1.1 中，Mary 并不在数据表 T_2 中，除此之外数据表 T_1 和 T_2 的其他记录均相同，根据定义 1.1 易知 T_1 和 T_2 为兄弟数据表。

表 1.1 数据表 T_1 和 T_2

(a) T_1

Name	Age
Luke	32
Alice	30
Bob	30
Mary	12

(b) T_2

Name	Age
Luke	32
Alice	30
Bob	30

从定义 1.1 可以看出，兄弟数据表之间具有很大的相似度。在兄弟数据表的基础上，可给出 ε-差分隐私的定义。

定义 1.2(ε-差分隐私)[1] 若随机算法 K 对任意一对兄弟数据表 T_1 和 T_2 及任意输出 $S \subseteq \mathrm{Range}(K)$ 均满足

$$\Pr[K(T_1) \in S] \leqslant e^{\varepsilon} \times \Pr[K(T_2) \in S] \tag{1.1}$$

则称算法 K 满足 ε-差分隐私。

利用差分隐私模型，数据通过某种差分隐私随机算法 K 发布并面向用户提供查询接口。

差分隐私的严格数学定义保证了无论一条数据记录 r 是否存在于数据表 T 中，算法 K 的输出概率密度几乎不变，而差分隐私框架下的差分隐私系数 ε 在一定程度上决定了兄弟数据表 T_1 和 T_2 的相似度。图 1.1 为一条记录 r 在数据表 T 中和不在数据表 T 中这两种情况下所对应的算法 K 的输出概率密度函数示意图。

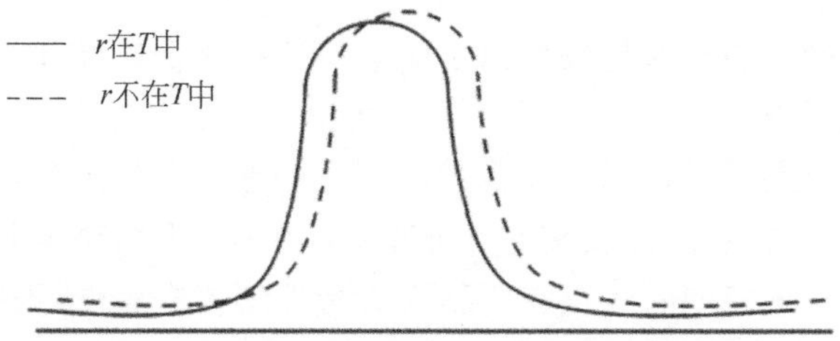

图 1.1 差分隐私随机算法输出概率密度函数示意图

从图 1.1 可以看出，上述两种情况下差分隐私算法 K 的输出的概率密度函数相似度较高，因而通过观测算法输出判断一条记录 r 是否在数据表 T 中是不容易的。正是由于不易判定一条记录是否在数据库中，使得数据发布后个人的隐私得到了强有力的保障。

在定义 1.2 中，差分隐私参数 ε 用于衡量隐私保护的强度，越小的 ε 意味着图 1.1 中的两种概率密度函数相似度越高，因此提供了高强度的隐私保护。在差分隐私机制中，ε 一般是一个公开的实数，通常取值为 0.01、0.1、1。

在式(1.1)中，$K(T_1)$、$K(T_2)$分别表示以 T_1、T_2 作为算法 K 的输入而得到的输出，其中 K 是一个差分隐私随机算法。$\Pr[K(T_1) \in S]$、$\Pr[K(T_2) \in S]$分别表示输出 $K(T_1)$、$K(T_2)$为 S 的概率。由于 $\Pr[K(T_1) \in S]$与 $\Pr[K(T_2) \in S]$的近似程度与 ε 的取值有直接联系，因此在 ε 取值适当的情况下，对于一个特定输出 S，较难断定原数据表是 T_1 还是 T_2。

在差分隐私模型中，攻击者的计算能力及其获取的辅助信息将不会影响隐私保护程度。差分隐私随机算法 K 不依赖于特定的数据表，输出被随机噪声扰乱，数据表中的每一条记录均得到了同样程度的保护。差分隐私模型能够保证即使攻击者知道除某条记录 r 外的所有记录，也无法判断记录 r 是否在数据表中，由此能够为记录 r 的隐私安全提供可靠的保障。

1.2 差分隐私的实现机制

Dwork 等人提出的 Laplace 机制[2]是最早的差分隐私方法，同时是目前应用最为广泛的差分隐私机制。除了 Laplace 机制之外，指数机制[8]是另一个较为常见的差分隐私机制。

1.2.1 Laplace 机制

Laplace 机制是通过向真实数值添加 Laplace 噪声实现差分隐私的。Laplace 机制是目前实现差分隐私最常用的机制，其基本原理如图 1.2 所示。可将对原始数据表 T 的查询请求视为函数 f 作用在 T 上得到的值，将这些函数构成的函数集合记为 F。

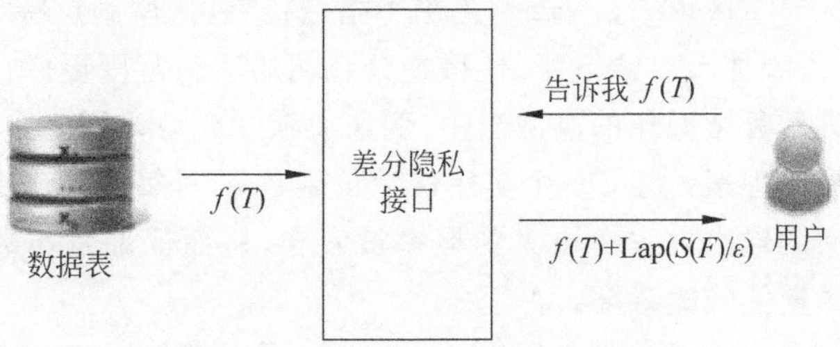

图 1.2　Laplace 机制的基本原理

在 Laplace 机制中，通过向查询请求结果 $f(T)$ 中添加噪声 η 得到 $f(T)+\eta$。其中，η 是一个满足 Laplace 分布的连续型随机变量，其概率密度函数为

$$p(\eta)=\frac{1}{2\lambda}\mathrm{e}^{-\frac{|\eta|}{\lambda}} \tag{1.2}$$

从式(1.2)可知，Laplace 分布的期望值为 0，方差为 $2\lambda^2$。Laplace 噪声参数 λ 体现了添加噪声的幅度大小以及隐私保护的强度。λ 越大，添加噪声的幅度越大，隐私保护强度越大。此外，若干参数相同的独立随机 Laplace 噪声累加后得到的随机变量的方差为它们各自的方差之和。

除 Laplace 噪声参数 λ 之外，另一个影响隐私保护强度的因素是敏感度，Laplace 机制的敏感度定义如下。

定义 1.3(Laplace 机制敏感度)[2]　给定一个函数集 F，若 $\underset{f\in F}{f(T)}\in R$，则 F 的敏感度定义为

$$S(F)=\max_{T_1,T_2}\left(\sum_{f\in F}|f(T_1)-f(T_2)|\right) \tag{1.3}$$

其中，T_1 和 T_2 为任意一对兄弟数据表。

在许多类型的查询下，敏感度 $S(F)$ 的值很小。例如对表 1.1 的 T_1 和 T_2 提出查询“有多少条记录的 Age 属性值为 12?”，此时敏感度 $S(F)=1$。

下面给出关于差分隐私参数 ε、Laplace 噪声参数 λ 以及敏感度三者之间关系的定理。

定理 1.1[2]　设有函数集 F，其敏感度为 $S(F)$，K 为向 F 中每一个函数 f 的输出添加独立噪声的算法。若该噪声为差分隐私参数值取 $S(F)/\varepsilon$ 的 Laplace 分布，则算法 K 满足 ε-差分隐私；若该噪声为差分隐私参数值取 λ 的 Laplace 分布，则算法 K 满足 $S(F)/\lambda$-差分隐私。

定理 1.1 表明，实现差分隐私需要添加的 Laplace 噪声参数 λ 的值取决于敏感度 $S(F)$ 和差分隐私参数 ε。

Dwork 等人提出将 Laplace 机制用于实现非交互式差分隐私[2]，即通过预先添加 Laplace 噪声获得加噪数据，并对于用户查询直接返回加噪结果。本书采用 Laplace 机制的

非交互式差分隐私。由于噪声在预处理阶段添加，因此对于同一个查询，差分隐私算法输出结果必定相同。

1.2.2 指数机制

Laplace 机制最主要的一个局限性是要求算法 K 的输出必须是一个实数，才能添加 Laplace 噪声。而 McSherry 和 Talwar[24]提出了指数机制，采用满足特定分布的随机抽样来实现差分隐私，取代了添加噪声的方法，使得差分隐私的适用范围更广。指数机制通常应用于需要对输入数据进行复杂操作的算法当中，例如文献[25]需要用到的划分操作。

指数机制的主要原理是：定义一个实用性估价函数 q，对每一种输出方案计算出一个实用性分值。分值更高的输出方案有更大的概率被发布，从而保证发布数据的质量。实用性估价函数 q 必须有尽量低的敏感度。

定义 1.4（指数机制敏感度[24]） 给定一个实用性估价函数 q，则 q 的敏感度定义为

$$S(q)=\max_{T_1,T_2,r}\|q(T_1,r)-q(T_2,r)\| \tag{1.4}$$

其中，T_1 和 T_2 为任意一对兄弟数据表，r 表示任意合法的输出。

根据敏感度定义，可得定理 1.2。

定理 1.2[24] 给定数据表 T，q 是一个对数据表 T 所有输出的实用性估价函数。对于数据表 T 和函数 q，如果算法 K 满足输出为 r 的概率与 $\exp\left(\dfrac{\varepsilon q(T,r)}{2S(q)}\right)$成比例关系，那么算法 K 满足 ε-差分隐私。

1.3 差分隐私的组合特性

在差分隐私中蕴含着两种重要的组合性质，即不同差分隐私算法组合后的差分隐私特性。

定理 1.3[26] 假设有 n 个随机算法，其中算法 A_i 满足 ε_i-差分隐私（$1\leqslant i\leqslant n$），则组合后的算法满足 $\sum_{i=1}^{n}\varepsilon_i$-差分隐私。

定理 1.4[26] 假设有 n 个随机算法，其中算法 A_i 满足 ε_i-差分隐私（$1\leqslant i\leqslant n$），且任意两个算法的操作数据集没有交集，则组合后的算法满足 $\max\limits_{1\leqslant i\leqslant n}\{\varepsilon_i\}$-差分隐私。

1.4 差分隐私数据保护框架

从现有的研究来看，差分隐私数据发布有交互式和非交互式两种不同的保护框架。这两种保护框架处理数据的方式各有特色，但其目标是一致的，即在满足差分隐私的同时，尽可能地提高数据可用性。在交互式保护框架下（如图 1.3 所示），数据管理者根据数据应用需求设计出相应的差分隐私算法 K，当用户对数据服务器发出查询后，返回的结果将经过算法 K 的处理才会发送给用户。这种框架存在的最大问题是隐私预算耗尽，解决这个问题的现有方法是限制查询数目，这也使得其在应用中具有一定的局限性。

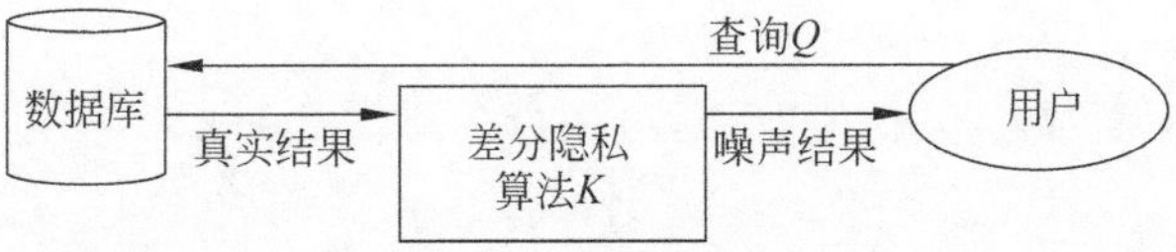

图 1.3　交互式保护框架

图 1.4 是非交互式保护框架的基本结构，一般情况下，数据管理者会根据数据信息的特点来决定要发布哪些统计信息，并设计出隐私算法来进行处理发布。此时，用户只能对发布后的合成数据库进行查询或者挖掘任务并获得近似的结果。如何合理分配隐私预算并尽可能地提高发布数据的可用性是此框架下的研究重点。

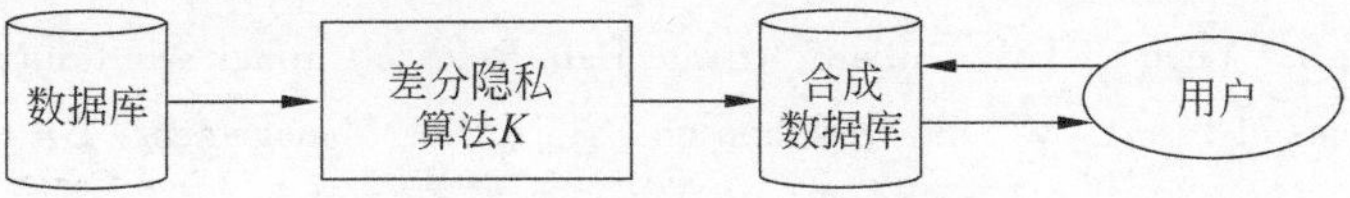

图 1.4　非交互式保护框架

为了更深入地理解上述两种框架，下面举两个例子来进行说明。

例 1.1　若表 1.1(a)为原数据表 T，表中包含 Name、Age 属性，用户可以通过提交查询来获取所需信息。例如：

```
Select Count(*) from T Where Age=='30'
```

对表 T 进行上述 SQL 语句查询的结果为 2，通过差分隐私算法处理后返回给用户，例如返回结果为 1.93。

例 1.2　假设表 1.1(a)为原数据表 T，现将发布属性 Age 的统计值，即 Age 属性的计数向量，表 1.2(a)为对应的统计结果，表 1.2(b)为对应的差分隐私计数向量。

表 1.2　计数向量及差分隐私计数向量

(a) 计数向量

Value	Count
32	1
30	2
12	1

(b) 差分隐私计数向量

Value	Count
32	1.34
30	2.12
12	0.56

1.5　差分隐私保护方法的性能度量

在差分隐私数据发布中，通常用以下 3 个指标度量隐私保护方法的性能。

(1) 隐私保护强度。差分隐私参数 ε 用于衡量隐私保护的强度。此外，不同的 ε 分配方案将对算法的误差产生较大的影响(第 3 章将对此展开讨论与分析)。

(2) 算法误差。常用的误差度量方法包括相对误差、绝对误差、误差的方差等。

(3) 算法性能。一般采用时间复杂度对算法性能进行度量。

参考文献

[1] Dwork C. Differential Privacy[C]. Proceedings of the 33rd International Colloquium on Automata, Languages and Programming, Venice, Italy, 2006: 1-12.

[2] Dwork C, McSherry F, Nissim K, et al. Calibrating Noise to Sensitivity in Private Data Analysis[C]. Proc of the 3rd Conf on Theory of Cryptography. Berlin: Springer-Verlag, 2006: 265-284.

[3] Dwork C, Smith A. Differential Privacy for Statistics: What We Know and What We Want to Learn. Journal of Privacy and Confidentiality[J]. NCHS/CDC Data Confidentiality workshop, 2009, 1(2): 135-154.

[4] Xiao Y, Xiong L, Yuan C. Differentially Private Data Release through Multidimensional Partitioning [C]. Proceedings of the 7th VLDB Workshop on Secure Data Management, Berlin, Germany, 2010: 150-168.

[5] Rastogi V, Nath S. Differentially Private Aggregation of Distributed Time-series with Transformation and Encryption[C]. Proceedings of the ACM SIGMOD International Conference on Management of Data, Indianapolis, Indiana, USA, 2010: 735-746.

[6] Hay M, Rastogi V, Miklau G, et al. Boosting the Accuracy of Differentially Private Histograms through Consistency[C]. Proceedings of the 36th Conference of Very Large Databases, Istanbul, Turkey, 2010: 1021-1032.

[7] Xiao X, Xiong L, Yuan C. Differential Privacy via Wavelet Transforms[J]. IEEE Transactions on Knowledge and Data Engineering, 2011, 23(8): 1200-1214.

[8] Cormode G, Procopiuc C M, Srivastava D, et al. Differentially Private Summaries for Sparse Data[C]. Proceedings of 15th International Conference on Database Theory, Berlin, Germany, 2012: 299-311.

[9] Xu J, Zhang Z, Xiao X, Yang Y, et al. Differentially Private Histogram Publication[C]. Proceedings of IEEE 28th International Conference on Data Engineering, Washington, DC, USA, 2012: 32-43.

[10] Acs G, Chen R. Differentially Private Histogram Publishing through Lossy compression [C]. Proceedings of the 11th IEEE International Conference on Data Mining, Brussels, Belgium, 2012: 84-95.

[11] Peng S, Yang Y, Zhang Z, et al. DP-tree: Indexing Multi-dimensional Data under Differential Privacy[C]. Proceedings of the ACM SIGMOD International Conference on Management of Data, Scottsdale, AZ, USA, 2012: 864.

[12] Chen R, Acs G, Castelluccia C. Differentially Private Sequential Data Publication via Variable-Length N-Grams [C]. Proceedings of the ACM Conference on Computer and Communications Security, Raleigh, NC, USA, 2012: 638-649.

[13] Cormode G, Procopiuc C M, Srivastava D, et al. Differentially Private Spatial Decompositions[C]. Proceedings of IEEE 28th International Conference on Data Engineering, Washington, DC, USA, 2012: 20-31.

[14] Chen R, Mohammed N, Fung B C M, et al. Publishing Set-Valued Data via Differential Privacy[C]. Proceedings of the 37th Conference of Very Large Databases (VLDB), Seattle, Washington, USA, 2011: 1087-1098.

[15] Chen R, Fung B C M, Desai B C, et al. Differentially Private Transit Data Publication: A Case Study on the Montreal Transportation System [C]. Proceedings of the ACM SIGKDD International

Conference on Knowledge Discovery and Data Mining, Beijing, China, 2012: 493-502.

[16] Karwa V, Raskhodnikova S, Smith A, et al. Private Analysis of Graph Structure[C]. Proceedings of the 37th Int'l Conf. on Very Large Databases, Seattle, Washington, USA, 2011, 4(11): 1146-1157.

[17] Sala A, Zhao X, Wilson C, et al. Sharing Graphs Using Differentially Private Graph Models[C]. Proceedings of the 11th ACM SIGCOMM Conference on Internet Measurement, Berlin, Germany, 2011: 81-98.

[18] Goetz M, Machanavajjhala A, Wang G, et al. Publishing Search Logs-A Comparative Study of Privacy Guarantees[C]. IEEE Transactions on Knowledge and Data Engineering, 2012, 24(3): 520-532.

[19] Korolova A, Kenthapadi K, Mishra N, et al. Releasing Search Queries and Clicks Privately[C]. Proceedings of 18th international conference World Wide Web, Madrid, Spain, 2009: 171-180.

[20] Dwork C, Naor M, Pitassi T. Differential Privacy under Continual Observation[C]. Proceedings of the 42nd ACM Symposium on Theory of Computing, Cambridge, Massachusetts, USA, 2010: 715-724.

[21] Chan T H H, Shi E, Song D. Private and Continual Release of Statistics[J]. ACM Transactions on Information and System Security, 2011, 14(3): 26.

[22] Dwork C. Differential Privacy: A Survey of Results[C]. Proceedings of the 5th International Conference on Theory and Applications of Models of Computation. Berlin: Springer-Verlag, 2008: 1-19.

[23] 张啸剑，孟小峰. 面向数据发布和分析的差分隐私保护[J]. 计算机学报，2014，37(4)：927-949.

[24] McSherry F, Talwar K. Mechanism Design via Differential Privacy[C]. Proceedings of the 48th Annual IEEE Symposium on Foundations of Computer Science (FOCS), Providence, RI, USA, 2007: 94-103.

[25] Cormode G, Procopiuc C M, Srivastava D, et al. Differentially Private Publication of Sparse Data[C]. ICDT, 2012.

[26] McSherry F. Privacy Integrated Queries: An Extensible Platform for Privacy-Preserving Data Analysis[C]. Proceedings of the ACM SIGMOD International Conference on Management of Data (SIGMOD), Providence, Rhode Island, USA, 2009: 19-30.

第2章 面向任意区间树结构的差分隐私直方图发布

2.1 引言

近年来,研究人员对差分隐私直方图发布进行了较深入的研究并取得了若干有价值的研究成果[1],其核心问题是如何在满足差分隐私的前提下提高发布直方图数据的区间计数查询精度并兼顾数据发布算法的效率。

现有的差分隐私直方图发布技术根据噪声添加的顺序可分为两类[1]:第一类是先对原始数据或者原始数据的统计信息添加噪声,然后对加过噪声后的数据进行优化,最后发布优化结果;第二类是先转换或者压缩原始数据,再对转换后的数据添加噪声,最后采用某些策略优化发布结果。文献[2,3]最早提出基于差分隐私模型的直方图发布算法。该算法是第一类发布技术的早期代表,其通过向每个划分集合中添加噪声而发布直方图,并利用发布的直方图提供区间计数查询。然而,当查询区间较大时,由于噪声的累加会导致查询结果的噪声方差过大,从而降低发布数据的可用性。为了解决这一问题,文献[4]利用聚类技术提出了一种优化区间计数查询的方法。其基本思想是:对近似相邻的集合进行聚类,使它们成为一个新集合,然后向每个新集合中添加噪声,由于构成新集合的子集合数可能不同,故所添加的噪声也可能不同。然而,该方法是利用动态规划算法对用直方图表示的集合进行聚类,时间复杂度较高。文献[5,6]则采用第二类发布技术,先将直方图转化成树结构,然后利用树结构的特性提高长区间计数查询的精度。文献[5]提出了一种基于小波变换的差分隐私直方图发布方法 Privelet,该方法先通过小波变换将每个集合的计数映射成一棵小波树,然后向小波树中添加噪声以满足差分隐私,最后通过逆变换得到发布数据,理论分析和基于真实与仿真数据集的实验结果表明 Privelet 方法可有效提高长区间计数查询的精度。文献[6]则提出了一种基于最优线性无偏估计的差分隐私直方图发布方法。该方法的基本思想是:先将每个集合的计数值映射成一棵满 d 叉区间树,树中每个节点表示一个区间(叶节点恰为单位长度区间),节点的值为其对应区间的计数值,且约定每个内节点的值均为其所有子节点的值之和(文献[6]称之为区间树的一致性约束),并向区间树的节点值添加噪声。然而,区间树添加噪声后将不满足一致性约束。为此,文献[6]进一步利用最优线性无偏估计进行一致性修复,最后以基于满二叉区间树的实验分析及结果验证该方法可在很大程度上提高差分隐私直方图发布数据的区间计数查询精度。随后，文献[7]通过分析与实验进一步指出，选择满二叉区间树进行差分隐私直方图发布可获得更好的结果。本章主要是对基于区间树结构的差分隐私直方图发布问题开展进一步研究。

基于线性无偏估计、利用区间树的一致性约束提高差分隐私直方图发布数据的区间计数查询精度是当前差分隐私直方图发布研究中一项有意义的研究成果。然而，现有基于线性无偏估计的差分隐私直方图发布算法要求直方图能转换为满 d 叉区间树，而在现实应用中，直方图将转化为结构各异的区间树，往往难以满足此要求。本章拟在保证发布直方图满足差分隐私要求的前提下，以提高区间计数查询精度为目标，设计出面向任意直方图发布基于最优线性无偏估计的差分隐私算法[8]，并从理论分析和实验比较两个方面验证该算法的可行性及有效性，以期进一步完善基于区间树结构的差分隐私直方图发布方法。

2.2　基础知识与问题提出

统计直方图发布是差分隐私数据发布的一种常见形式。其基本思想是：给定一个由 t 个元组构成的原始数据表 T，每个元组包含数值型属性 A，设属性 A 有 n 种可能的取值，将这 n 种可能的属性值按照某种线性序排列后，通过统计便可得到包含 n 个元素的统计直方图 $H=[X_1,X_2,\cdots,X_n]$，其中 X_i 表示第 i 个属性值在数据表中的出现频率。

在差分隐私直方图发布中，为有效降低长区间计数查询的误差，一种有效的方式是将统计直方图转换成区间树的形式。

定义 2.1(区间树[6])　给定统计直方图 H，称满足以下条件的树为与 H 对应的区间树。

(1) 每一个树节点 x 存储了值域区间 $[L(x),R(x)]$ 内的频率和 $\sum_{i=L(x)}^{R(x)} X_i$，其中 $L(x)$、$R(x)$ 分别表示其左右端点，令 $\text{Seg}(x)=\{L(x),L(x)+1,\cdots,R(x)\}$，下面将 $\text{Seg}(x)$ 简写为 $[L(x),R(x)]$。$|\text{Seg}(x)|$ 表示区间大小(元素个数)，特别地，称 $|\text{Seg}(x)|=1$ 的节点为叶节点。

(2) 若设每一个树节点 x 的子节点集合为 $\text{Son}(x)$，则有

$$\bigcup_{y\in \text{Son}(x)} \text{Seg}(y) = \text{Seg}(x)$$

$$\text{Seg}(y) \bigcap_{y,z\in \text{Son}(x)\wedge y\neq z} \text{Seg}(z) = \varnothing$$

其中，若两个节点 y、z 的交集为空，则称之为不相交；若 x 为叶节点，则 $\text{Son}(x)$ 为空集。

图 2.1 给出了统计直方图大小为 5 时的 3 种不同区间树结构示意图。

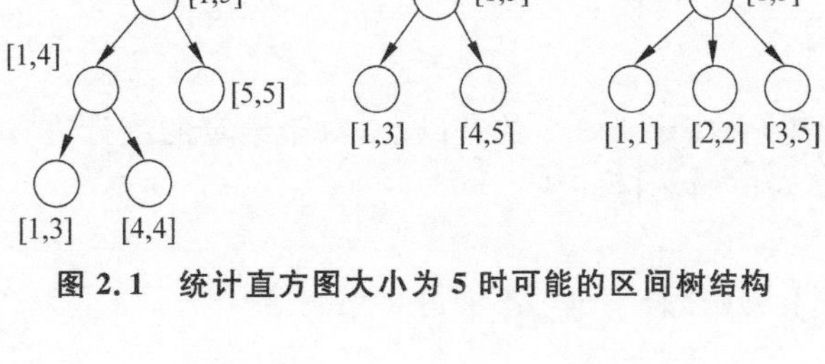

图 2.1　统计直方图大小为 5 时可能的区间树结构

定义 2.2(区间计数查询[6]) 所谓区间计数查询 $Q=[L,R]$,就是要在区间树中找到符合以下条件的节点集合 A,并返回节点权值的累加和。

(1) $\bigcup\limits_{x\in A}\mathrm{Seg}(x)=Q$。

(2) $\mathrm{Seg}(y)\bigcap\limits_{y,z\in A\wedge y\neq z}\mathrm{Seg}(z)=\varnothing$。

(3) $|A|$最小。

换言之,区间计数查询的目标就是找到最少的不相交节点,使之覆盖查询 Q,并返回节点的权值之和。对于一个查询 Q,称 A 中的所有节点均被这个查询覆盖。

对于统计直方图,可将每一条记录看成一个函数,若直接向每一条记录添加噪声,则由敏感度[7]的定义可知 $S(F)=1$。由于区间计数查询 Q 可能覆盖到 $O(n)$条记录,因此,此时查询的噪声方差为 $O(n\lambda^2)$。显然,直接发布会导致区间计数查询(特别是大区间计数查询)的噪声巨大,极大地影响发布数据的可用性。文献[6]率先提出将统计直方图转化成一棵区间树,利用区间树进行差分隐私统计直方图的发布。由于区间树的层数为 $O(\log_2 n)$,根据敏感度定义可知 $S(F)=O(\log_2 n)$。在区间树中,对于某个查询,每一层中至多有 $O(d)$个节点被覆盖(d 为区间树的分支数),故一个查询的噪声为被覆盖节点的噪声之和。由于所加噪声参数相同(即为同方差),因此其噪声和的方差为

$$\sum_{x\in A}2\lambda^2=2\mid A\mid\lambda^2=O(2d\log_2 n\lambda^2)=O(d\log_2 n\lambda^2)$$

由此可以看出,使用区间树发布统计直方图,可以极大地减小区间计数查询的误差。

此外,由于对区间树中每个节点独立添加随机噪声,因此查询结果往往会出现统计上的矛盾(文献[6]称该矛盾为查询结果不符合一致性约束),将降低数据可用性。为此,文献[6,7]采用最小二乘法对加噪后的直方图进行一致性修复,以进一步提高差分隐私直方图发布数据的区间计数查询精度。

然而,已有的研究要求统计直方图必须能映射成满 d 叉区间树,而实际应用中的直方图往往难以满足此要求。为此,本章的研究问题及目标是:首先,设计新的区间树结构,用于实现任意统计直方图向树结构的映射;其次,从理论上分析以下假设:对任意统计直方图发布,仍可利用最小二乘法进行后置处理,以进一步提高发布直方图数据的区间计数查询精度;最后,提出面向任意直方图的差分隐私发布算法。

2.3 面向任意区间树结构的差分隐私直方图发布迭代算法

在阐述算法之前,首先给出本章提出的可实现任意统计直方图向区间树结构映射的 k-区间树定义及相关知识。

2.3.1 k-区间树

定义 2.3(k-区间树) 在定义 2.1 的基础上,对于给定的统计直方图 H,称满足以下构树规则的区间树为 H 对应的 k-区间树。

(1) $k\geqslant 2$。

(2) (k-区间树划分规则)对于每一个非叶子节点 x:

① 若 $|\mathrm{Seg}(x)|\leqslant k$，则直接划分出 $|\mathrm{Seg}(x)|$ 个叶子节点。

② 若 $|\mathrm{Seg}(x)|>k$，则划分出满足以下条件的 k 个孩子：

$$\left\lfloor\frac{|\mathrm{Seg}(x)|}{k}\right\rfloor\leqslant|\underset{y\in\mathrm{Son}(x)}{\mathrm{Seg}(y)}|\leqslant\left\lceil\frac{|\mathrm{Seg}(x)|}{k}\right\rceil$$

其中参数 k 称为划分参数，每一个非叶节点均有 k 个子节点的 k-区间树为满 k-区间树。

(3) (k-区间树子树及叶节点集合)区间树节点 x 的子树称为 k-区间树子树，叶节点集合 $\mathrm{Leaf}(x)$ 表示该子树的叶节点集合。

图 2.2 给出了统计直方图大小为 5 时的一棵 2-区间树。

在 k-区间树中，树中每一个节点 x 对应一个函数 f_x，这个函数以数据表 T 为输入，输出 $[L(x),R(x)]$ 的频率和。若在原数据表 T_1 中增加或删除一条记录得到 T_2，那么某个叶节点 x 对应的 $|f_x(T_1)-f_x(T_2)|$ 为 1，同时它的所有祖先节点 y 对应的 $|f_y(T_1)-f_y(T_2)|$ 均改变 1，因此 $S(F)$ 的值实际上等于根节点到最远叶节点的距离，即 k-区间树的树高。显然，在图 2.2 中，$S(F)=4$。从定义 2.3 易知，含有 n 个节点的 k-区间树的高度为 $O(\log_k n)$，从而有 $S(F)=O(\log_k n)$。

根据文献[7]中关于差分隐私参数 ε、Laplace 噪声参数 λ 以及敏感度三者之间关系的定理可知，通过向每一个节点值添加参数为 $S(F)/\varepsilon$ 的 Laplace 噪声可以实现 ε-差分隐私，下面称添加该噪声后的频率和为节点的权值，称添加噪声后的 k-区间树为差分隐私 k-区间树。

图 2.3 给出了统计直方图大小为 5 时添加了 Laplace 噪声的一棵差分隐私 2-区间树。

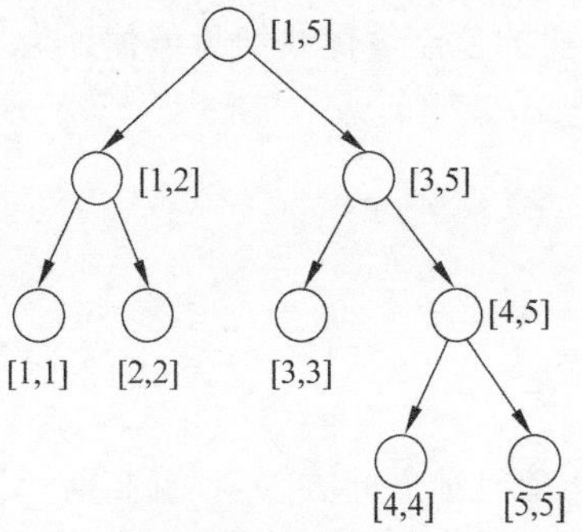

图 2.2　统计直方图大小为 5 时的一棵 2-区间树

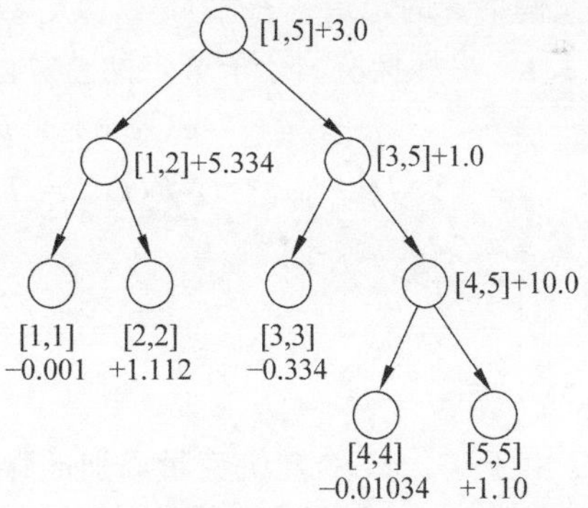

图 2.3　统计直方图大小为 5 时添加了 Laplace 噪声的一棵差分隐私 2-区间树

根据定义 2.3，差分隐私 k-区间树的层数为 $O(\log_k n)$。而对于一个查询，每一层中至多有 $O(k)$ 个节点被覆盖，故一个查询的噪声为被覆盖节点的噪声之和。由于所加噪声参数相同(即为同方差)，因此其噪声和的方差为

$$\sum_{x\in A}2\lambda^2=2|A|\lambda^2=O(2k\log_k n\lambda^2)=O(k\log_k n\lambda^2)$$

由此可以看出，使用差分隐私 k-区间树发布统计直方图，可以极大地减小区间查询误差。

然而，若对图 2.3 所示的差分隐私 2-区间树进行如下 3 个区间计数查询：

$$Q(0)=[1,2],\quad Q(1)=[3,5],\quad Q(2)=[1,5]$$

获得的查询结果为

$$Q_{\text{result}}(0)=5.334,\quad Q_{\text{result}}(1)=1.0,\quad Q_{\text{result}}(2)=3.0$$

容易看出，

$$Q_{\text{result}}(0)+Q_{\text{result}}(1)\neq Q_{\text{result}}(2)$$

这是由于对每个节点独立添加随机噪声，因此查询结果不符合一致性约束[6]。下面从理论上分析以下假设：对任意的差分隐私直方图发布，仍然可以在满足一致性约束下通过求解差分隐私区间树节点权值的最优线性无偏估计来进一步提高区间计数查询精度，进而设计出面向任意直方图发布的差分隐私迭代算法，并从理论上对算法的收敛性、迭代次数与差分隐私保障进行分析。

2.3.2 局部最优线性无偏估计及其算法

假设仅考虑任意给定一棵高度为 1 且有 r 个子节点的差分隐私区间树（约定叶节点的高度为 0）。本节的目标是找到其节点权值的最优线性无偏估计，以提高区间计数查询精度。令根节点 root 的权值和子节点 $\text{Son(root)}=\{i_1,i_2,\cdots,i_r\}$ 的权值分别为

$$\tilde{h}(\text{root})=\Big(\sum_{i\in\text{Son(root)}}X_{L(i)}\Big)+\text{Lap}\Big(\frac{S(F)}{\varepsilon}\Big)$$

$$\underset{i\in\text{Son(root)}}{\tilde{h}(i)}=X_{L(i)}+\text{Lap}\Big(\frac{S(F)}{\varepsilon}\Big)$$

令 $\bar{h}=[\bar{h}(i_1),\bar{h}(i_2),\cdots,\bar{h}(i_r)]^{\mathrm{T}}$ 与 $\tilde{h}=[\tilde{h}(i_1),\tilde{h}(i_2),\cdots,\tilde{h}(i_r)]^{\mathrm{T}}$ 分别表示节点权值的最优线性无偏估计及其原始值，则有如下关于一棵拥有 r 个子节点的差分隐私区间树节点最优线性无偏估计的定理。

定理 2.1 一棵拥有 r 个子节点的差分隐私区间树的节点最优线性无偏估计为

$$\bar{h}(\text{root})=\tilde{h}(\text{root})-\Delta_{\text{root}}$$

$$\underset{i\in\text{Son(root)}}{\bar{h}(i)}=\tilde{h}(i)+\Delta_{\text{root}}$$

其中

$$\Delta_{\text{root}}=\frac{\tilde{h}(\text{root})-\sum_{i\in\text{Son(root)}}\tilde{h}(i)}{r+1}$$

证明：由于这 $r+1$ 个随机变量添加的噪声为 0 均值且独立同方差，根据高斯-马尔可夫定理，该线性回归求最优线性无偏估计等价于求解一个满足一定限定条件的最小二乘

$$\begin{aligned}&\min(\bar{h}(\text{root})-\tilde{h}(\text{root}))^2+\|\bar{h}-\tilde{h}\|_2^2\\&\text{s.t.}\quad \bar{h}(\text{root})=\sum_{i\in\text{Son(root)}}\bar{h}(i)\end{aligned}\tag{2.1}$$

将一致性约束带入式(2.1)中，则等价于要最优化

$$f(\bar{h})=\Big(\Big(\sum_{i\in\text{Son(root)}}\bar{h}(i)\Big)-\tilde{h}(\text{root})\Big)^2+\sum_{i\in\text{Son(root)}}(\bar{h}(i)-\tilde{h}(i))^2$$

通过对 $\bar{h}(i_j)$ 求偏导并令其为 0，可得

$$\begin{aligned}&\frac{\partial f}{\partial\bar{h}(i_j)}=2(\bar{h}(i_j)-\tilde{h}(i_j))+2\Big(\sum_{x\in\text{Son(root)}}\bar{h}(x)-\tilde{h}(\text{root})\Big)=0\\&(\bar{h}(i_j)-\tilde{h}(i_j))=(\tilde{h}(\text{root})-\sum_{i\in\text{Son(root)}}\bar{h}(i))\end{aligned}\tag{2.2}$$

把 r 个变量得到的偏导式累加，得到

$$\sum_{i\in \mathrm{Son(root)}} \bar{h}(i) - \sum_{i\in \mathrm{Son(root)}} \tilde{h}(i) = r\tilde{h}(\mathrm{root}) - r\sum_{i\in \mathrm{Son(root)}} \bar{h}(i)$$

$$\bar{h}(\mathrm{root}) = \sum_{i\in \mathrm{Son(root)}} \bar{h}(i) = \frac{r\tilde{h}(\mathrm{root}) + \sum_{i\in \mathrm{Son(root)}} \tilde{h}(i)}{r+1}$$

将上式带入式(2.2)中，解得

$$\bar{h}(\mathrm{root}) = \tilde{h}(\mathrm{root}) - \Delta_{\mathrm{root}}$$

$$\underset{i\in \mathrm{Son(root)}}{\bar{h}(i)} = \tilde{h}(i) + \Delta_{\mathrm{root}}$$

其中

$$\Delta_{\mathrm{root}} = \frac{\tilde{h}(\mathrm{root}) - \sum_{i\in \mathrm{Son(root)}} \tilde{h}(i)}{r+1}$$

证明完毕。

根据定理 2.1，可以得到一个线性时间的局部最优线性无偏估计算法 LBLUE(Local Best Linear Unbiased Estimator)。

算法 2.1　LBLUE(x)

输入：差分隐私区间树节点 x

输出：x 以及 Son(x)的局部最优线性无偏估计

1. 若 x 为叶节点，则直接返回其权值，算法结束
2. $r \leftarrow |\mathrm{Son}(x)|$；
3. $\Delta_x = \dfrac{\tilde{h}(x) - \sum_{i\in \mathrm{Son}(x)} \tilde{h}(i)}{r+1}$；　　/* 其值用于计算局部最优线性无偏估计 */
4. $\bar{h}(x)=\tilde{h}(x)-\Delta_x$；　　/* x 的局部最优线性无偏估计 */
5. for $j=1$ to r do
6. 　$\bar{h}(i_j)=\tilde{h}(i_j)+\Delta_x$；　　/* x 的子节点的局部最优线性无偏估计 */
7. end for

2.3.3　基于 LBLUE 解全局最优线性无偏估计的迭代算法

通过算法 2.1 一次最多可调整一个节点及其子节点的权值，使其局部为最优线性无偏估计。对于差分隐私区间树中的节点自底向上运行算法 2.1，称为一次调整。

基于算法 2.1 的调整算法 LBLUE-ADJUST 如下：

算法 2.2　LBLUE-ADJUST(x)

输入：差分隐私区间树节点 x

输出：x 及其所在子树节点的局部最优线性无偏估计

1. 若 x 为叶节点，则直接返回其权值，算法结束
2. $r \leftarrow |\mathrm{Son}(x)|$；
3. for $j=1$ to r do
4. 　LBLUE-ADJUST(i_j)；　　/* 递归地对节点 x 的子节点进行调整 */
5. end for

6. LBLUE(x)　　　　　/ * 获得 x 以及 Son(x)的局部最优线性无偏估计 * /

显然，一次调整后不太可能获得整棵差分隐私区间树的最优线性无偏估计。为此，下面提出迭代次数可估计的全局最优线性无偏估计迭代算法 GBLUE(Global Best Linear Unbiased Estimator)。

算法 2.3　GBLUE(T,θ)

输入：差分隐私区间树 T，精度阈值 θ

输出：在精度阈值 θ 下满足一致性约束的 T 中节点的最优线性无偏估计

1. LBLUE-ADJUST(root(T));　　　/ * 对 T 进行一次调整 * /
2. $\alpha = \max\limits_{x\in T}\left\{ \left|\bar{h}(x) - \sum\limits_{i\in \mathrm{Son}(x)} \bar{h}(i)\right| \right\}$;　　　/ * 计算精度 * /
3. if $\alpha \leqslant \theta$
4. 　　return;　　/ * 若在精度阈值 θ 下差分隐私区间树满足一致性约束，则算法结束 * /
5. goto 1　　　/ * 不满足精度阈值 θ，返回第 1 步，继续迭代 * /

2.3.4 算法分析

1. 算法 GBLUE 的收敛性分析

定义 2.4(不相容度)　所谓不相容度是指在第 m 轮迭代后，差分隐私区间树 T 中父节点权值与子节点权值和的差距的最大值，记为 $\Delta(m)$。即：

若令 $\mathrm{Gap}_m(x) = \bar{h}_m(x) - \sum\limits_{i\in \mathrm{Son}(x)} \bar{h}_m(i)$，则 $\Delta(m) = \max\limits_{x\in T}\{|\,\mathrm{Gap}_m(x)\,|\}$。

特别地，定义叶节点 y 的 $\mathrm{Gap}_m(y)=0$。$\bar{h}_m(x)$表示第 m 轮迭代后 x 节点的权值，特别地，$\bar{h}_0(x)=\tilde{h}(x)$。

定义 2.5(节点深度)　节点深度定义为

$$\begin{cases} \mathrm{Dep}(x)=0, & x\in \mathrm{Leaf(root)} \\ \mathrm{Dep}(x)=\max\limits_{y\in \mathrm{Son}(x)}\{\mathrm{Dep}(y)\}+1, & \text{否则} \end{cases}$$

其中 Leaf(root)表示以 root 为根的树的叶节点集合。

性质 2.1　算法 GBLUE 是一个递降算法，最终收敛于最优线性无偏估计。

证明：考虑差分隐私区间树中节点的权值。

$$\tilde{h}(y) = \sum_{i\in \mathrm{Son}(y)} X_{L(i)} + \mathrm{Lap}\left(\frac{S(F)}{\varepsilon}\right)$$

令 Leaf(x)为 x 所在的子树的叶节点集合。由于这些随机变量添加的噪声为 0 均值且独立同方差，根据高斯-马尔可夫定理，该线性回归求最优线性无偏估计等价于求解一个满足一定限定条件的最小二乘问题：

$$\min \sum_i (\bar{h}(i) - \tilde{h}(i))^2 \tag{2.3}$$

$$\sum_{j\in \mathrm{Leaf}(i)} \bar{h}(j) = \bar{h}(i)$$

即

$$\min \sum_i \Big(\sum_{j\in \mathrm{Leaf}(i)} \bar{h}(j) - \tilde{h}(i) \Big)^2$$

通过对 $\underset{i \in \text{Leaf(root)}}{\bar{h}(i)}$ 求偏导并令其为 0，可得

$$\frac{\partial f}{\partial \bar{h}(i)} = 2 \sum_{j: i \in \text{Leaf}(j)} \left(\sum_{k \in \text{Leaf}(j)} \bar{h}(k) - \tilde{h}(j) \right)$$

$$= 2 \sum_{j: i \in \text{Leaf}(j)} (\bar{h}(j) - \tilde{h}(j)) = 0$$

因此，为了满足偏导数为 0 的情况，有

$$\sum_{j: i \in \text{Leaf}(j)} \bar{h}(j) = \sum_{j: i \in \text{Leaf}(j)} \tilde{h}(j) \tag{2.4}$$

从直观上看，式(2.4)要求保证每一个叶节点到根节点路径上的权值和不变。因此该最小二乘问题的解必须同时满足式(2.3)以及式(2.4)。

若 Dep(root)=1，显然通过一次算法 2.1 即可解出其树节点权值的最优线性无偏估计，因此下面仅考虑 Dep(root)≥2 的树结构。

考虑算法 2.1 的操作，每次将节点 x 的权值减去 Δ_x，同时每一个子节点的权值均加上 Δ_x。不难看出，在算法 2.1 的操作后，式(2.3)依然满足。由此，只需考虑 $\Delta(m)$是否随着 m 的增大而递降。

算法 2.2 自底向上的处理过程如图 2.4 所示。

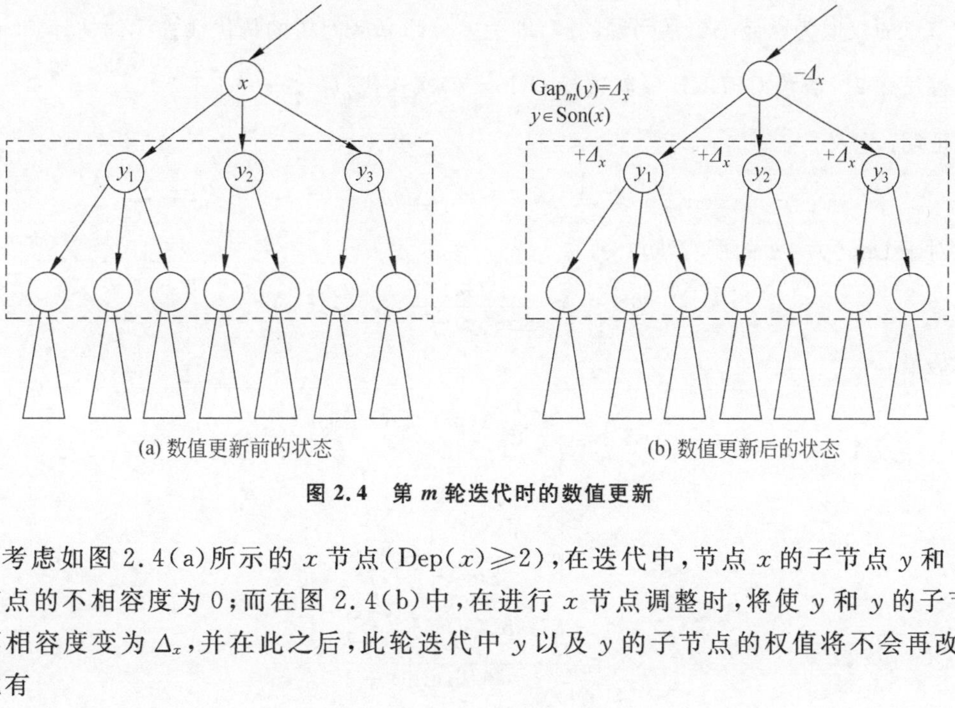

图 2.4 第 m 轮迭代时的数值更新

考虑如图 2.4(a)所示的 x 节点(Dep(x)≥2)，在迭代中，节点 x 的子节点 y 和 y 的子节点的不相容度为 0；而在图 2.4(b)中，在进行 x 节点调整时，将使 y 和 y 的子节点的不相容度变为 Δ_x，并在此之后，此轮迭代中 y 以及 y 的子节点的权值将不会再改变。因此有

$$\Delta(m) = \max_{\text{Dep}(x) \geq 2} \{ | \Delta_x | \}$$

特别地，定义 $\underset{\text{Dep}(y)=0}{\Delta_y} = 0$，同时令 Size($y$)=|Son($y$)|，易知：

$$\underset{\text{Dep}(y)=1}{\Delta_y} = \frac{\bar{h}_m(y) - \sum_{x \in \text{Son}(y)} \bar{h}_m(x)}{\text{Size}(y)+1} = \frac{\text{Gap}_m(y)}{\text{Size}(y)+1}$$

$$\left| \underset{\text{Dep}(y)=1}{\Delta_y} \right| \leq \frac{\Delta(m)}{\text{Size}(y)+1} < \Delta(m)$$

由于必须对 Son(y)中的节点调整完后才能调整 y,因此：

$$\underset{\mathrm{Dep}(y)\geqslant 2}{\Delta_y}=\frac{\bar{h}_m(y)-\sum\limits_{x\in\mathrm{Son}(y)}(\bar{h}_m(x)-\Delta_x)}{\mathrm{Size}(y)+1}=\frac{\mathrm{Gap}_m(y)+\sum\limits_{x\in\mathrm{Son}(y)}\Delta_x}{\mathrm{Size}(y)+1}$$

$$\left|\underset{\mathrm{Dep}(y)\geqslant 2}{\Delta_y}\right|=\left|\frac{\mathrm{Gap}_m(y)+\sum\limits_{x\in\mathrm{Son}(y)}\Delta_x}{\mathrm{Size}(y)+1}\right|\leqslant\frac{|\mathrm{Gap}_m(y)|+\sum\limits_{x\in\mathrm{Son}(y)}|\Delta_x|}{\mathrm{Size}(y)+1}$$

$$\leqslant\frac{\Delta(m)+\sum\limits_{x\in\mathrm{Son}(y)}|\Delta_x|}{\mathrm{Size}(y)+1}$$

利用数学归纳法易得

$$\left|\underset{\mathrm{Dep}(y)\geqslant 1}{\Delta_y}\right|<\Delta(m)$$

从而

$$\Delta(m+1)=\max_{\mathrm{Dep}(x)\geqslant 2}\{|\Delta_x|\}<\Delta(m)$$

因此,算法 GBLUE 是一个递降算法。

在若干次迭代后,式(2.3)在精度阈值 θ 下成立。此时式(2.3)与式(2.4)均得到满足,故树节点的权值为原最小二乘问题的解,即为差分隐私区间树的最优线性无偏估计。

性质 2.2 算法 GBLUE 只需进行 $O(\log_C\theta)$次迭代$\left(C=1-\frac{1}{3}\left(\frac{2}{3}\right)^{O(\log_2 N)}\right)$。

证明：定义

$$\left|\underset{\mathrm{Dep}(y)=0}{\Delta_y}\right|=0\Delta(m)$$

对于 Dep(y)=1 的所有节点 y,有

$$\left|\underset{\mathrm{Dep}(y)=1}{\Delta_y}\right|\leqslant\frac{\Delta(m)}{\mathrm{Size}(y)+1}\leqslant\frac{2}{3}\Delta(m)$$

假设

$$\left|\underset{\mathrm{Dep}(y)=c}{\Delta_y}\right|\leqslant\frac{b_c}{a_c}\Delta(m)\leqslant U_c\Delta(m)$$

则有

$$\left|\underset{\mathrm{Dep}(y)=c}{\Delta_y}\right|=\left|\frac{\mathrm{Gap}_m(y)+\sum\limits_{x\in\mathrm{Son}(y)}\Delta_x}{\mathrm{Size}(y)+1}\right|$$

$$\leqslant\frac{|\mathrm{Gap}_m(y)|+\sum\limits_{x\in\mathrm{Son}(y)}|\Delta_x|}{\mathrm{Size}(y)+1}$$

$$\leqslant\frac{\Delta(m)+\Delta(m)\sum\limits_{x\in\mathrm{Son}(y)}U_{\mathrm{Dep}(x)}}{\mathrm{Size}(y)+1}$$

令 $U_0=0$,通过数学归纳法易知：$U_c\leqslant U_{c+1}\leqslant 1$。

因此有

$$\left|\underset{\mathrm{Dep}(y)=c}{\Delta_y}\right|\leqslant\frac{\Delta(m)+\Delta(m)\sum\limits_{x\in\mathrm{Son}(y)}U_{\mathrm{Dep}(x)}}{\mathrm{Size}(y)+1}$$

$$\leqslant \frac{\Delta(m) + \mathrm{Size}(y)\Delta(m)U_{c-1}}{\mathrm{Size}(y)+1}$$

$$\leqslant \frac{\Delta(m) + \dfrac{b_{c-1}\mathrm{Size}(y)\Delta(m)}{a_{c-1}}}{\mathrm{Size}(y)+1}$$

由于$\dfrac{\Delta(m)+\dfrac{b_{c-1}\mathrm{Size}(y)\Delta(m)}{a_{c-1}}}{\mathrm{Size}(y)+1}$随着 Size($y$)的增大而减小，而 Size($y$)$\geqslant 2$，所以有

$$\left|\underset{\mathrm{Dep}(y)=c}{\Delta_y}\right| \leqslant \frac{\Delta(m) + \dfrac{b_{c-1}\mathrm{Size}(y)\Delta(m)}{a_{c-1}}}{\mathrm{Size}(y)+1} \leqslant \frac{a_{c-1}+2b_{c-1}}{3a_{c-1}}\Delta(m)$$

即

$$U_c = \frac{a_{c-1}+2b_{c-1}}{3a_{c-1}}$$

显然，对含有 N 个叶节点的差分隐私区间树的节点 x，有 $\mathrm{Dep}(x)=O(\log N)$。

通过归纳法可以得到

$$\left|\underset{\mathrm{Dep}(y)=c}{\Delta_y}\right| \leqslant \left(1-\frac{1}{3}\left(\frac{2}{3}\right)^{c-1}\right)\Delta(m)$$

于是

$$\Delta(m+1) = \max\left(\left|\underset{\mathrm{Dep}(y)\geqslant 1}{\Delta_y}\right|\right) \leqslant \left(1-\frac{1}{3}\left(\frac{2}{3}\right)^{O(\log_2 N)}\right)\Delta(m) = C\Delta(m)$$

故对于给定的精度阈值 θ，算法 GBLUE 可在 $O(\log_C \theta)$次迭代后停止。

2. 算法 GBLUE 的差分隐私保障分析

在对算法 GBLUE 的差分隐私保障进行分析之前，首先给出差分隐私保护技术本身具有的两种特别的组合定理[7]。

定理 2.2[7]　给定数据表 T 和 n 个随机算法 $K_1, K_2, \cdots, K_n$，若 $K_i(1\leqslant i\leqslant n)$ 满足 ε_i- 差分隐私，则$\{K_1, K_2, \cdots, K_n\}$ 在 T 上的序列组合后满足 $\sum_i \varepsilon_i$- 差分隐私。

定理 2.3[7]　给定数据表 T 和 n 个随机算法 $K_1, K_2, \cdots, K_n$，其中数据表 T 可拆分成 n 个不相交的子表，即 $T=\{T_1, T_2, \cdots, T_n\}$，若 $K_i(T_i)(1\leqslant i\leqslant n)$满足 ε_i-差分隐私，则$\{K_1, K_2, \cdots, K_n\}$组合后满足 $\max_i \varepsilon_i$-差分隐私。

基于定理 2.2 与定理 2.3，容易得出如下关于算法 GBLUE 差分隐私保障的定理 2.4。

定理 2.4　给定一棵 k- 区间树，树中每个节点 x 均已通过基于 Laplace 噪声机制的算法实现 ε_x- 差分隐私，若定义 $\underset{x\in \mathrm{Leaf(root)}}{H(x)} = \sum_{y\in \mathrm{Path}(x)} \varepsilon_y$，其中，Leaf($v$) 表示根节点为 v 的子树的叶节点集合，Path(x, y) 为差分隐私层次树中节点 x 到根节点 y 路径上的节点集合，简写Path(x)为节点 x 到该 k- 区间树根节点 root 路径上的节点集合，则整个发布过程满足 $\max_{x\in \mathrm{Leaf(root)}} \{H(x)\}$- 差分隐私。

证明：令 SubTree(x) 表示 k- 区间树中以节点 x 为根节点的子树，$K(x)$ 表示发布 SubTree(x) 的差分隐私算法，其差分隐私参数为 $\varepsilon(K(x))$。若节点 x 为非叶节点，则对其任意的两个子节点 y_i、y_j，均有 $\mathrm{SubTree}(y_i) \bigcap \mathrm{SubTree}(y_j) = \varnothing$，根据定理 2.3 可知，$\underset{y\in \mathrm{Son}(x)}{K(y)}$

组合后将满足 $\max_{y\in \mathrm{Son}(x)}\{\varepsilon(K(y))\}$-差分隐私。由于节点 x 的差分隐私参数为 ε_x，则根据定理 2.2 有 $\varepsilon(K(x))=\varepsilon_x+\max_{y\in \mathrm{Son}(x)}\{\varepsilon(K(y))\}$。利用数学归纳法易得 $\varepsilon(K(\mathrm{root}))=\max_{x\in \mathrm{Leaf}(\mathrm{root})}\{H(x)\}$。证毕。

2.3.5 实验结果与分析

本节将从发布直方图的随机区间计数查询精度以及算法效率两个方面进行实验研究。其中，在同一数据集上，查询精度通过随机区间查询结果与真实查询值比较并进行分析，算法效率通过算法的运行时间以及迭代次数进行比较分析。算法 GBLUE 的比对对象是在以前的工作中最具代表性的 Boost 算法[6]。文献[6]采用差分隐私满 2 叉区间树，而文献[7]指出选择满 12 叉区间树将可获得更好的结果。鉴于此，实验中选择基于定义 2.3 提出的 12 叉区间树结构的 GBLUE 算法同基于满 2 叉区间树的 Boost 算法（以下简称 Boost-2）以及基于满 12 叉区间树的 Boost 算法（以下简称 Boost-12）进行实验比较分析。

1. 实验数据和环境

实验数据分别来自 Amazon（亚马逊）网站于 2005 年 3 月 1 日 0 时至 2010 年 8 月 31 日晚 23 时被访问的采样记录[14]（下面称之为 Amazon 数据集）以及从 AOL 导出用户的点击网址为 http://www.ebay.com 的数据[15]（下面称之为 AOL 数据集）。表 2.1 为两个数据集的统计信息。在实验中，对 Amazon 数据集以天（d）为单位进行划分，而对 AOL 数据集则以分钟（min）为单位进行划分；区间计数查询长度为 2^i（$i\geqslant 0$）；对于每一个区间计数查询长度，随机生成 500 个查询区间；误差通过随机区间计数查询均方误差的平均值加以衡量。

实验环境为：1.8GHz Intel Core i5；4GB 内存；Mac OS X 10.8.3 操作系统；算法用 C++ 语言实现。

表 2.1 数据集统计信息

数据集	原始数据规模	划分单位	划分后的数据规模
Amazon	716 064	d	2010
AOL	36 389 567	min	48 130

2. 区间计数查询精度比较

取 $\theta=10^{-6}$ 分别对数据集 AOL 以及 Amazon 运行 GBLUE、Boost-2 与 Boost-12 算法，对于随机区间计数查询计算其平均均方差，实验结果分别如图 2.5 和图 2.6 所示。

从实验结果可以看出，在 AOL 以及 Amazon 数据集下，Boost-2 算法的随机区间计数查询误差曲线完全在 GBLUE 算法以及 Boost-12 算法上方。在 AOL 数据集中，在小区间计数查询的情况下 GBLUE 的优势较大，而在大区间计数查询的情况下 GBLUE 的效果略优于 Boost-12 算法。在 Amazon 数据集中，GBLUE 的效果略优于 Boost-12 算法。总的来说，实验结果表明在 Amazon 以及 AOL 数据集中，GBLUE 算法在随机区间计数查询下误差较小。

3. 算法效率比较

分别对于数据集 Amazon 以及 AOL 运行 GBLUE、Boost-2 与 Boost-12 算法，通过算法运行时间以及算法迭代次数分析其算法效率。其中算法运行时间单位为毫秒（ms），为运行 50 次的

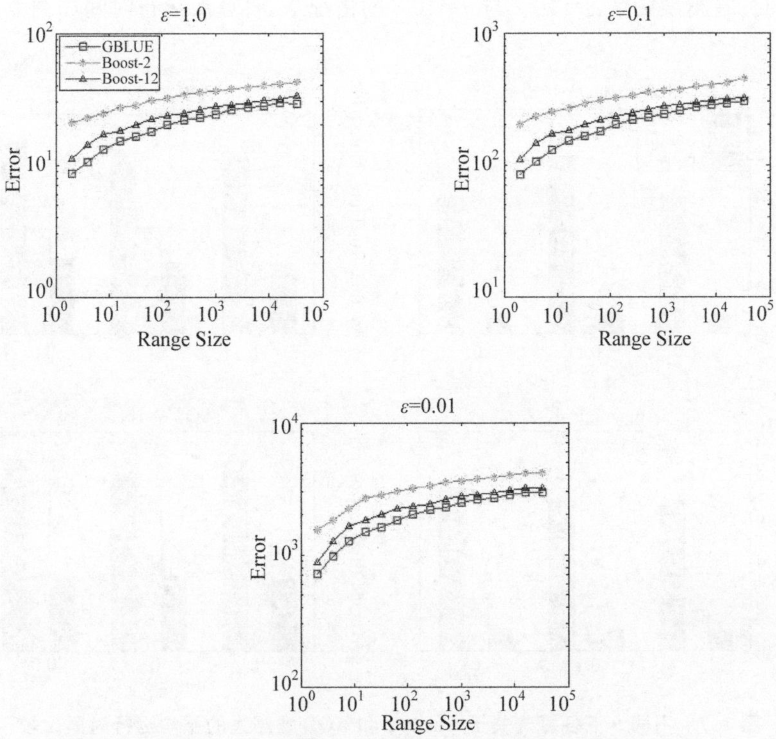

图 2.5　AOL 数据集下的随机区间查询误差比较

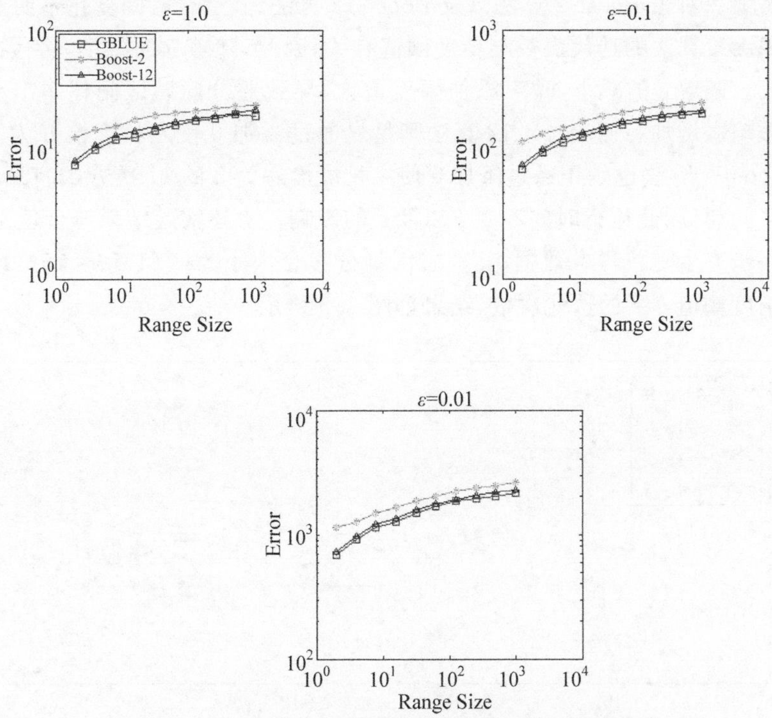

图 2.6　Amazon 数据集下的随机区间查询误差比较

平均运行时间。在精度阈值 $\theta=10^{-3}$ 与 $\theta=10^{-6}$ 的情况下，各算法运行时间如图 2.7 所示。

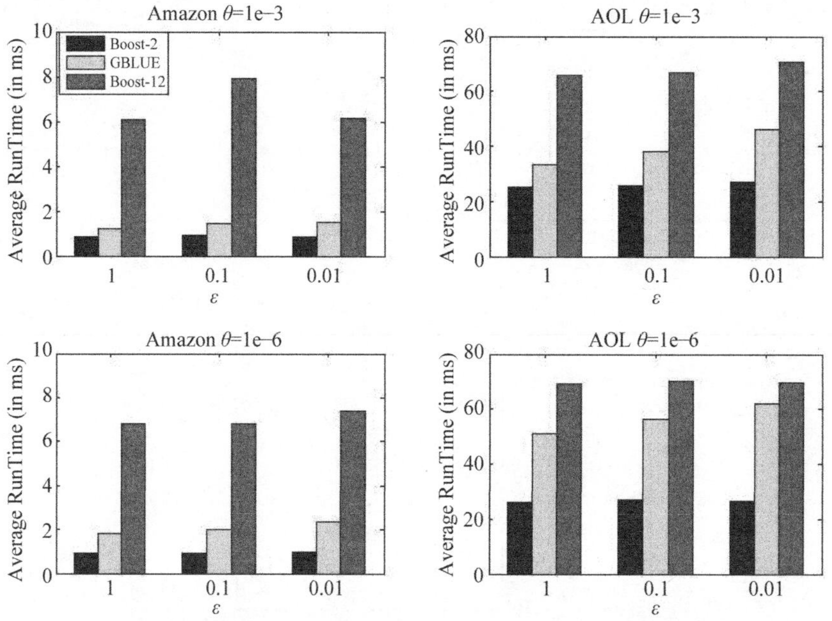

图 2.7　不同 θ 下各算法关于 Amazon 和 AOL 数据集的平均运行时间比较

从图 2.7 可以看出，对于 GBLUE 算法，随着 θ 的减小，运行时间增大；随着 ε 的减小，运行时间略微增大。对于 Boost-2 算法以及 Boost-12 算法，其运行时间变化不明显。

由于 GBLUE 算法的迭代次数与精度阈值有关，因此，随着 θ 的减小，迭代次数增大，运行时间也增大。随着 ε 的减小，噪声添加幅度增大，导致差分隐私区间树中节点权值偏大，所以迭代次数略微增加。而 Boost-12 算法则是先通过添加 0 使之长度恰好为 12 的 5 次方(248 832)，Boost-2 算法也是先通过添加 0 使之长度恰好为 2 的 11 次方(2048)，而后遍历一次差分隐私区间树，因此运行时间不受 θ 以及 ε 的影响。上述实验结果符合理论预期。

实验进一步产生随机样本数据，其直方图划分集合大小为 $2^i(1\leqslant i\leqslant 15)$，统计 GBLUE 算法在不同精度阈值 θ 下的迭代次数，结果如图 2.8 所示。

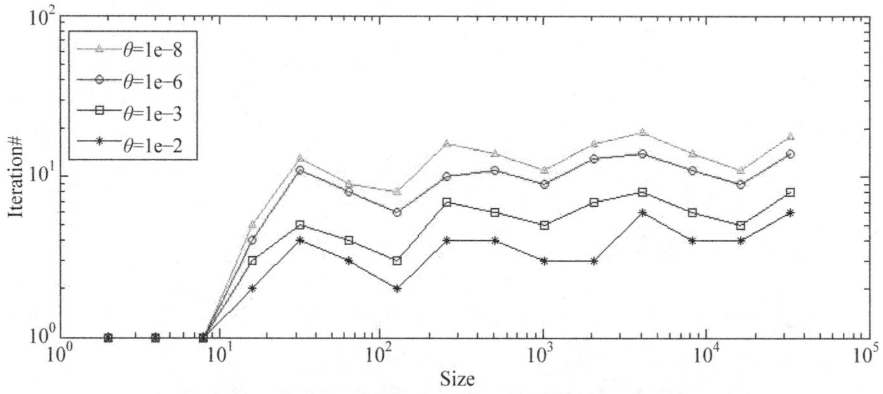

图 2.8　不同 θ 下数据集大小与迭代次数的关系

从图 2.8 可以看出，随着精度阈值的减低，迭代次数增加；同时，随着直方图划分集合大小的增大，迭代次数趋于增大。因此，GBLUE 算法的迭代次数与理论分析的结果相符。

2.4　面向任意区间树结构的差分隐私直方图发布线性时间算法

2.2 节和 2.3 节提出的经 k-区间树转化后的差分隐私直方图发布问题，本质上是一个任意树结构下求解满足一致性约束的加权最小二乘问题。经进一步研究分析，发现该问题存在线性时间算法。为此，本节首先从理论上分析任意树结构下求解满足一致性约束的加权最小二乘问题的一些相关结论，然后提出任意区间树结构下基于最优线性无偏估计的差分隐私直方图发布线性时间算法 LBLUE，最后对算法 LBLUE 的可行性及有效性与同类算法进行实验比较分析。

2.4.1　差分隐私区间树中节点权值的最优线性无偏估计

结论 2.1　差分隐私区间树的节点权值 $\tilde{h}$ 的最优线性无偏估计 $\bar{h}$ 等价于求解如下带线性约束条件的最小二乘问题：

$$\begin{aligned} \min \quad & \sum_i (\bar{h}(i) - \tilde{h}(i))^2 \\ \text{s.t.} \quad & \sum_{j \in \mathrm{Leaf}(i)} \bar{h}(j) = \bar{h}(i) \end{aligned} \tag{2.5}$$

证明：考虑差分隐私区间树中节点的权值。

$$\tilde{h}(y) = \sum_{x \in \mathrm{Leaf(root)}} S_{yx} X_{L(x)} + \mathrm{Lap}\left(\frac{S(F)}{\varepsilon}\right)$$

其中

$$S_{yx} = \begin{cases} 1, & x \in \mathrm{Leaf}(y) \\ 0, & \text{否则} \end{cases}$$

由于 $\tilde{h}$ 添加的噪声为同分布 0 均值且独立同方差，根据高斯-马尔可夫定理，该线性回归求最优线性无偏估计等价于求解一个满足一定限定条件的最小二乘问题：

$$\begin{aligned} \min \quad & \sum_i (\bar{h}(i) - \tilde{h}(i))^2 \\ \text{s.t.} \quad & \sum_{j \in \mathrm{Leaf}(i)} \bar{h}(j) = \bar{h}(i) \end{aligned}$$

证明完毕。

结论 2.2　差分隐私区间树的节点权值 $\tilde{h}$ 的最优线性无偏估计必满足

$$\sum_{j:i \in \mathrm{Leaf}(j)} \bar{h}(j) = \sum_{j:i \in \mathrm{Leaf}(j)} \tilde{h}(j) \quad (i \in \mathrm{Leaf(root)})$$

证明：将式(2.5)化简可得

$$\min \quad \sum_i \Big(\sum_{j \in \mathrm{Leaf}(i)} \bar{h}(j) - \tilde{h}(i) \Big)^2$$

很显然最优化的目标函数为凸函数，因此通过对 $\underset{i \in \mathrm{Leaf(root)}}{\bar{h}(i)}$ 求偏导并令其为 0，可得

$$\frac{\partial f}{\partial \bar{h}(i)} = 2 \sum_{j:i \in \text{Leaf}(j)} \Big(\sum_{k \in \text{Leaf}(j)} \bar{h}(k) - \tilde{h}(j) \Big) = 2 \sum_{j:\ i \in \text{Leaf}(j)} (\bar{h}(j) - \tilde{h}(j)) = 0$$

显然,为了满足偏导数为 0 的情况,必须有

$$\sum_{j:i \in \text{Leaf}(j)} \bar{h}(j) = \sum_{j:i \in \text{Leaf}(j)} \tilde{h}(j) \tag{2.6}$$

直观地看,式(2.6)要求保证每一个叶节点到根节点路径上的权值和不变。证明完毕。

2.4.2 求解差分隐私区间树节点权值最优线性无偏估计的算法

令 Path(a,b)为差分隐私区间树中节点 a 到节点 b 的路径,Dep(x)为节点 x 的深度,root 表示区间树的根节点。

结论 2.3 在差分隐私区间树节点权值最优线性无偏估计中,有

$$\begin{aligned}
\underset{x \in \text{Leaf(root)}}{\text{hsum}(x)} &= \sum_{y \in \text{Path(root},x)} \tilde{h}(y) = \sum_{y \in \text{Path(root},x)} \bar{h}(y) \\
g(x) &= \sum_{y \in \text{Path(Bound}(x),x)} \bar{h}(y) = \alpha(x)\bar{h}(\text{Bound}(x)) + c(x) \\
\bar{h}(x) &= \sum_{y \in \text{Leaf}(x)} \bar{h}(y) = \beta(x)\bar{h}(\text{Bound}(x)) + d(x)
\end{aligned} \tag{2.7}$$

其中,hsum(x)表示从根节点到叶节点 x 的路径上节点的权值之和,

$$\text{Bound}(x) = \{y \mid y \in \text{Leaf(root)} \wedge L(y) = L(x)\}$$

证明:由结论 2.2 可知

$$\underset{x \in \text{Leaf(root)}}{\text{hsum}(x)} = \sum_{y \in \text{Path(root},x)} \tilde{h}(y) = \sum_{y \in \text{Path(root},x)} \bar{h}(y)$$

成立。

对于式(2.7)中的第 2 个和第 3 个式子,可用数学归纳法加以证明。

对于叶节点 x 有

$$\begin{cases} \underset{x:\text{Dep}(x)=0}{g(x)} = \bar{h}(x) + 0 \\ \underset{x:\text{Dep}(x)=0}{\bar{h}(x)} = \bar{h}(x) + 0 \end{cases}$$

假设对于 x: Dep$(x) \leqslant n$ 均有

$$\begin{aligned}
g(x) &= \sum_{i \in \text{Path(Bound}(x),x)} \bar{h}(i) = \alpha(x)\bar{h}(\text{Bound}(x)) + c(x) \\
\bar{h}(x) &= \sum_{i \in \text{Leaf}(x)} \bar{h}(i) = \beta(x)\bar{h}(\text{Bound}(x)) + d(x)
\end{aligned}$$

则对于 y:Dep$(y)=n+1$,令

$$\text{lsum}(x) = \sum_{i \in \text{Path(Bound}(x),x)} \tilde{h}(i)$$

并令

$$z:\text{Bound}(z) = \text{Bound}(y)$$

由于对于 $x \in \text{Son}(y)$均有 Dep$(x) \leqslant n$,从而

$$\begin{aligned}
\text{lsum}(x) - \text{lsum}(z) &= \text{hsum}(\text{Bound}(x)) - \text{hsum}(\text{Bound}(z)) \\
&= g(x) - g(z) \\
&= \alpha(x)\bar{h}(\text{Bound}(x)) + c(x) - \alpha(z)\bar{h}(\text{Bound}(z)) - c(z)
\end{aligned}$$

可以得到

$$\bar{h}(\mathrm{Bound}(x)) = \frac{(\mathrm{lsum}(x) - \mathrm{lsum}(z) + \alpha(z)\bar{h}(\mathrm{Bound}(z)) + c(z) - c(x))}{\alpha(x)}$$

$$\begin{aligned}\bar{h}(x) &= \beta(x)\,\frac{(\mathrm{lsum}(x) - \mathrm{lsum}(z) + \alpha(z)\bar{h}(\mathrm{Bound}(z)) + c(z) - c(x))}{\alpha(x)} + d(x) \\ &= \left(\frac{\beta(x)\alpha(z)}{\alpha(x)}\right)\bar{h}(\mathrm{Bound}(z)) + \left(\frac{\beta(x)}{\alpha(x)}(\mathrm{lsum}(x) - \mathrm{lsum}(z) + c(z) - c(x)) + d(x)\right)\end{aligned}$$

所以

$$\begin{aligned}\bar{h}(y) &= \sum_{x\in \mathrm{Son}(y)} \bar{h}(x) \\ &= \left(\sum_{x\in \mathrm{Son}(y)} \frac{\beta(x)\alpha(z)}{\alpha(x)}\right)\bar{h}(\mathrm{Bound}(y)) \\ &\quad + \left(\sum_{x\in \mathrm{Son}(y)} \left(\frac{\beta(x)}{\alpha(x)}(\mathrm{lsum}(x) - \mathrm{lsum}(z) + c(z) - c(x)) + d(x)\right)\right) \\ &= \beta(y)\bar{h}(\mathrm{Bound}(y)) + d(y)\end{aligned}$$

此外，容易得出

$$\begin{aligned}g(y) &= g(z) + \beta(y)\bar{h}(\mathrm{Bound}(y)) + d(y) \\ &= (\alpha(z) + \beta(y))\bar{h}(\mathrm{Bound}(z)) + (c(z) + d(y)) \\ &= \alpha(y)\bar{h}(\mathrm{Bound}(y)) + c(y)\end{aligned}$$

从而可知结论 2.3 成立。证明完毕。

通过以上证明过程，可设计出维护$(\alpha(x), c(x), \beta(x), d(x))$的算法，算法描述如下。

算法 2.4 ADJUST-ALPHA_BETA(x, tot)

输入：

x：差分隐私区间树的根节点

tot：$\sum_{z\in \mathrm{Path(root},z)\backslash z} \tilde{h}(z)$

输出：$(\alpha(x), c(x), \beta(x), d(x))$

1. if x is leaf node
2.   husm(x)←tot+$\tilde{h}(x)$, lsum(x)←$\tilde{h}(x)$, $\alpha(x)$←$\beta(x)$←1, $c(x)$←$d(x)=0$
3. else
4.   for each $y\in \mathrm{Son}(x)$
5.   ADJUST-ALPHA_BETA(y, tot+$\tilde{h}(x)$)
6.   if Bound(y)=Bound(x) then z←y
7.   end
8. $\beta(x) \leftarrow \left(\sum_{y\in \mathrm{Son}(x)} \frac{\beta(y)\alpha(z)}{\alpha(y)}\right)$
9. $d(x) \leftarrow \sum_{y\in \mathrm{Son}(x)} \left(\frac{\beta(y)}{\alpha(y)}(\mathrm{lsum}(y) - \mathrm{lsum}(z) + c(z) - c(y)) + d(y)\right)$
10. $\alpha(x) \leftarrow \alpha(z) + \beta(x)$
11. $c(x) \leftarrow c(z) + d(x)$
12. end

在算法 2.4 的基础上，通过计算 $g(x)$ 即可获得最终的解向量 $\bar{h}$，从而有如下面向任意区间树结构基于最优线性无偏估计的差分隐私直方图发布算法 LBLUE。

算法 2.5 LBLUE(x, tot)

输入：

x：差分隐私区间树的根节点

tot：$\sum_{z \in \text{Path}(\text{root}, x) \setminus x} \bar{h}(z)$

输出：$\bar{h}(x)$

1. sum ← hsum($L(x)$) − tot
2. $\bar{h}(x) \leftarrow \dfrac{\text{sum} - c(x)}{\alpha(x)} \beta(x) + d(x)$
3. for each $y \in \text{Son}(x)$ do LBLUE(y, tot + $\bar{h}(x)$)

2.4.3 算法复杂度分析

结论 2.3 从带线性约束条件的最优化问题出发，给出差分隐私区间树节点权值最优线性无偏估计的条件。利用结论 2.3 易知在运行算法 2.4 后可得($\alpha(x)$, $c(x)$, $\beta(x)$, $d(x)$)，而运行算法 2.5 后可解得 $\bar{h}(x)$，$\bar{h}(x)$ 即是在满足区间树一致性约束条件下节点权值的最优线性无偏估计。

算法 2.4 和算法 2.5 均为递归算法，通过遍历树以进行计算。在算法 2.4 中，第 2 行伪代码处理当前节点为叶节点的情况，运行时间仅为 $O(1)$；第 6 行的限制使得有且仅有一个子节点符合条件；第 8、9 行的运行时间为 $O(|\text{Son}(x)|)$；第 10、11 行的运行时间为 $O(1)$。综上所述，算法 2.4 的时间复杂度为 $O(n)$，其中 n 为直方图划分属性的可能取值个数。同理，算法 2.5 的时间复杂度也为 $O(n)$。

2.4.4 实验结果与分析

本节将从发布直方图的随机区间计数查询精度以及算法效率两个方面进行实验研究。算法 LBLUE 的比对对象是在以前的工作中最具代表性的 Boost 算法[6]。文献[6]采用差分隐私满 2 叉区间树，而文献[7]指出选择满 12 叉区间树将可获得更好的结果。鉴于此，实验中选择基于 12 叉区间树结构的 LBLUE 算法同基于满 2 叉区间树的 Boost 算法(以下简称 Boost-2)以及基于满 12 叉区间树的 Boost 算法(以下简称 Boost-12)进行实验比较分析。

实验数据来源及统计信息与 2.3.5 节相同。实验环境为：1.8GHz Intel Core i5；4GB 内存；Mac OS X 10.8.4 操作系统；算法实现代码由 Xcode 编写。

1. 区间计数查询精度比较

在区间计数查询精度比较实验中，设定区间计数查询长度为 2^i($i \geqslant 0$)，对于每一个区间计数查询长度，随机生成 500 个查询区间，然后用这 500 个随机区间计数查询均方误差的平均值来衡量该长度区间计数查询的精度。

图 2.9 和图 2.10 分别给出了算法 LBLUE、Boost-2 及 Boost-12 关于 Amazon 数据集和 AOL 数据集的区间计数查询精度实验比较结果。其中，x 轴代表随机区间计数查询的大

小，y 轴表示随机区间计数查询均方误差的平均值，两坐标轴均取对数。在每个数据集上的 3 组实验中，ε 分别取值为 1、0.1、0.01。ε 越小，说明添加的噪声越随机，隐私保障越强。

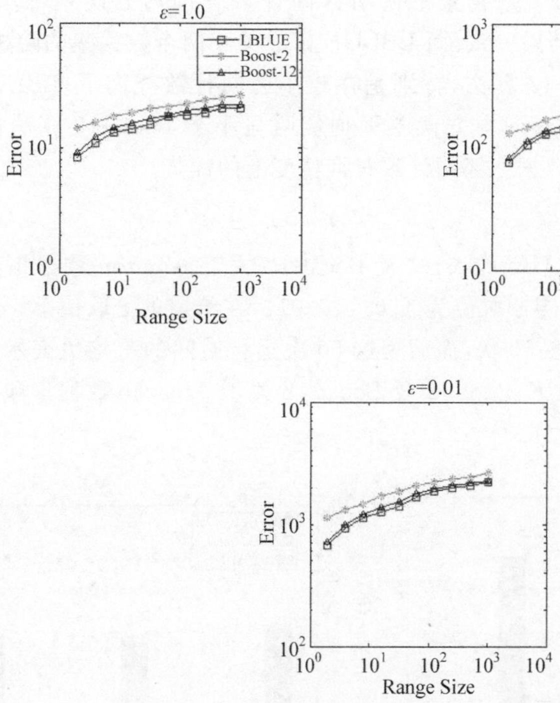

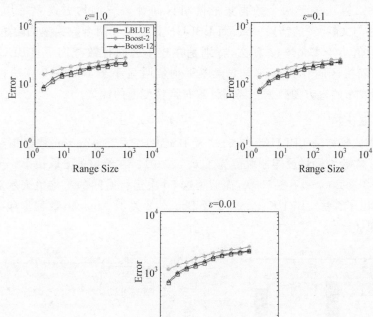

图 2.9　Amazon 数据集下随机区间计数查询误差

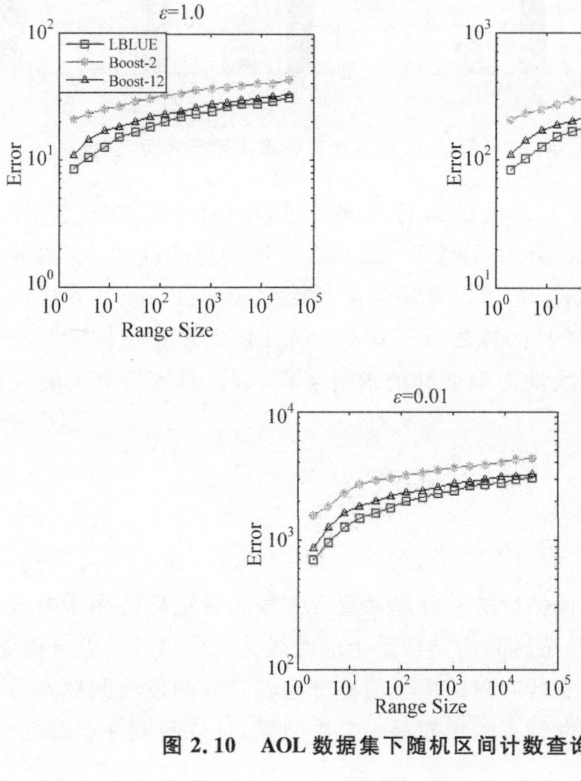

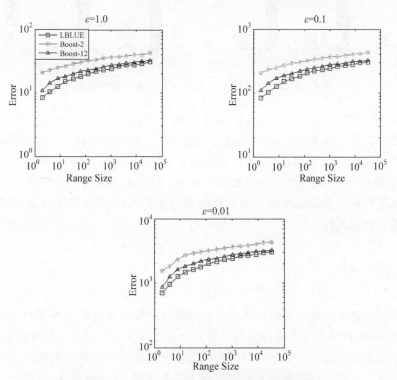

图 2.10　AOL 数据集下随机区间计数查询误差

从图 2.9 和图 2.10 可以看出，3 个算法对应的随机区间计数查询误差均随区间大小的增大而逐渐增大，这是因为查询区间越大，查询所涉及的树节点将越多，从而导致更大的误差；此外，Boost-12 算法关于两个数据集的随机区间计数查询均方误差平均值明显小于 Boost-2 算法，这与文献[7]的结果一致；而 LBLUE 算法关于两个数据集的随机区间计数查询均方误差平均值小于 Boost-12 算法，特别是在较小区间计数查询下，LBLUE 算法关于 AOL 数据集的随机区间计数查询均方误差平均值明显小于 Boost-12 算法，从而体现了 LBLUE 算法所发布的直方图数据在区间计数查询精度上的优势。

2. 算法效率比较

实验进一步比较算法 LBLUE、Boost-2 及 Boost-12 关于 Amazon 数据集和 AOL 数据集的算法效率。实验中同样设定 ε 取值为 1、0.1、0.01。在给定的 ε 取值下，分别运行算法 LBLUE、Boost-2 及 Boost-12 各 50 次，而后用这 50 次运行时间的平均值表示算法的效率。图 2.11 分别给出了算法 LBLUE、Boost-2 及 Boost-12 关于 Amazon 数据集和 AOL 数据集的实验比较结果。

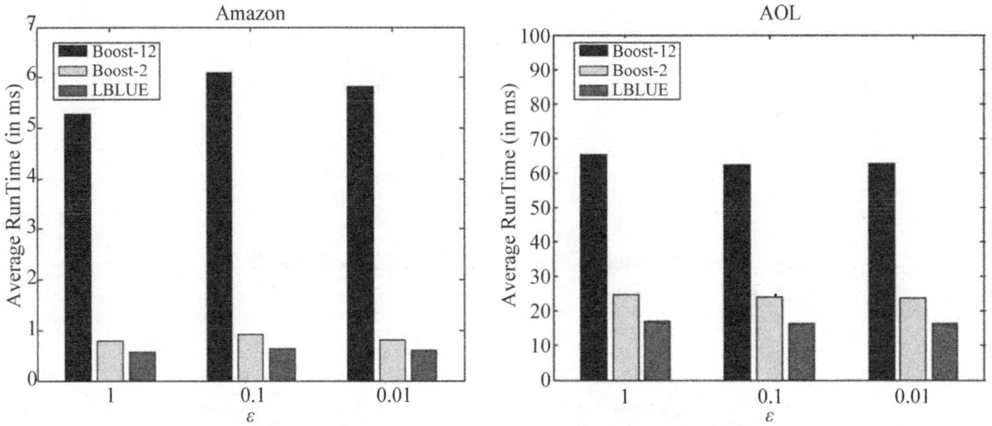

图 2.11 Amazon 和 AOL 数据集下各算法运行时间

从图 2.11 可以看出，LBLUE 算法的运行时间最短，Boost-2 算法次之，而 Boost-12 算法的效率最低。其原因在于，Boost-12 算法和 Boost-2 算法均需通过补 0 才能将数据集对应的统计直方图映射成满 m 叉区间树，所以算法的运行效率较低；Boost-2 算法因需补 0 的量少于 Boost-12 算法，所以具有较高的算法运行效率。而 LBLUE 算法仅需要线性时间即可完成差分隐私区间树节点最优线性无偏估计的求解工作，因此具有最高的时间效率。上述实验结果与理论预期相符。

2.5 本章小结

本章针对传统基于线性无偏估计的差分隐私直方图发布算法只适用于差分隐私区间树为满 d 叉的不足，提出了面向任意区间树结构基于最优线性无偏估计的差分隐私迭代算法；随后经进一步研究分析发现任意区间树结构下的差分隐私直方图发布问题本质上是一个任意区间树结构下求解满足一致性约束的加权最小二乘问题，且该问题存在线性时间算法，进而提出任意区间树结构下基于最优线性无偏估计的差分隐私直方图发布线性时间算法。可以说，本章的研究成果是对基于区间树结构的差分隐私直方图发布算法的补充与进一步完善。理论分析和仿真实验表明，本章提出的算法是有效可行的。

参考文献

[1] 张啸剑，孟小峰. 面向数据发布和分析的差分隐私保护[J]. 计算机学报，2014，37(4)：927-949.

[2] Dwork C. Differential Privacy[C]. Proceedings of the 33rd International Colloquium on Automata, Languages and Programming. Venice, Italy, 2006：1-12.

[3] Dwork C, McSherry F, Nissim K, et al. Calibrating Noise to Sensitivity in Private Data Analysis[C]. Proc of the 3rd Conf on Theory of Cryptography. Berlin：Springer-Verlag, 2006：265-284.

[4] Xu J, Zhang Z, Xiao X, et al. Differentially Private Histogram Publication[C]. Proc of the 28th IEEE Int Conf on Data Engineering. Washington：IEEE Computer Society, 2012：32-43.

[5] Xiao X, Wang G, Gehrke J. Differential Privacy via Wavelet Transforms[J]. IEEE Trans on Knowledge and Data Engineering, 2011, 23(8)：1200-1214.

[6] Hay M, Rastogi V, Miklau G, et al. Boosting the Accuracy of Differentially Private Histograms through Consistency[J]. Proceedings of the VLDB Endowment, 2010, 3(1)：1021-1032.

[7] Peng S, Yang Y, Zhang Z, et al. DP-tree：Indexing Multi-dimensional Data under Differential Privacy (Abstract Only)[C]. Proc of the 2012 ACM SIGMOD Int Conf on Management of Data. New York：Association for Computing Machinery, 2012：864-864.

[8] 陈鸿. 微分隐私数据发布若干关键问题研究[D]. 福州：福州大学，2014.

第3章 异方差加噪下的差分隐私直方图发布

3.1 引言

现有基于区间树的差分隐私直方图发布方法大多采用同方差的加噪方式。Hay[1]建立了差分隐私区间树并进行了同方差加噪与一致性调节。Xu[2]等人提出了StructureFirst，优化直方图划分策略，并在划分区间后的构造区间树中进行了同方差加噪。采用同方差加噪方式的发布方法有效提升了发布数据的可用性和算法效率。而实际上，通过研究可以发现，若采用异方差加噪方式，可进一步提高发布精度。文献[3]提出了通过迭代方式，在区间树中进行层次间隐私预算分配的方法，有效降低了查询误差，但其在相同层次的节点中仍使用了相同的隐私预算，因此仍具有进一步优化的空间。文献[4]提出了DP-tree，通过异方差加噪，能够对多维数据进行发布并提高查询精度，但该方法采用了完全k叉树结构，限制了树结构调节的灵活性。

针对以上问题，本章提出一种异方差加噪下面向任意区间树结构的差分隐私直方图发布算法LUE-DPTree，以期进一步降低区间计数查询误差，提高发布数据可用性。算法LUE-DPTree首先根据区间计数查询的分布计算区间树中节点的覆盖概率，并据此分配各节点的隐私预算，从而实现异方差加噪；接着通过分析指出该异方差加噪策略适用于任意区间树结构下的差分隐私直方图发布，且从理论上进一步证明，对于任意区间树结构下基于异方差加噪的差分隐私直方图发布，仍然可在一致性约束下利用最优线性无偏估计进一步降低区间计数查询的误差；最后通过实验对算法LUE-DPTree所发布直方图数据的区间计数查询精度及算法效率与同类算法进行了比较分析。

3.2 基础知识与问题提出

在现有差分隐私直方图发布方法的研究中，主要通过重构直方图结构来回答区间计数查询，代表方法是基于差分隐私区间树的发布方法。它利用区间树结构重构原始直方图，可有效提高发布数据的精确度和算法运行效率。

定义3.1(差分隐私区间树[1]) 对于给定计数直方图$H=\{C_1,C_2,\cdots,C_n\}$，对H建立的差分隐私区间树T满足以下特性：

(1) 非叶节点的子节点数大于或等于 2。

(2) 每个节点 x 对应于 H 中的一个区间范围，表示为 $[L(x),R(x)]$，根节点所代表的区间为 $[1,n]$。

(3) 每个节点 x 的真实计数值为 $h_x=\sum_{i=L(x)}^{R(x)} C_i$，通过对每个节点添加噪声[5-7]（本章采用 Laplace 噪声[5]），得到加噪计数值 $\tilde{h}_x=h_x+\text{Lap}(1/\varepsilon_x)$，其中 ε_x 为节点 x 的隐私预算，使该节点满足 ε_x- 差分隐私。

定义 3.2（同/异方差加噪方式[1,4]） 给定区间树 T，通过噪声机制[1]使每个节点 x 满足 ε_x-差分隐私。若对任意节点 x、y，均有 $\varepsilon_x=\varepsilon_y$，则称作同方差加噪方式；若存在节点 x、y，使得 $\varepsilon_x\neq\varepsilon_y$，则称作异方差加噪方式。

如图 3.1 所示，当 $\varepsilon=1.0$ 时，在图 3.1(a)的同方差加噪方式下，区间树的每个节点的隐私预算 ε_x 均为 0.5。而在图 3.1(b)的异方差加噪方式下，节点 1 隐私预算为 0.33，节点 2、3、4 的隐私预算均约为 0.67。由于通常情况下区间树中的各个节点被查询区间覆盖的频率并不完全相同，例如在查询区间随机分布的情况下，节点 2、3、4 具有高于节点 1 的覆盖概率（计算过程将在后文给出），因此，在图 3.1(b)中，能够对多数高频覆盖节点添加更少的噪声，对少数低频覆盖节点添加更多的噪声，从而降低整体区间计数查询误差。

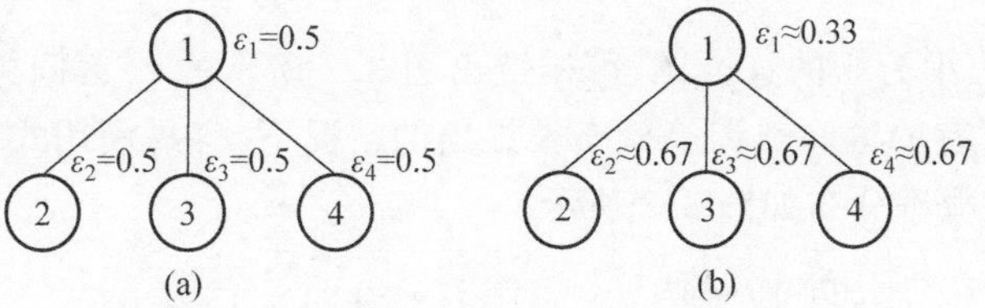

图 3.1 同/异方差加噪下的隐私预算分配

定义 3.3（查询一致性约束[1]） 在发布后的差分隐私区间树 T 中，任意节点 x 的计数值应与其子节点的计数值总和相等，称为查询一致性约束：

$$\bar{h}_x=\sum_{y\in \text{Son}(x)} \bar{h}_y$$

其中，$\bar{h}$ 代表最终发布后节点的计数值，$\text{Son}(x)$ 为节点 x 的子节点集合。

本章的研究问题及目标是：对于给定的原始直方图 H，建立与其对应的差分隐私区间树 T，并通过异方差方式进行加噪；接着说明该加噪方式适用于任意区间树结构，并利用查询一致性约束条件进一步优化区间计数查询精度；最后提出异方差加噪下面向任意区间树结构的差分隐私直方图发布算法 LUE-DPTree，同时保证算法满足 ε-差分隐私。

3.3 基于区间查询概率的差分隐私直方图发布

3.3.1 问题提出

对于统计直方图，若所有可能的区间计数查询的概率相同，则称区间计数查询符合均匀分布。例如，直方图大小为 2，则用户可能提出的区间计数查询有 [1,1]、[1,2]、[2,2] 3 种，且每一个查询的概率均为 1/3。

根据定义 2.2 中关于查询覆盖的说明，区间树节点被覆盖的概率可通过穷举覆盖区间树节点 x 的查询 Q 计算：

$$\text{Pro}(x) = \sum_{Q \in \text{Cover}(x)} P_Q \tag{3.1}$$

其中，$\text{Cover}(x)$ 表示覆盖节点 x 的区间查询集合，P_Q 表示某个查询 Q 的概率。若假设所有查询的概率相同，则有 $\text{Pro}(x) = |\text{Cover}(x)| / |Q_{\text{all}}|$，其中 Q_{all} 表示所有可能的区间计数查询。覆盖节点 x 的查询数目越多，则节点被覆盖的概率越大。

对一个区间计数查询 Q，令 $\text{Node}(Q)$ 表示查询 Q 覆盖节点集合，则有

$$\text{Err}_s(Q) = \sum_{x \in \text{Node}(Q)} \frac{2\Delta^2}{\varepsilon^2}$$

其中，$\text{Err}_s(Q)$ 表示 Q 查询的方差，Δ 表示差分隐私敏感度，即区间树的高度。在任意区间计数查询概率相等的背景下，其查询的方差的期望为

$$E(\text{Err}_s(Q)) = \frac{\sum_{Q \in Q_{\text{all}}} \sum_{x \in \text{Node}(q)} \frac{2\Delta^2}{\varepsilon^2}}{|Q_{\text{all}}|}$$

通过进一步化简，可得

$$E(\text{Err}_s(Q)) = \sum_x \frac{2\Delta^2 \ |\text{Cover}(x)|}{|Q_{\text{all}}| \ \varepsilon^2} = \sum_x \frac{2\Delta^2 \text{Pro}(x)}{\varepsilon^2} \tag{3.2}$$

例 3.1 对于大小为 5 的直方图，可构造出图 3.2 所示的 2-区间树。在区间计数查询满足均匀分布，即所有的区间查询等概率被提出的情况下，容易利用式(3.1)计算出每个节点被覆盖的概率，其概率分布如图 3.2 所示。

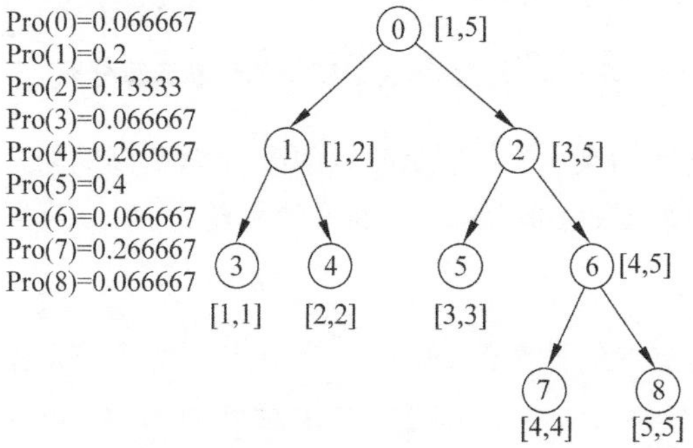

图 3.2 区间计数查询均匀分布下区间树节点被覆盖的概率

从图 3.2 可以看出，在区间计数查询均匀分布背景下，每个区间树节点最终被覆盖的概率不尽相同。节点 5 被覆盖的概率高达 0.4，而节点 0 被返回的概率仅仅为 0.066 667。这意味着对于一个随机的查询，节点 5 被覆盖的可能性远远大于节点 0 被覆盖的可能性，由此可以认为节点 5 在概率意义上更加重要。

对于大小为 n 的统计直方图，存在多种区间树结构与之对应。然而常使用均方的策略构建 k-区间树。其中 k 是一个事先指定的数字，一般取 2。

例 3.2 考虑大小为 3 的直方图，图 3.3 展示了两种可能的区间树结构。

利用式(3.1)，可得这两种区间树结构中各节点被覆盖的概率，如图 3.4 所示。

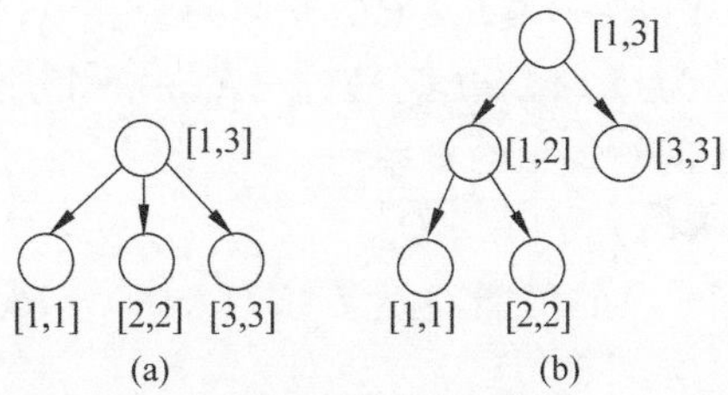

图 3.3　直方图大小为 3 的情况下两种可能的区间树结构

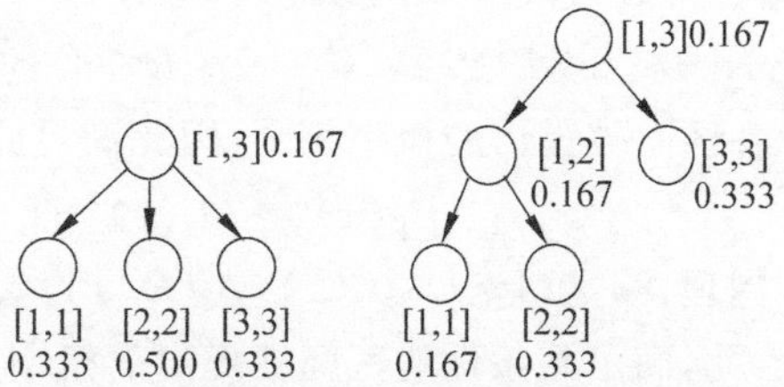

图 3.4　直方图大小为 3 的情况下两种可能的区间树结构节点被覆盖概率

根据式(3.2),图 3.4 中对应的两种可能的区间树结构在区间查询均匀分布前提下,其区间查询误差期望值分别为(令 $\varepsilon=1.0$)

$$E_1(\mathrm{Err}_s(Q)) = 2\times\frac{2^2}{1.0^2}\times(0.167+0.333+0.500+0.333)\approx 10.664$$

$$E_2(\mathrm{Err}_s(Q)) = 2\times\frac{3^2}{1.0^2}\times(0.167+0.167+0.333+0.167+0.333)\approx 21.006$$

可见,在区间计数查询符合均匀分布前提下,图 3.3(a)的区间树结构与图 3.3(b)的区间树结构相比,其区间计数查询误差期望值更小,即查询的精度更高。由于图 3.3(b)的区间树结构对应的敏感度大于图 3.3(a)的区间树结构对应的敏感度,因此,即使图 3.3(b)中节点被覆盖概率之和略小,图 3.3(a)的区间树结构对应的区间计数查询误差期望值也将更小。

由上述例子可以看出,不同的区间树结构对应不同的节点被覆盖概率以及不同的区间查询方差期望。因此,如何根据区间计数查询的分布计算区间树节点的被覆盖概率,进行区间树结构的构建,以进一步减小区间计数查询方差的期望,提高区间计数查询的精度,是本节要解决的主要问题。

3.3.2　基于区间计数查询概率的差分隐私直方图发布算法

1. 相关定义与性质

性质 3.1　在区间计数查询概率相等背景下,具有 n 个叶节点的区间树中节点 x 被覆盖概率为

$$\mathrm{Pro}(x)=\begin{cases}\dfrac{1}{|Q_{\mathrm{all}}|}, & x\text{ 为根节点}\\ P_L(x)+P_R(x)-P_C(x), & \text{否则}\end{cases}$$

其中(令 y 为 x 的父节点)

$$\begin{cases}P_L(x)=(L(x)-L(y))(n-R(x)+1)/|Q_{\mathrm{all}}|\\ P_R(x)=L(x)(R(y)-R(x))/|Q_{\mathrm{all}}|\\ P_C(x)=(L(x)-L(y))(R(y)-R(x))/|Q_{\mathrm{all}}|\end{cases}$$

证明:对于根节点,易知有且仅有一个查询能覆盖它。对于非根节点 x,令其父节点为 y,则根据 2.3.1 节中关于 k-区间树的定义可知

$$L(y)\leqslant L(x)\leqslant R(x)\leqslant R(y)$$

若某个查询 $Q=[L,R]$覆盖 x 节点,则 Q 不能覆盖其父节点 y,因此 Q 必须满足$((L(y)+$

$1\leqslant L\leqslant L(x))\wedge(R(x)\leqslant R\leqslant n))\vee((1\leqslant L\leqslant L(x))\wedge(R(x)\leqslant R\leqslant R(y)-1))$。其中，满足$(L(y)+1\leqslant L\leqslant L(x))\wedge(R(x)\leqslant R\leqslant n)$的可能的 Q 为$(L(x)-L(y))(n-R(x)+1)$个，而由于各区间被提出的概率相同，因此满足此条件的区间被提出的概率为

$$P_L(x)=(L(x)-L(y))(n-R(x)+1)/|Q_{\text{all}}|$$

同理，满足$(1\leqslant L\leqslant L(x))\wedge(R(x)\leqslant R\leqslant R(y)-1)$的可能 Q 为 $L(x)(R(y)-R(x))$个，因此，满足此条件的区间被提出的概率为

$$P_R(x)=L(x)(R(y)-R(x))/|Q_{\text{all}}|$$

然而，某些区间将同时满足以上两个条件，因此在概率中将被重复计算。其中，被重复计算的区间个数为$(L(x)-L(y))(R(y)-R(x))$个，因此，被重复计算的概率值为 $P_C(x)=(L(x)-L(y))(R(y)-R(x))/|Q_{\text{all}}|$，根据容斥原理，最终父节点为 y 的 x 节点被覆盖概率为 $P_L(x)+P_R(x)-P_C(x)$。证毕。

例 3.3 令 $n=6,k=3$，则其 3-区间树结构如图 3.5 所示。

显然$|Q_{\text{all}}|=\binom{7}{2}=21$。考虑树中 x 节点，其父节点为 y，则

$$\begin{cases}P_L(x)=(3-1)(6-4+1)/21=2/7\\P_R(x)=3(6-4)/21=2/7\\P_C(x)=2\times 2/21=4/21\end{cases}$$

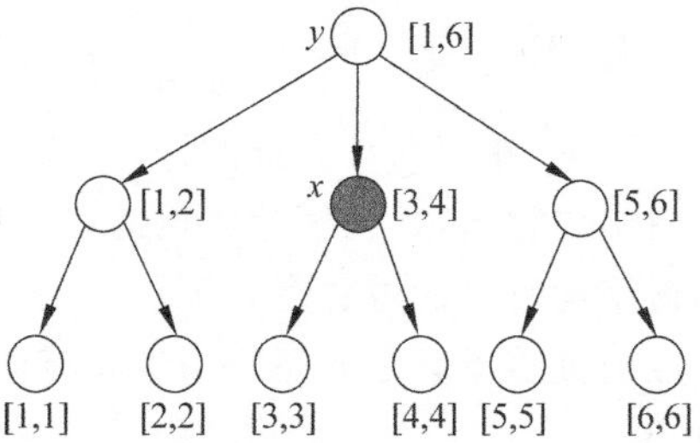

图 3.5 直方图大小为 6 时的 3-区间树

其中 $P_L(x)$为以下区间被提出的概率之和：

[2,4]，[2,5]，[2,6]

[3,4]，[3,5]，[3,6]

同理，$P_R(x)$为以下区间被提出的概率之和：

[1,4]，[1,5]

[2,4]，[2,5]

[3,4]，[3,5]

$P_C(x)$为以下区间被提出的概率之和：

[2,4]，[2,5]

[3,4]，[3,5]

$P_C(x)$即为 $P_L(x)$与 $P_C(x)$同时考虑的区间被提出的概率之和。因此，在这棵 3-区间树中，x 节点被覆盖的概率为

$$P_L(x)+P_R(x)-P_C(x)=8/21\approx 0.381$$

定义 3.4(区间子树估价函数值) 令 $H(L(x),R(x),\text{ary})$为节点 x 所代表区间$[L(x),R(x)]$按照 ary-区间树的划分方式进行划分得到的子树的估价函数值，若令其划分后得到的子树为 T，则

$$H(L(x),R(x),\text{ary})=\sum_{y\in T}\text{Pro}(y)$$

例 3.4 在图 3.2 所示区间树结构中，选取节点 2 作为区间子树的根节点，令 ary=2，如图 3.6 所示。

根据定义 3.1 可得

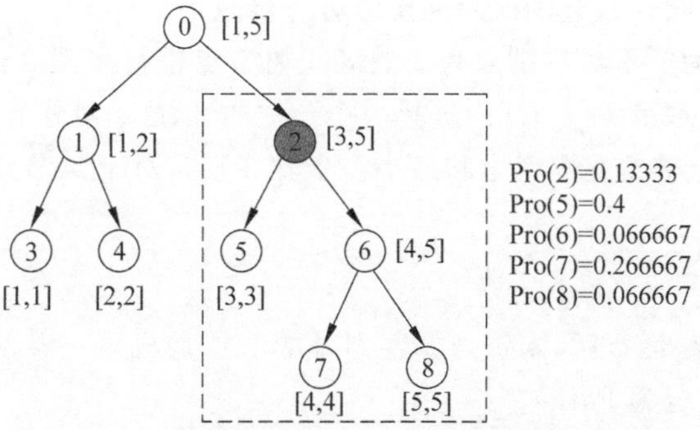

图 3.6　节点 2 按照 ary=2 划分后的区间树结构

$$H(3,5,2)=(0.13333+0.4+0.066667+0.266667+0.066667)\approx 0.933$$

若令 ary＝2，即节点 2 所代表区间按照 3-区间树的划分规则来划分，则划分后区间树结构将与图 3.6 中的区间树结构有细微不同，如图 3.7 所示。

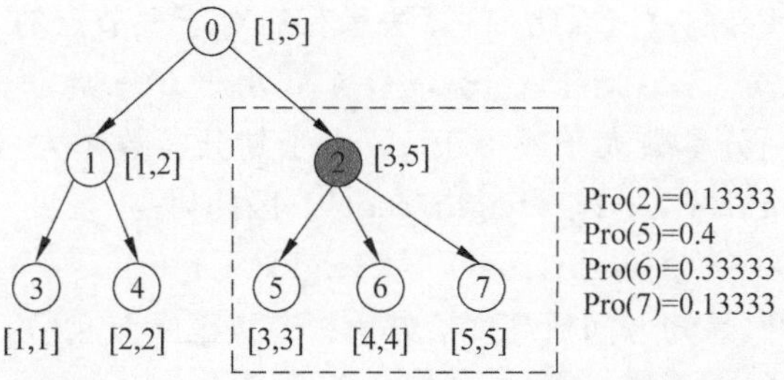

图 3.7　节点 2 按照 ary=3 划分后的区间树结构

此时

$$H(3,5,3)=(0.13333+0.4+0.33333+0.13333)\approx 1.0$$

2. 算法描述

设直方图大小为 n，且属性值离散化后的值从 1 开始。算法首先通过在适当规模内选取叉数(本节中选取 2～20 的数字)$k=\underset{2\leqslant \text{ary}\leqslant 20}{\operatorname{argmin}}\ E(\text{Err}_s(Q))$，使得其区间查询误差期望最小。在此情况下，递归地对区间树非根节点进行调整：对于左端点不为 1 的区间树节点进行选择性划分，并按照区间子树估价函数值大小贪心选择最优划分叉数。在本算法中，规定在对区间树节点 x 进行划分时，若对于 $y_0, y_1 \in \text{Son}(x)$ 有 $L(y_0)<L(y_1)$，则 $|\text{Seg}(y_0)|\leqslant|\text{Seg}(y_1)|$。

算法 3.1　Struct-Construct(SC)算法

输入：区间树节点 x，区间划分叉数 k，划分叉数上界 U

输出：根据贪心策略调整后的区间树结构

1. 若 $L(x)=1$ 则按照 k-区间树规则划分子节点，并继续步骤 3，否则继续步骤 2
2. (选择性划分)在$[k,U]$内选取一个数 w，使得 $H(L(x),R(x),w)$最小，并按照 w-区间树规则划分子节点
3. 对于 $y\in \text{Son}(x)$，运行 Struct-Construct(y,k,U)

通过 k 的选取，可先粗略地构造出一棵 k-区间树。在此基础上，通过 SC 算法进一步构

造区间树结构，使得区间计数查询误差期望值进一步减小。

步骤1的判定是为了不对左端点为1的区间树节点进行步骤2的选择性划分。步骤2则是选择性划分，在叉数范围$[k,U]$内选择一个合适的叉数w划分节点x，使得按照w划分x以及其子树后其节点被覆盖概率之和最小。步骤3则是对于x节点的每一个子节点y递归地调用SC算法。

3. 算法分析

结论3.1 SC算法运行后，未被选择性划分的节点构成了一条从根节点到某个叶节点的路径(令这些节点集合为Path)。

证明：根据SC算法步骤1可知根节点$[1,n]$未被划分，其子节点$[1,\lceil n/k \rceil]$也未被选择性划分，以此类推，可从根节点开始，每次走向左端点为1的子节点，直至走到某一叶节点。证毕。

结论3.2 SC算法构造出的区间树，其高度为结论3.1中的路径长度，即$|\text{Path}|$。

证明：假设根节点的子节点分别为$y_0, y_1, \cdots, y_{k-1}$，若对于$y_i, y_j \in \text{Son}(x)$有$L(y_i) < L(y_j)$，则$|\text{Seg}(y_i)| \geqslant |\text{Seg}(y_j)|$，因此SC算法运行后对于根节点的子节点有$|\text{Seg}(y_0)| \geqslant |\text{Seg}(y_1)| \geqslant \cdots \geqslant |\text{Seg}(y_{k-1})|$。对于$y_1, y_2, \cdots, y_{k-1}$，由于$L(y_i) <> 1$，因此SC算法会对它们进行选择性划分，且划分参数大于或等于k。由于划分参数越大，区间树高度越小，因此y_i对应的子树高度$\text{Height}(y_i)+1 \leqslant \text{Height}(\text{root})$。因此树高

$$\text{Height}(\text{root}) = \text{Height}(y_0) + 1 \tag{3.3}$$

将式(3.3)不断展开，易知区间树高度恰好为根节点至叶节点$[1,1]$的路径中的节点数，即$\text{Height}(\text{root}) = |\text{Path}|$。证毕。

根据结论3.2可知，该差分隐私区间树对应敏感度为$|\text{path}|$。化简式(3.2)可得

$$E(\text{Err}_s(Q)) = \frac{2\Delta^2}{\varepsilon^2}\sum_x \text{Pro}(x) = \frac{2\,|\,\text{Path}\,|^2}{\varepsilon^2}\sum_x \text{Pro}(x)$$

在SC算法的选择性划分阶段，一次划分将会通过贪心选择将节点x按照划分参数w划分为w-区间子树。图3.8给出了w为3的情况下对于x进行区间子树划分的例子。

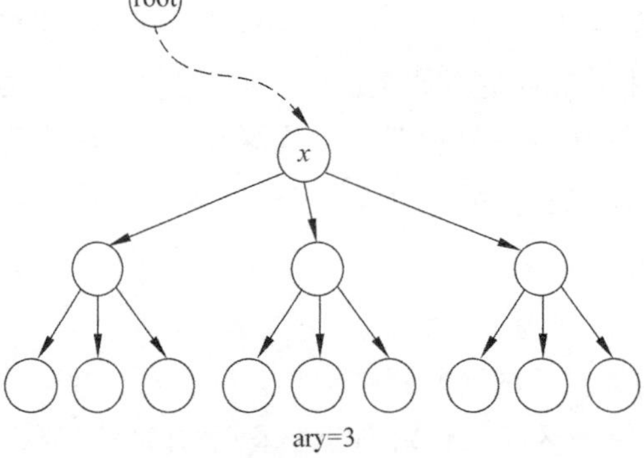

图3.8 ary=3划分区间子树后的区间树结构

由于$w=3$对应的$H(L(x), R(x), w)$最小，因此有$\sum_{x \in T_{w=3}} \text{Pro}(x) \leqslant \sum_{x \in T_{w<>3}} \text{Pro}(x)$，其中$T_w$表示区间树节点$x$按照$\text{ary}=w$进行划分，故

$$E_{w=E}(\mathrm{Err}_s(Q)) \leqslant E_{w<>3}(\mathrm{Err}_e(Q))$$

因此，在每一次选择性划分中，区间计数查询误差的期望值非增。

结论 3.3　SC 算法的时间复杂度为 $O(Un\log_2 n)$。

证明：由于划分参数不小于 k，因此构建出的区间树高度为 $O(\log_2 n)$。根据区间树划分定义易得每一层的节点区间长度不超过 n，即 $|\mathrm{Seg}(y_i)| \leqslant n$。

设区间树中某层节点如图 3.9 所示，若对于节点 y_i 进行选择性划分，需要选择 $O(U)$ 次划分参数，且每次需要通过构建完全 w- 区间子树并遍历子树以计算 $H(L(y_i), R(y_i), w)$，由于遍历的时间复杂度为 $O(|\mathrm{Seg}(y_i)|)$，因此对于节点 y_i，其选择性划分时间复杂度为 $O(U|\mathrm{Seg}(y_i)|)$。而对于某层的所有叶节点，其选择性划分的时间复杂度之和为 $O\left(U\sum|\mathrm{Seg}(y_i)|\right) = O(Un)$。由于区间树高度为 $O(\log_2 n)$，故选择性划分的总时间复杂度为 $O(Un\log_2 n)$。而无论对于节点 x 是否进行选择性划分，最终均需要按照一个划分参数进行子节点的划分，因此划分步骤的时间复杂度为 $O(U)$。由于区间树的节点数目为 $O(n)$，因此划分步骤的总时间复杂度为 $O(Un)$。故 SC 算法的总时间复杂度为 $O(Un\log_2 n + Un) = O(Un\log_2 n)$。证毕。

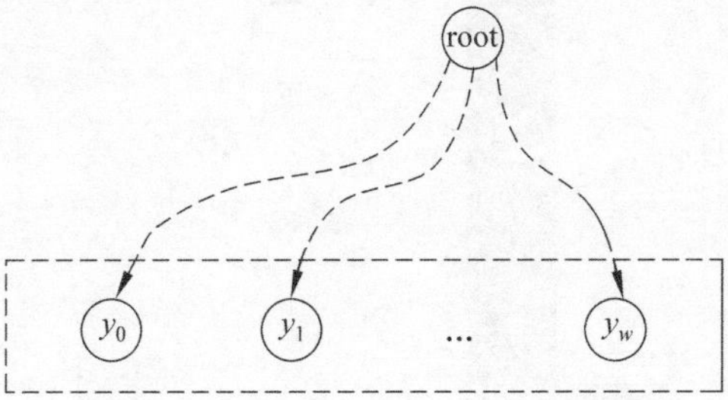

图 3.9　区间树中某层节点

3.3.3　实验结果与分析

本节将在区间计数查询符合均匀分布的背景下对直方图发布算法中区间查询的精度进行实验研究。其中，在同一数据集上，区间计数查询精度由随机区间查询结果与真实查询值之间的差异表示；在同一数据集上，比较并分析区间计数查询符合均匀分布前提下区间计数查询误差期望值的差异。SC 算法的比对对象是传统二叉区间树（regular 2-range tree）发布算法以及直接对直方图添加噪声的 Dwork 算法。对于现实数据集分别运行 SC 算法、传统二叉区间树发布算法以及 Dwork 算法，对各个算法运行前后的直方图随机区间查询精度进行衡量以及对比。

1. 实验数据与环境

实验数据分别来自 Amazon（亚马逊）网站于 2005 年 3 月 1 日 0 时至 2010 年 8 月 31 日晚 23 时期间被访问的采样记录（称为 Amazon 数据集）以及从 AOL 导出用户的点击网址为 http://www.ebay.com 的数据（称为 AOL 数据集）。在本实验中区间查询长度为 $2^i (i \geqslant 0)$；对于每一个区间查询长度，随机生成 500 个查询区间；采样 100 次加噪声后的数据；误差通过区间查询的均方误差平均估值来衡量。

实验环境为：1.8GHz Intel Core i5；4GB 内存；Mac OS X 10.8.3 操作系统；算法用 C++ 语言实现。

表 3.1 是两个数据集的统计信息。其中，时间顺序划分表示将要进行发布的直方图中的属性按照日期(精确到天或分钟)递增顺序划分。

表 3.1　数据集统计信息

数据集	数据规模	划分单位	划分后的数据规模
Amazon	716 064	d	2010
AOL	36 389 577	min	48 130

2. 区间计数查询误差期望值

对 AOL 以及 Amazon 数据集运行 SC 算法与传统二叉区间树发布算法，并通过式(3.2)计算得到区间计数查询均匀分布下查询误差的期望值，如图 3.10 所示。

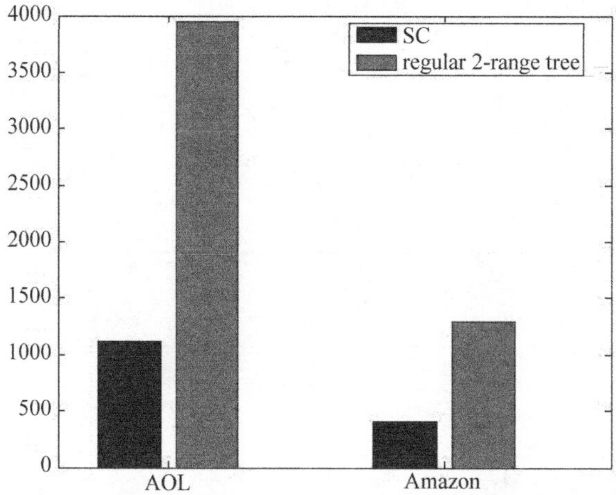

图 3.10　AOL/Amazon 数据集下随机区间查询误差期望值

从实验结果可以看出，在 AOL 以及 Amazon 数据集中随机计数区间查询下，SC 算法对应的区间查询误差期望值远小于传统二叉区间树发布算法。SC 算法中参数 k 是通过式(3.2)选择的，因此其误差期望值应小于传统二叉区间树发布，而在 SC 算法的每一次选择性划分中，区间计数查询误差期望值非增，因此划分完后其误差期望值小于原先 k-区间树的误差期望值。实验结果符合理论预期。

3. 区间计数查询下的精度

分别对 AOL 以及 Amazon 数据集运行 SC 算法、传统二叉区间树发布算法以及 Dwork 算法，对于随机区间查询计算其均方差，并对此误差取对数。实验结果分别如图 3.11 和图 3.12 所示。

从实验结果可以看出，在 AOL 以及 Amazon 数据集中随机计数区间查询下，SC 算法的误差曲线完全在传统二叉区间树发布算法下方。而在区间长度较小的情况下，Dwork 算法的查询误差较小；在区间长度较大的情况下，Dwork 算法的误差大于传统二叉区间树发布算法以及 SC 算法的误差。由于 Dword 算法中的误差为线性累加，因此其误差和查询区间大

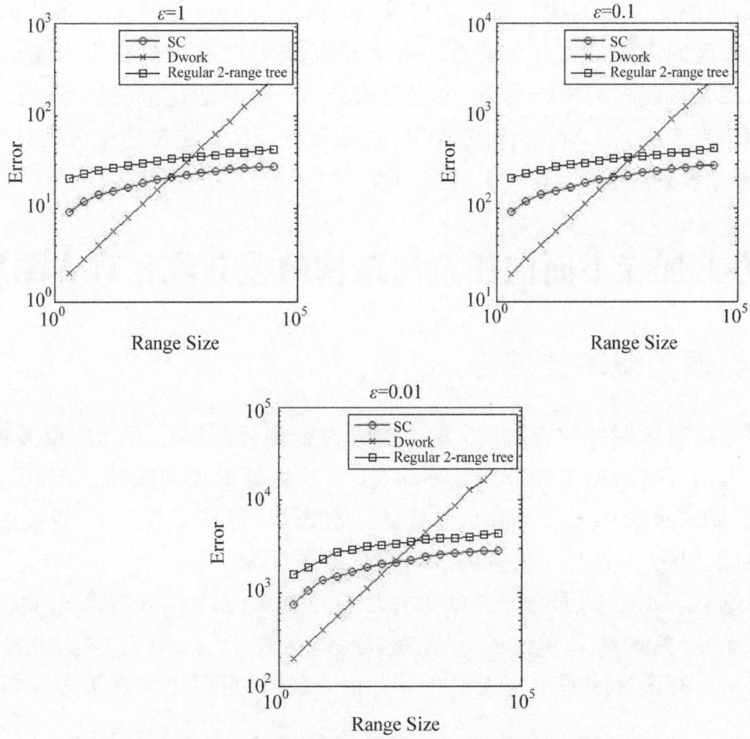

图 3.11　AOL 数据集下随机区间查询误差

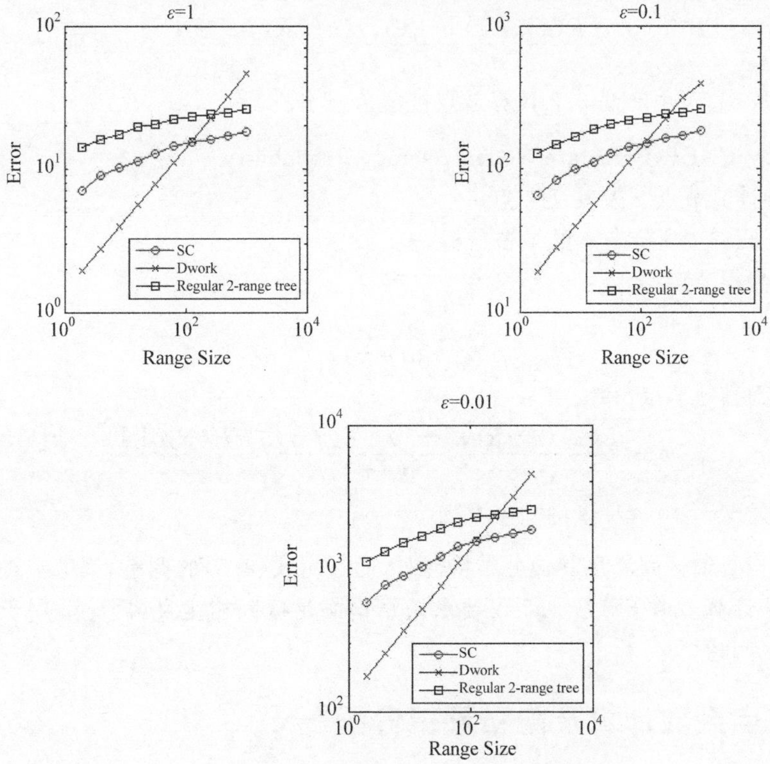

图 3.12　Amazon 数据集下随机区间查询误差

小呈线性关系；传统二叉区间树发布算法以及 SC 算法均通过区间树发布数据，因此其区间计数查询误差和区间大小呈类对数关系。本实验中，传统二叉区间树发布算法以及 SC 算法均运行于相同二叉区间树的树结构下，根据算法分析，SC 算法优势明显，符合理论预期。

以上实验结果表明，在 Amazon 及 AOL 数据集下，SC 算法在随机区间计数查询下误差较小，总体与理论预期相符，具有一定的实用性。

3.4 异方差加噪下面向任意树结构的差分隐私直方图发布算法

3.4.1 节点覆盖概率计算

当对区间树进行区间计数查询时，其计数值为查询区间$[Q_L, Q_R]$所覆盖的多个节点计数值之和[1]。查询区间所覆盖的节点互不相交，且并集等于查询区间。因此，被覆盖节点 x 需满足 $Q_L \leqslant L(x) \leqslant R(x) \leqslant Q_R$。同时，对任意一次查询，若其父节点 f_x 能被查询区间覆盖，节点 x 将被忽略。因此，节点 x 被查询区间覆盖的条件为

$$(Q_L \leqslant L(x) \leqslant R(x) \leqslant Q_R) \wedge \neg(Q_L \leqslant L(f_x) \leqslant R(f_x) \leqslant Q_R) \tag{3.4}$$

当 x 为根节点时，因其父节点 f_x 不存在，令$(Q_L \leqslant L(f_x) \leqslant R(f_x) \leqslant Q_R)$为假。

本节假定所有查询区间的出现概率相等。由式(3.1)可得出节点被覆盖概率 p_x 的计算公式：

$$p_x = \begin{cases} \dfrac{1}{n(n+1)/2}, & x \text{ 为根节点} \\ \dfrac{L(x)(n-R(x)+1)-L(f_x)(n-R(f_x)+1)}{n(n+1)/2}, & \text{否则} \end{cases} \tag{3.5}$$

根据式(3.5)，可由算法 3.2 计算节点被覆盖概率。

算法 3.2 CNCP(Calculate Node Coverage Probability)

输入：待计算节点 x 及其父节点 f_x

输出：区间树中所有节点的被覆盖概率 p_x

1. 若 x 为根节点：

$$p_x \leftarrow \frac{1}{n(n+1)/2}$$

2. 若 x 为其他节点：

$$p_x \leftarrow \frac{L(x)(n-R(x)+1)-L(f_x)(n-R(f_x)+1)}{n(n+1)/2}$$

3. 对所有 $y \in \mathrm{Son}(x)$，执行 $\mathrm{CNCP}(y, x)$

实际上，当查询区间满足其他分布特性时，通过对式(3.5)的调整，其节点被覆盖概率也可通过本算法计算。由于算法 3.2 仅要求树结构满足区间树定义，因此适用于任意树结构的差分隐私区间树。

3.4.2 节点系数计算及隐私预算分配

在计算出节点被覆盖概率后，即可据此调整隐私预算，通过异方差加噪方式降低整体的

查询误差。而在此之前,需分析如何保证异方差加噪后的差分隐私区间树满足ε-差分隐私。

结论 3.4 给定区间树 T,Leaf(x) 表示以 x 为根节点的子树的叶节点集合,Path(x,y) 表示节点 x 到其子节点 y 路径上的节点集合。若通过添加 Laplace 噪声使每个节点 x 满足 ε_x- 差分隐私,则整体发布过程满足 $\max\limits_{x\in \mathrm{Leaf(root)}}\left(\sum\limits_{y\in \mathrm{Path(root},x)}\varepsilon_y\right)$- 差分隐私。

证明:对任意节点 x,设 Sub(x)表示以节点 x 为根节点的子树,$A(x)$表示对子树 Sub(x) 进行发布的算法,则:

(1) 对节点 x 的任意两个节点 $y_i, y_j\in \mathrm{Son}(x)$,由于 $\mathrm{Sub}(y_i)\cap \mathrm{Sub}(y_j)=\varnothing$,根据差分隐私并行组合性[8],算法 $\underset{y\in \mathrm{Son}(x)}{A(y)}$ 组合后满足 $\max\limits_{y\in \mathrm{Son}(x)} A(y)$-差分隐私。

(2) 对于节点 $y\in \mathrm{Son}(x)$,由于节点 x 的隐私预算为 ε_x,且 $\mathrm{Sub}(y)\cap \mathrm{Sub}(x)=\mathrm{Sub}(y)$,由差分隐私序列组合性[8]可得,$A(x)$满足$(\varepsilon_x+\max\limits_{y\in \mathrm{Son}(x)} A(y))$-差分隐私。

由(1)、(2) 可得,$A(\mathrm{root})$ 满足 $\max\limits_{x\in \mathrm{Leaf(root)}}\left(\sum\limits_{y\in \mathrm{Path(root},x)}\varepsilon_y\right)$- 差分隐私,证明完毕。

根据结论 3.4,若要保证异方差加噪后的区间树满足ε-差分隐私,需满足以下条件:

$$\max_{x\in \mathrm{Leaf(root)}}\left(\sum_{y\in \mathrm{Path(root},x)}\varepsilon_y\right)=\varepsilon$$

定义 $H(z)=\sum\limits_{y\in \mathrm{Path(root},z)}\varepsilon_y$,$z$ 为任意叶节点,为最小化区间计数查询误差期望,将以上条件转换为

$$\underset{z\in \mathrm{Leaf(root)}}{H(z)}=\sum_{y\in \mathrm{Path(root},z)}\varepsilon_y=\varepsilon$$

同时,令 Node(Q)表示区间计数查询 Q 所覆盖的节点集合,由于 $\mathrm{Lap}(1/\varepsilon_x)$噪声引起的标准方差[9]为 $2/\varepsilon_x^2$,因此,查询 Q 的误差方差为

$$\mathrm{Err}(Q)=\sum_{x\in \mathrm{Node}(Q)}\frac{2}{\varepsilon_x^2}$$

则区间计数查询误差期望为

$$E(\mathrm{Err}(Q))=\frac{\sum\limits_{Q\in Q_{\mathrm{all}}}\sum\limits_{x\in \mathrm{Node}(Q)}\frac{2}{\varepsilon_x^2}}{|Q_{\mathrm{all}}|}=\frac{p_x\,|Q_{\mathrm{all}}|\sum\limits_{x}\frac{2}{\varepsilon_x^2}}{|Q_{\mathrm{all}}|}=2\sum_x\frac{p_x}{\varepsilon_x^2}$$

因此,在满足ε-差分隐私的前提下,求解区间树上各节点的差分隐私预算,从而最小化区间计数查询误差期望的问题可转化为以下最优化问题:

$$\begin{aligned}&\min\quad f(\boldsymbol{\varepsilon})=\frac{1}{2}E(\mathrm{Err}(Q))=\sum_x\frac{p_x}{\varepsilon_x^2}\\&\mathrm{s.t.}\quad \underset{z\in \mathrm{Leaf(root)}}{H(z)}=\varepsilon\end{aligned}\tag{3.6}$$

其中,$\boldsymbol{\varepsilon}$ 表示区间树中节点的差分隐私预算向量。

下面通过定义 3.5 与结论 3.5 进行求解。

定义 3.5(路径隐私预算和)

$$\mathrm{psum}(x)=\begin{cases}\varepsilon_x, & x\in \mathrm{Leaf(root)}\\ \mathrm{psum}(\mathrm{SonBound}(x))+\varepsilon_x, & \text{否则}\end{cases}$$

其中,$\mathrm{SonBound}(x)=\{y\mid y\in \mathrm{Son}(x)\wedge L(y)=L(x)\}$,由式(3.6)中的约束条件可得 $\mathrm{psum(root)}=\varepsilon$。

结论 3.5 为最小化区间计数查询误差期望(即求解式(3.6)),区间树中差分隐私预算分配方案需满足

$$\varepsilon_x = \frac{a_x}{b_x}\mathrm{psum}(x)$$

其中 a_x、b_x 称为节点 x 的节点系数,有

$$a_x = \begin{cases} 1, & x \in \mathrm{Leaf(root)} \\ \left(\dfrac{p_x}{\displaystyle\sum_{y\in \mathrm{Son}(x)} \dfrac{p_y b_y^3}{a_y^3}}\right)^{\frac{1}{3}}, & 否则 \end{cases}$$

$$b_x = \begin{cases} 1, & x \in \mathrm{Leaf(root)} \\ a_x + 1, & 否则 \end{cases}$$

证明:

(1) 若 x 为叶节点,则结论 3.5 显然成立。

(2) 若 x 为非叶节点,利用拉格朗日乘数法,可构造如下函数:

$$F(\boldsymbol{\varepsilon},\lambda) = \sum_x \frac{p_x}{\varepsilon_x^2} + \sum_{z\in \mathrm{Leaf(root)}} \lambda_z\ (H(z) - \varepsilon)$$

其中,λ 为引入的未知标量。因目标函数 $f(\varepsilon)$为凸函数,同时,求解式(3.5)与求解函数 $F(\boldsymbol{\varepsilon},\lambda)$ 的全局最优解等价,因此,将 $F(\boldsymbol{\varepsilon},\lambda)$对 $\boldsymbol{\varepsilon}$ 求导,得

$$\frac{\partial F(\boldsymbol{\varepsilon},\lambda)}{\partial \varepsilon_x} = \frac{-2p_x}{\varepsilon_x^3} + \sum_{z\in \mathrm{Leaf}(x)} \lambda_z = 0 \tag{3.7}$$

假设对于 $y \in \mathrm{Son}(x)$,结论均成立,则

$$\varepsilon_y = \frac{a_y}{b_y}\mathrm{psum}(y) \tag{3.8}$$

对于节点 SonBound(x)和任意 $y \in \mathrm{Son}(x)$,由于式(3.6)的约束条件下,任意叶节点到根节点路径上的隐私预算和等于 ε,因此:

$$\varepsilon\text{-}\mathrm{psum}(y) = \sum_{u\in \mathrm{Path(root},x)} \varepsilon_u = \varepsilon\text{-}\mathrm{psum(SonBound}(x)) \tag{3.9}$$

由式(3.8)和式(3.9),得

$$\varepsilon_y = \frac{a_y}{b_y}\mathrm{psum(SonBound}(x)) \tag{3.10}$$

为满足式(3.7),必有

$$\begin{aligned} \frac{2p_y}{\varepsilon_y^3} &= \sum_{z\in \mathrm{Leaf}(y)} \lambda_z \\ \frac{2p_x}{\varepsilon_x^3} &= \sum_{z\in \mathrm{Leaf}(x)} \lambda_z = \sum_{y\in \mathrm{Leaf}(x)} \sum_{z\in \mathrm{Leaf}(y)} \lambda_z = \sum_{y\in \mathrm{Leaf}(x)} \frac{2p_y}{\varepsilon_y^3} \end{aligned} \tag{3.11}$$

将式(3.10)代入式(3.11)可得

$$\frac{p_x}{\varepsilon_x^3} = \frac{\displaystyle\sum_{y\in \mathrm{Leaf}(x)} \frac{p_y b_y^3}{a_y^3}}{\mathrm{psum(SonBound}\ (x)^3}$$

因此

$$\mathrm{psum}(\mathrm{SonBound}(x)) = \frac{\varepsilon_x}{\left(\dfrac{p_x}{\sum\limits_{y\in \mathrm{Leaf}(x)} \dfrac{p_y b_y^3}{a_y^3}}\right)^{\frac{1}{3}}}$$

令

$$a_x = \left(\frac{p_x}{\sum\limits_{y\in \mathrm{Leaf}(x)} \dfrac{p_y b_y^3}{a_y^3}}\right)^{\frac{1}{3}}$$

则

$$\mathrm{psum}(x) = \mathrm{psum}(\mathrm{SonBound}(x)) + \varepsilon_x = \frac{1+a_x}{a_x}\varepsilon_x = \frac{b_x}{a_x}\varepsilon_x$$

综合(1)、(2)，结论得证。

至此，可通过算法 3.3 计算节点系数 a_x、b_x。

算法 3.3　CNP (Calculate Node Parameter)

输入：待计算节点 x

输出：区间树中所有节点的节点系数 a_x、b_x

1. 若 x 为叶节点：

$$a_x \leftarrow 1,\quad b_x \leftarrow 1$$

2. 若 x 为其他节点：

$$a_x \leftarrow \left(\frac{p_x}{\sum\limits_{y\in \mathrm{Son}(x)} \dfrac{p_y b_y^3}{a_y^3}}\right)^{\frac{1}{3}}$$

$$b_x \leftarrow a_x + 1$$

3. 对于 $y\in \mathrm{Son}(x)$，运行 CNP(y)

计算出节点系数 a_x、b_x 后，可通过算法 3.4 分配每个节点的差分隐私预算 ε_x 并进行异方差加噪。

算法 3.4　NPBD(Non-Uniform Private Budget Distribute)

输入：待加噪节点 x、路径隐私预算和 psum(x)

输出：区间树所有节点的加噪计数值 $\tilde{h}_x$

1. $\varepsilon_x \leftarrow \dfrac{a_x}{b_x}\mathrm{psum}(x)$　　　　//分配隐私预算

2. $\tilde{h}_x \leftarrow h_x + \mathrm{Lap}(1/\varepsilon_x)$　　　　//添加噪声

3. 对所有 $y\in \mathrm{Son}(x)$，执行 NPBD(y, psum(x)$-\varepsilon_x$)

下面以图 3.1 所示差分隐私区间树为例，分析异方差加噪对区间计数查询精度的影响。

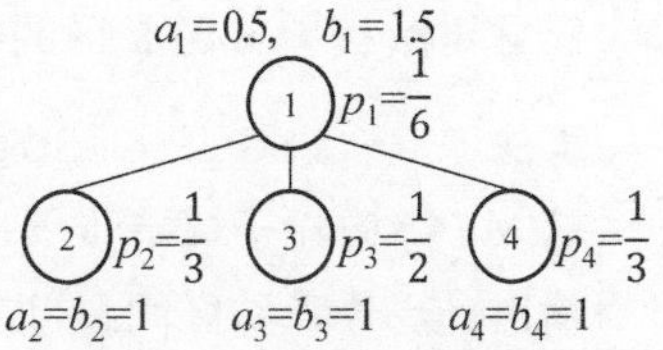

图 3.13　异方差加噪示例

将图 3.1 所示区间树通过算法 3.2 及算法 3.3 进行节

点被覆盖概率和系数计算，结果如图 3.13 所示。再通过算法 3.4 进行隐私预算分配，得到各节点的隐私预算：

$$\varepsilon_1 \approx 0.33,\quad \varepsilon_2 \approx 0.67,\quad \varepsilon_3 \approx 0.67,\quad \varepsilon_4 \approx 0.67$$

该方案与图 3.1(b)所示一致。分别对图 3.1(a)、图 3.1(b)中的隐私预算分配方案计算区间计数查询误差期望：

$$E_a = 2\left(\frac{1/6}{0.5^2}+\frac{1/3}{0.5^2}+\frac{1/2}{0.5^2}+\frac{1/3}{0.5^2}\right)\approx 10.67$$

$$E_b = 2\left(\frac{1/6}{0.33^2}+\frac{1/3}{0.67^2}+\frac{1/2}{0.67^2}+\frac{1/3}{0.67^2}\right)\approx 8.25 < E_a$$

查询误差期望由原先同方差加噪的 10.67 降低至异方差加噪的 8.25，查询精度得到提高。

3.4.3 算法描述与分析

上述步骤实现了对差分隐私区间树进行的异方差加噪。由于仅要求树结构满足差分隐私区间树定义，并无其他限定，因此，该异方差加噪策略不仅适用于完全 k 叉树，还能够运用在任意区间树结构上。

不同树结构的差分隐私区间树示例如图 3.14 所示。

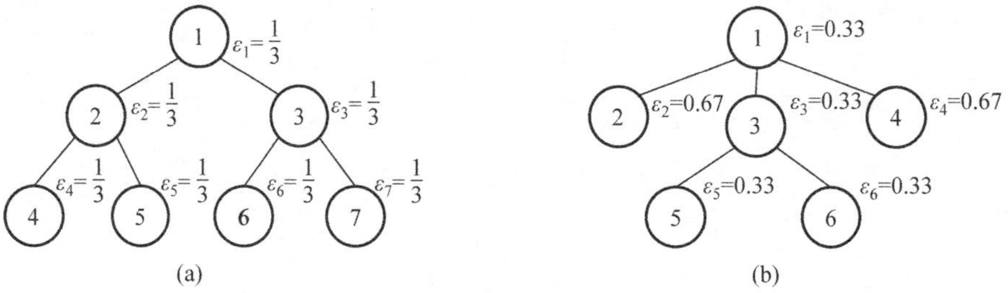

图 3.14　不同树结构下的区间树

如图 3.14 所示，对于长度为 2^2 的直方图数据集而言，可采用如图 3.14(a)所示的完全二叉树进行统计表示，也可用类似于图 3.14(b)所示的任意树结构差分隐私区间树进行表示。对其分别计算区间计数查询误差期望：

$$E_a = 2\left(3\,\frac{1/10}{1/3^2}+2\,\frac{2/10}{1/3^2}+2\,\frac{3/10}{1/3^2}\right)\approx 23.4$$

$$E_b = 2\left(\frac{1/10}{0.33^2}+2\,\frac{3/10}{0.67^2}+\frac{3/10}{0.33^2}+2\,\frac{2/10}{0.33^2}\right)\approx 17.1 < E_a$$

可以看出，采用任意区间树结构之后，可以对树结构进行更灵活的调整，从而有效降低查询误差。结合异方差加噪方式，能够进一步提升查询精度。

任意树结构差分隐私区间树的构建算法如下。

算法 3.5　TSC(Tree Structure Construct)

输入：待构建子树节点 x，当前区间$[l,r]$

输出：差分隐私区间树 T

1. $L[x]=l, R[x]=r$;　　　　//设置节点表示的区间

```
2. k=choose(x,l,r);                    //选择分支数 k
3. for(i=0;i<k;i++){
     分配新节点编号 child 和子区间[cl,cr];
     TSC(child,cl,cr);                   //继续构建子树
   }
```

在算法 3.5 中，对分支数 k 的选择和子区间长度的分配方式进行改变，均会导致树结构的变化。树结构构建完成并进行节点覆盖概率计算(CNCP)、节点系数计算(CNP)和异方差加噪(NPBD)后，即可得到异方差加噪下的任意树结构差分隐私区间树。

在建立任意区间树并进行异方差加噪后，可有效提高区间计数查询精度。然而，通过图 3.15 的示例可以发现，加噪后的区间树并不满足一致性约束。

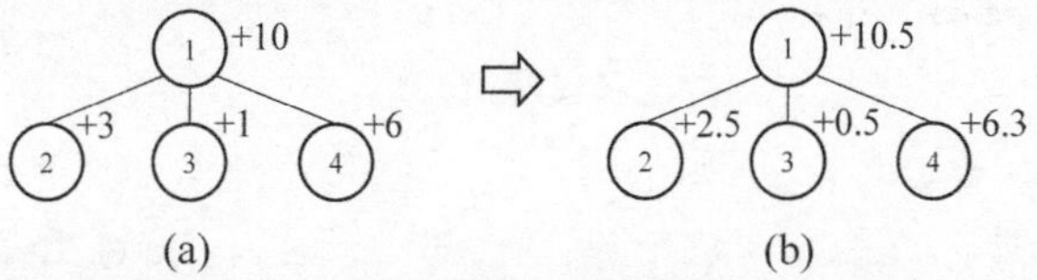

图 3.15　加噪后造成的一致性约束问题示例

图 3.15(a)所示的未加噪区间树经加噪后变为图 3.15(b)所示的加噪区间树，其父节点 1 的计数值 10.5 与子节点计数值之和 9.3 不同，不满足一致性约束。以下将针对此问题，通过理论分析，证明异方差加噪下的任意区间树仍可利用一致性约束进行最优线性无偏估计优化。

结论 3.6　在一致性约束下，求解差分隐私区间树节点加噪统计值 $\tilde{h}$ 的线性无偏估计值 $\bar{h}$，等同于求解如下的加权最小二乘问题[1]：

$$\begin{aligned} \min \quad & \sum_{x} \varepsilon_x^2 (\tilde{h}_x - \bar{h}_x)^2 \\ \text{s.t.} \quad & \sum_{y \in \mathrm{Leaf}(x)} \bar{h}_y = \bar{h}_x \end{aligned} \tag{3.12}$$

其中，$\tilde{h}_x$ 为节点 x 的加噪统计值，$\bar{h}_x$ 为节点 x 的线性无偏估计值。

结论 3.7　差分隐私区间树从叶节点 w 到根节点路径上的节点线性无偏估计值 $\bar{h}$，满足下式：

$$\sum_{x \in \mathrm{Path}(\mathrm{root},w)} \varepsilon_x^2 \bar{h}_x = \sum_{x \in \mathrm{Path}(\mathrm{root},w)} \varepsilon_x^2 \tilde{h}_x \tag{3.13}$$

证明：式(3.12)可转换为求解下式：

$$\min \sum_{x} \varepsilon_x^2 \Big(\sum_{y \in \mathrm{Leaf}(x)} \bar{h}_y - \tilde{h}_x \Big)^2$$

对于任意叶节点 w，对 $\bar{h}_w$ 求偏导：

$$\frac{\partial f}{\partial \bar{h}_w} = 2 \sum_{x \in \mathrm{Path}(\mathrm{root},w)} \varepsilon_x^2 \Big(\sum_{y \in \mathrm{Leaf}(x)} \bar{h}_y - \tilde{h}_x \Big) = 2 \sum_{x \in \mathrm{Path}(\mathrm{root},w)} \varepsilon_x^2 (\bar{h}_x - \tilde{h}_x)$$

令偏导数 $\frac{\partial f}{\partial \bar{h}_w} = 0$，则

$$\sum_{x \in \mathrm{Path}(\mathrm{root},w)} \varepsilon_x^2 \bar{h}_x = \sum_{x \in \mathrm{Path}(\mathrm{root},w)} \varepsilon_x^2 \tilde{h}_x$$

证明完毕。

结论 3.8 以节点 x 为根节点的子树中，节点 x 的估计值 $\bar{h}_x$、叶节点到节点 x 的估计值加权和 $\bar{g}_x$ 均是关于叶节点的线性方程：

$$\bar{g}_x = \sum_{y \in \text{Path}(x,\text{Bound}(x))} \varepsilon_y^2 \bar{h}_y = \alpha_x \bar{h}_{\text{Bound}(x)} + c_x \tag{3.14}$$

$$\bar{h}_x = \sum_{y \in \text{Leaf}(x)} \bar{h}_y = \beta_x \bar{h}_{\text{Bound}(x)} + d_x$$

其中：

$$\alpha_x = \begin{cases} \varepsilon_x^2, & x \in \text{Leaf(root)} \\ \alpha_w + \varepsilon_x^2 \beta_x, & \text{否则} \end{cases}$$

$$\beta_x = \begin{cases} 1, & x \in \text{Leaf(root)} \\ \sum_{y \in \text{Son}(x)} \dfrac{\beta_y \alpha_w}{\alpha_y}, & \text{否则} \end{cases}$$

$$c_x = \begin{cases} 0, & x \in \text{Leaf(root)} \\ c_w + \varepsilon_x^2 d_x, & \text{否则} \end{cases}$$

$$d_x = \begin{cases} 0, & x \in \text{Leaf(root)} \\ \sum_{y \in \text{Son}(x)} \left(\dfrac{\beta_y}{\alpha_y} (\tilde{g}_y - \tilde{g}_w - c_y + c_w) + d_y \right), & \text{否则} \end{cases}$$

$$\tilde{g}_y = \sum_{u \in \text{Path}(y,\text{Bound}(y))} \varepsilon_u^2 \tilde{h}_u$$

Bound(x)是以 x 为根节点的子树中的第一个叶节点，w=SonBound(x)。

证明：定义节点高度

$$\text{Height}(x) = \begin{cases} 0, & x \in \text{Leaf(root)} \\ \max\limits_{y \in \text{Son}(x)} \{\text{Height}(y)\} + 1, & \text{否则} \end{cases} \tag{3.15}$$

(1) 若节点 $x \in \{y \mid \text{Height}(y)=0\}$，即 $x \in \text{Leaf(root)}$，结论 3.8 显然成立。

(2) 假设对任意节点 $y \in \{y \mid \text{Height}(y) \leqslant n\}$，式(3.14)均成立。当 $\text{Height}(x)=n+1$ 时，

令 hsum(x)表示从叶节点 x 到根节点路径上节点集合的加噪值加权和，由结论 3.7 可知：

$$\underset{x \in \text{Leaf(root)}}{\text{hsum}(x)} = \sum_{y \in \text{Path(root},x)} \varepsilon_y^2 \tilde{h}_y = \sum_{y \in \text{Path(root},x)} \varepsilon_y^2 \bar{h}_y$$

令 w=SonBound(x)，由式(3.15)可知，对于节点 $y \in \text{Son}(x)$，有 $\text{Height}(y) \leqslant n$，$\text{Height}(w) \leqslant n$，且根据结论 3.7，有

$$\begin{aligned} & \tilde{g}_y - \tilde{g}_w \\ & = \text{hsum}(\text{Bound}(y)) - \text{hsum}(\text{Bound}(w)) \\ & = \bar{g}_y - \bar{g}_w \\ & = \alpha_y \bar{h}_{\text{Bound}(y)} + c_y - \alpha_w \bar{h}_{\text{Bound}(w)} - c_w \end{aligned}$$

因此：

$$\bar{h}_{\text{Bound}(y)} = \frac{\tilde{g}_y - \tilde{g}_w - c_y + \alpha_w \bar{h}_{\text{Bound}(w)} + c_w}{\alpha_y}$$

代入式(3.14)可得

$$\bar{h}_y = \beta_y \frac{\tilde{g}_y - \tilde{g}_w - c_y + \alpha_w \bar{h}_{\text{Bound}(w)} + c_w}{\alpha_y} + d_y$$
$$= \left(\frac{\beta_y \alpha_w}{\alpha_y}\right)\bar{h}_{\text{Bound}(w)} + \frac{\beta_y}{\alpha_y}(\tilde{g}_y - \tilde{g}_w - c_y + c_w) + d_y$$

由一致性约束可得

$$\bar{h}_x = \sum_{y\in \text{Son}(x)} \bar{h}_y = \left(\sum_{y\in \text{Son}(x)} \frac{\beta_y \alpha_w}{\alpha_y}\right)\bar{h}_{\text{Bound}(y)} + \sum_{y\in \text{Son}(x)} \left(\frac{\beta_y}{\alpha_y}(\tilde{g}_y - \tilde{g}_w - c_y + c_w) + d_y\right)$$

令

$$\beta_x = \left(\sum_{y\in \text{Son}(x)} \frac{\beta_y \alpha_w}{\alpha_y}\right)$$
$$d_x = \sum_{y\in \text{Son}(x)} \left(\frac{\beta_y}{\alpha_y}(\tilde{g}_y - \tilde{g}_w - c_y + c_w) + d_y\right)$$

得

$$\bar{h}_x = \beta_x \bar{h}_{\text{Bound}(x)} + d_x$$

因为

$$\bar{g}_x = \sum_{y\in \text{Path}(x,\text{Bound}(x))} \varepsilon_y^2 \bar{h}_y = \bar{g}_w + \varepsilon_x^2 \bar{h}_x$$
$$= \alpha_w \bar{h}_{\text{Bound}(w)} + c_w + \varepsilon_x^2(\beta_x \bar{h}_{\text{Bound}(x)} + d_x)$$
$$= (\alpha_w + \varepsilon_x^2 \beta_x)\bar{h}_{\text{Bound}(x)} + (c_w + \varepsilon_x^2 d_x)$$

令

$$\alpha_x = (\alpha_w + \varepsilon_x^2 \beta_x)$$
$$c_x = (c_w + \varepsilon_x^2 d_x)$$

得

$$\bar{g}_x = \alpha_x \bar{h}_{\text{Bound}(x)} + c_x$$

综合(1)、(2),证明式(3.14)成立。

经由以上结论及证明,通过计算参数(α,β,c,d)的值,并利用式(3.14)进行估计值计算,可设计出对差分隐私区间树加噪后,在任意区间树结构下利用最优线性无偏估计进行调整的优化算法。

算法 3.6 PA_BLUE (Parameter Adjust using Best Linear Unbiased Estimate)

输入:待计算发布计数值的节点 x

输出:区间树所有节点的参数(α,β,c,d)

1. 若 x 为叶节点,更新:

$$\alpha_x \leftarrow \varepsilon_x^2, \beta_x \leftarrow 1, c_x \leftarrow 0, d_x \leftarrow 0$$

并结束算法

```
2. for each y∈Son(x)
     PA_BLUE(y);
     if Bound(y)=Bound(w) then w=y;
   end for.
```

3. 更新 $\beta_x \leftarrow \left(\sum_{y\in \mathrm{Son}(x)} \frac{\beta_y \alpha_w}{\alpha_y}\right)$

4. 更新 $\alpha_x \leftarrow (\alpha_w + \varepsilon_x^2 \beta_x)$

5. 更新 $d_x \leftarrow \sum_{y\in \mathrm{Son}(x)} \left(\frac{\beta_y}{\alpha_y}(\tilde{g}_y - \tilde{g}_w - c_y + c_w) + d_y\right)$

6. 更新 $c_x \leftarrow (c_w + \varepsilon_x^2 d_x)$

计算参数(α,β,c,d)后,通过算法 3.7 计算优化后的最终发布值。

算法 3.7 CRC (Calculate Range Count)

输入:待计算发布计数值的节点 x

令 tot 为 $\sum_{w\in \mathrm{Path}(x,\mathrm{root})\backslash x} \varepsilon_w^2 \bar{h}_w$

输出:区间树所有节点的发布计数值 $\bar{h}_x$

1. $\bar{h}_x \leftarrow \beta_x \frac{\mathrm{hsum}(\mathrm{Bound}(x)) - \mathrm{tot} - c_x}{\alpha_x} + d_x$

2. 对所有 $y\in \mathrm{Son}(x)$,执行 CRC(y,tot$+\varepsilon_x^2 \bar{h}_x$)

通过以上步骤,本节提出了异方差加噪下面向任意区间树结构进行最优线性无偏估计优化的差分隐私直方图发布算法。

算法 3.8 LUE-DPTree(Linear Unbiased Estimator for Differential Private Tree)

输入:原始直方图 H,差分隐私参数 ε

输出:异方差加噪,任意树结构的 ε-差分隐私区间树 T_Publish

```
1. T=TSC(root,1,n);            //构建区间树
2. CNCP(root,0);               //节点被覆盖概率计算
3. CNP(root);                  //节点系数计算
4. NPBD(root,ε);               //异方差加噪
5. PA_BLUE(root);              //最优线性无偏估计优化
6. T_Public=CRC(root,0);       //计算发布值
```

下面对算法 3.8 的差分隐私保护效果和算法复杂度进行分析证明。

结论 3.9 算法 3.8 所生成的差分隐私区间树 T_Publish 满足 ε-差分隐私。

证明:对于区间树 T_Publish,由式(3.6)中的约束条件可知,在计算各节点隐私预算 ε_x 时,始终在该约束下进行:

$$\underset{x\in \mathrm{Leaf(root)}}{H(x)} = \varepsilon$$

即

$$\max_{x\in \mathrm{Leaf(root)}} \{H(x)\} = \max_{x\in \mathrm{Leaf(root)}} \left(\sum_{y\in \mathrm{Path(root},x)} \varepsilon_y\right) = \varepsilon$$

由结论 3.2 可知,整体发布过程满足 ε-差分隐私。

结论 3.10 算法 3.8 的算法时间复杂度、空间复杂度均为 $O(n)$。

证明:在算法 3.8 中,各步骤均为对区间树进行一次扫描,时间复杂度为 $O(n)$。在 CNCP、CNP 和 PA_BLUE 算法中,分别需存储各节点的节点被覆盖概率、节点系数等值,空间复杂度为 $O(n)$。在 TSC、NPBD、CRC 算法中,分别对树节点的发布值进行计算及改变,

空间复杂度同样为 $O(n)$。因此，算法 3.8 的时间复杂度和空间复杂度均为 $O(n)$，为线性复杂度。

下面从区间计数查询精度和算法运行效率两方面与同类代表算法 Boost[1] 进行对比分析。在文献[3]中，提出了在区间树的不同层次间进行异方差分配的迭代方法，本节将其应用于 Boost 算法中，并标识为 Boost-UN。同时，为了更好地体现本节算法的有效性，实验也与基于小波变换的 Privelet 算法[10]进行了比较分析。由于同样采用了异方差加噪方式的算法 DP-tree[4]并未给出具体算法描述，因此未将本节算法与其进行实验对比。在实验中，隐私参数 ε 取值分别为{1.0,0.1,0.01}。采用如式(3.16)所示的平均方差进行误差衡量。为使实验结果更具一般性，取算法执行 50 次的平均值作为最终结果。

$$\text{Error} = \frac{\sum_{q \in Q} (q(T) - q(T'))^2}{|Q|} \tag{3.16}$$

其中，$q(T)$ 为区间计数查询的真实结果，$q(T')$ 为区间计数查询的加噪计数值，$|Q|$ 为查询集大小。

为便于对比分析，本节采用了与文献[1]相同的实验数据集 Social Network、Search Logs、Nettrace 进行实验。其数据规模如表 3.2 所示。

表 3.2 数据集规模

数据集	Social Network	Search Logs	Nettrace
数据规模	11 342	32 768	65 536

实验硬件环境为：Intel Core i7 930 2.8GHz 处理器，4GB 内存，Windows 7 操作系统。算法实现采用 C++ 语言，由 Matlab 生成实验图表。

3.4.4 实验结果与分析

本节通过与 Boost、Privelet 等算法的对比，分析 LUE-DPTree 在区间计数查询精度上的表现，并通过对树结构的调整，分析不同树结构对查询精度的影响。

1. 与 Boost、Privelet 等算法的对比

本节分别采用随机任意长度区间和随机固定长度区间两种方式对算法查询精度进行检验。其中，任意长度区间随机生成 1000 条，区间的起点 L 和终点 R 随机生成，且 $L \leqslant R$。随机固定长度区间的大小分别取 $2^0, 2^1, \cdots, 2^{13}, \cdots$，每种长度随机生成 1000 条查询区间。考虑到 Boost 和 Privelet 算法适用于 2 的整数幂的数据规模，在这部分实验中，仅选取 Search Logs 和 Nettrace 为实验数据。

在图 3.16 和图 3.17 的实验对比结果中，随着隐私参数 ε 的减小，平均误差约按 10^2 的量级增长。在 4 种算法中，LUE-DPTree 算法的查询精度较优。

在图 3.18 和图 3.19 中，对于固定区间大小的随机查询，误差随区间大小增加而增大。在各区间长度下，LUE-DPTree 算法的查询精度均优于 Boost 和 Privelet 算法。而 Boost-UN 算法采用的异方差加噪方式仅在不同层次中进行了隐私预算分配，而在同一层次的节点中仍采用了相同的隐私预算，因此查询精度介于 Boost 和 LUE-DPTree 算法之间。

上述实验分析表明，与其他两种算法相比，LUE-DPTree 算法具有更高的数据发布质量。

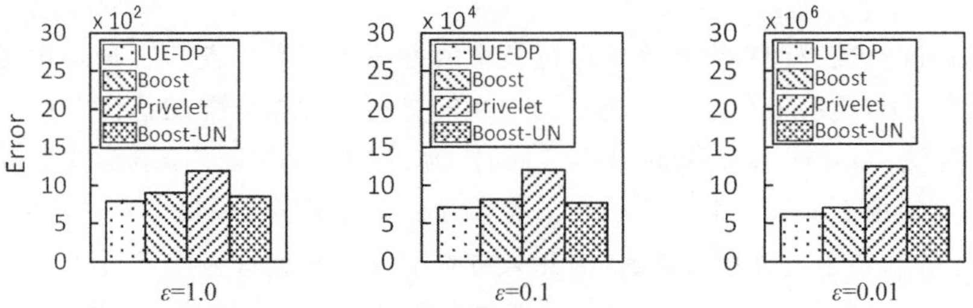

图 3.16　随机任意长度区间的查询误差对比(Search Logs)

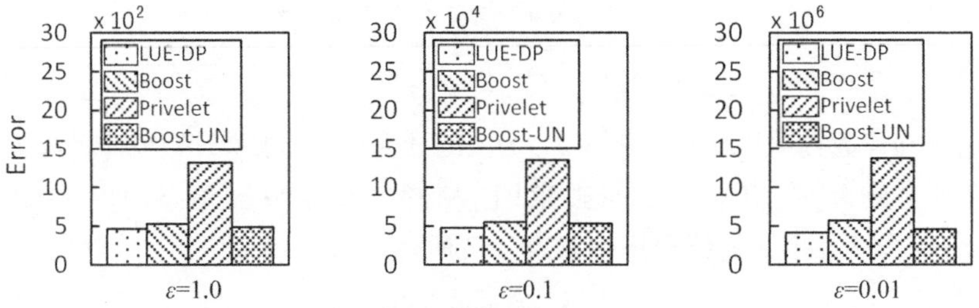

图 3.17　随机任意长度区间的查询误差对比(Nettrace)

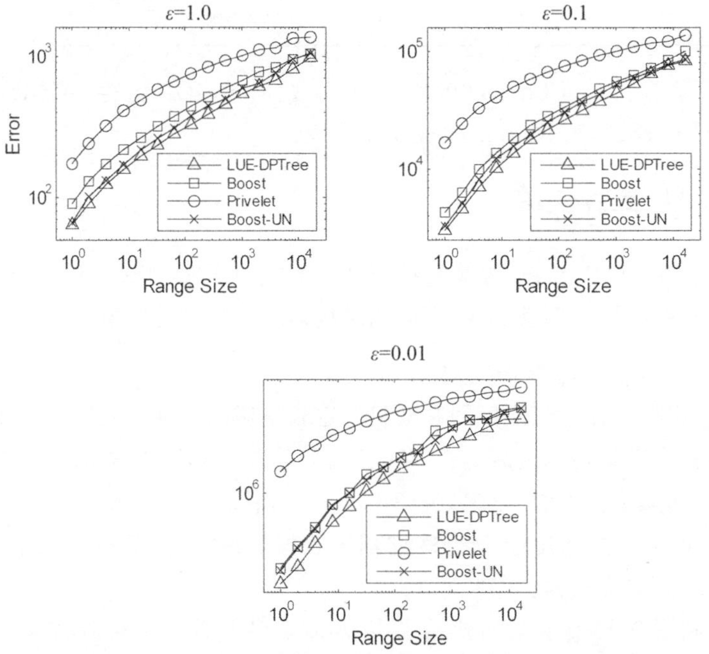

图 3.18　不同区间大小下的查询误差曲线(Search Logs)

2. 不同区间树结构对精度的影响

为观察不同区间树结构对查询精度的影响，本节实验选取了 4 种树结构：二叉树、三叉树、四叉树和任意叉树(每次随机分 2～4 叉)，分别标识为 LUE-DPTree-2、LUE-DPTree-3、LUE-DPTree-4、LUE-DPTree-R。为方便起见，这部分实验仅选取 ε＝1.0 时 LUE-DPTree

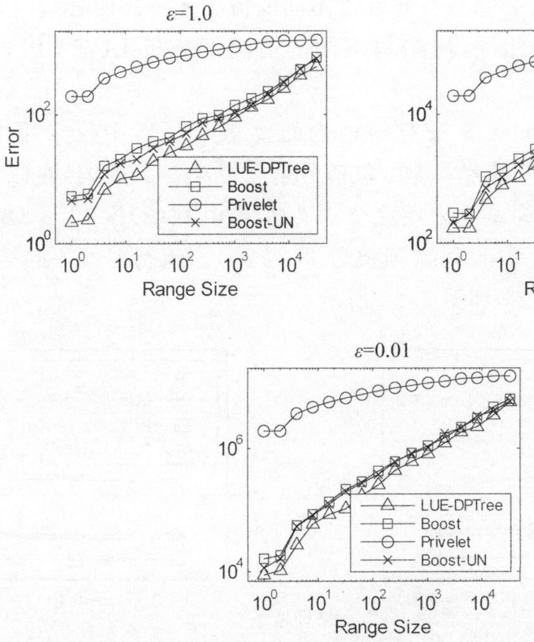

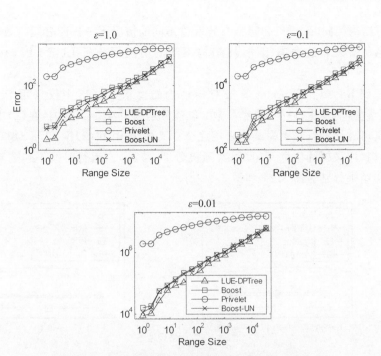

图 3.19 不同区间大小下的查询误差曲线(Nettrace)

算法在 Social Network 和 Nettrace 两个数据集上的结果进行对比。

从图 3.20 可以观察到,在 Social Network 数据集上,不同树结构的查询精度差别较大,与其他树结构相比,二叉树结构具有更低的查询精度;而在 Nettrace 数据集上,精度差别较小,二叉树结构相比其他结构有更小的误差。结果表明:

(1) 用不同的树结构来构建直方图会影响查询精度。

(2) 同样的树结构对不同数据集的效果不一样。Boost 算法仅适用于完全 k 叉树的情况,这样就无法通过改变树结构来降低查询误差。而 LUE-DPTree 算法可以适用于任意区间树结构,从而可以通过寻找更佳的构建方式来进一步提高直方图发布的质量。

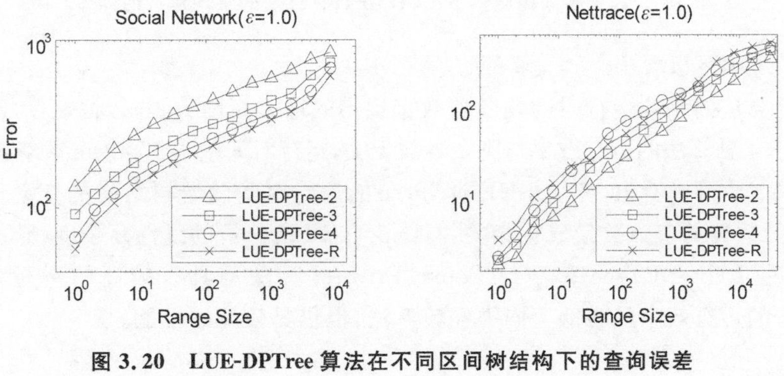

图 3.20 LUE-DPTree 算法在不同区间树结构下的查询误差

3.4.5 算法运行效率比较

本节通过以下方案对比分析 4 种算法在不同情况下的运行效率:

(1) 在树结构相同,数据集和隐私参数取值不同的情况下分析四者运行效率。

(2) 在隐私参数和数据集相同,树结构不同的情况下分析 LUE-DPTree 算法的运行效率。

同样考虑到 Boost 和 Privelet 算法对树结构的要求,在(1)中仅采用 Search Logs 和 Nettrace 两个数据集。在(1)中,隐私参数 ε 取值分别为 1.0、0.1、0.01,在(2)中取值为 1.0。为使结果更具可比性,在(1)中树结构采用完全二叉树结构,在(2)中 LUE-DPTree 分别选择二叉树、三叉树、四叉树和任意叉树(每次随机分 2~4 叉)。运行时间不包含数据读入和查询时间。实验结果分别为图 3.21 和图 3.22 所示。

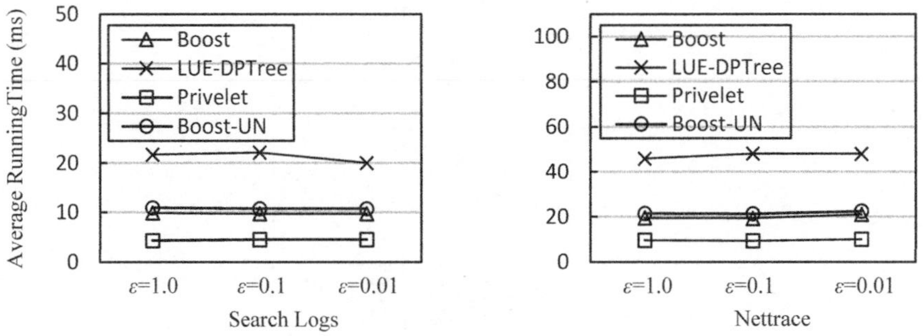

图 3.21 不同数据集和隐私参数 ε 下 4 种算法的平均运行时间

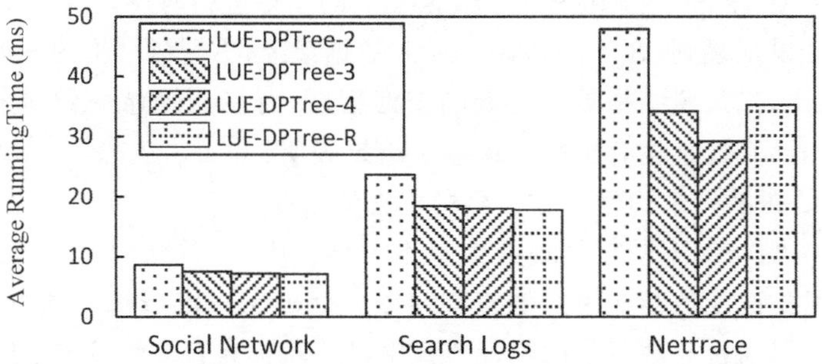

图 3.22 不同树结构下 LUE-DPTree 算法的平均运行时间

从图 3.21 中可以看出:

(1) 4 种算法的平均运行时间均随着数据规模的增大而增大,与数据规模成比例增加。

(2) 由于 4 种算法的运行效率与隐私参数无关,运行时间基本不随隐私预算改变而变化。

从图 3.22 中可以看出,算法 LUE-DPTree 的运行时间随着树结构的变动而变动,基本与差分隐私区间树的节点数量成正相关,与结论 3.10 所分析的线性复杂度相符。

总体来说,LUE-DPTree 算法与 Boost、Privelet 算法均具有较高的运行效率。LUE-DPTree 算法的运行效率虽略低于同类经典算法,但仍具较高的性能。

3.5 本章小结

本章阐述了一种异方差加噪下面向任意区间树结构的差分隐私直方图发布算法,该算法可在保证隐私安全与运行效率的前提下,有效降低发布直方图的区间计数查询误差,且相比采用特定区间树结构的发布算法而言，具有更广的适用范围。

参考文献

[1] Hay M, Rastogi V, Miklau G, et al. Boosting the Accuracy of Differentially Private Histograms through Consistency[C]. PVLDB. 2010, 3(1): 1021-1032.

[2] Xu J, Zhang Z, Xiao X, et al, Differentially Private Histogram Publication[J]. VLDB J. 2013, 22(6): 797-822.

[3] Qardaji W, Yang W, Li N. Understanding Hierarchical Methods for Differentially Private Histograms [C]. PVLDB, 2013: 1954-1965.

[4] Peng S, Yang Y, Zhang Z, et al. DP-tree: Indexing Multi-dimensional Data under Differential Privacy [C]. Proceedings of the ACM SIGMOD International Conference on Management of Data (SIGMOD), Scottsdale, AZ, USA, 2012: 864-864.

[5] Dwork C, McSherry F, Nissim K, et al. Calibrating Noise to Sensitivity in Private Data Analysis[C]. Proceedings of the 3rd Theory of Cryptography Conference (TCC). New York, USA, 2006: 363-385.

[6] McSherry F, Talwar K. Mechanism Design via Differential Privacy[C]. Proceedings of the 48th Annual IEEE Symposium on Foundations of Computer Science (FOCS). Providence, RI, USA, 2007: 94-103.

[7] Ghosh A, Roughgarden T, Sundararajan M. Universally Utility-Maximizing Privacy Mechanisms[C]. Annual ACM International Symposium on Theory of Computing (STOC'09). Betheda, Maryland, USA: 2009: 351-360.

[8] McSherry F. Privacy integrated Queries: An Extensible Platform for Privacy Preserving Data Analysis [C]. Proceedings of the ACM SIGMOD International Conference on Management of Data(SIGMOD). Providence, Rhode Island, USA, 2009: 19-30.

[9] 张啸剑，孟小峰. 面向数据发布和分析的差分隐私保护[J]. 计算机学报. 2014. 37(4): 927-949.

[10] Xiao X, Wang G, Gehrke J. Differential Privacy via Wavelet Transforms. TKDE[M]. 2011, 23(8): 1200-1214.

[11] 熊平，朱天清，王晓峰. 差分隐私保护及其应用[J]. 计算机学报. 2014. 37(1): 101-122.

[12] Sweeney L. *k*-anonymity: A Model for Protecting Privacy[J]. International Journal on Uncertainty, Fuzziness and Knowledge Based Systems. 2002. 10(5): 557-570.

[13] Machanavajjhala A, Gehrke J, Kifer D, et al. *l*-diversity: Privacy beyond *k*-anonymity [C]. Proceedings of the 22nd International Conference on Data Engineering (ICDE), Atlanta, Georgia, USA, 2006: 24-35.

[14] Dwork C. Differential Privacy[C]. Proceedings of the 33rd International Colloquium on Automata, Languages and Program*ming*. Venice, Italy, 2006: 1-12.

[15] Acs G, Chen R. Differentially Private Histogram Publishing through Lossy Compression [C]. Proceedings of the 11th IEEE International Conference on Data Mining (ICDM), Brussels, Belgium, 2012: 84-95.

第4章 差分隐私流数据自适应发布

4.1 引言

当前，许多实际应用需要持续地对流数据进行统计发布。例如，购物网站需要实时统计物品的销售额以向用户推荐热销产品，搜索引擎需要统计搜索频率较高的词组以根据用户的部分输入列出可能要搜索的词组。这些应用均需统计发布流数据在某种意义下的实时计数值。该类统计值在提供科学决策依据的同时，可能泄露有关用户的个体隐私信息[1]。为此，近年来一些研究人员基于差分隐私[2-5]保护模型对该类流数据统计发布问题进行了研究[6-11]。Dwork 等人[6]提出分段计数的方法，实现对单条流数据从时刻 1 到当前时刻 t 的计数值总和进行连续发布。Chan 等人[7]进而利用二叉树结构实现了计数值总和连续发布的查询精度提高和算法效率提升。Cao 等人[8]在系统运行前，对预先定义的查询集合进行统计分析，以实现对特定用户批次范围查询进行回答并优化查询精度。Bolot 等人[9]提出了权重衰减下的差分隐私流数据统计发布方法，对滑动窗口内多种衰败模式的统计值加权累加和进行统计发布。在文献[10]中，采用滑动窗机制和划分等方法，提供了滑动窗口内计数值总和发布和从时刻 1 开始的计数值总和发布等。

在多条流数据统计发布方面，文献[11]研究如何在多个事件数据流上回答一个滑动窗查询，其研究关注如何更合理地分配滑动窗口内的隐私预算，通过分析数据的平滑度来调整隐私分配策略。Chan 等人[12]提出了利用二叉树结构的动态构建，对多条流中具有重要影响力的流进行发布的方法(如在多部电影的点播数据中获取本周最热门电影等)。文献[13]从更一般的查询形式入手，检测数据流聚合统计值是否超过阈值，研究通信效率与隐私泄露的关系。

在现实关于单条流数据的应用中，往往需要对发布的流数据进行任意区间计数查询。而在以上研究工作中，均未考虑数据加噪后是否满足一致性约束，发布的流数据的查询精度仍有较大提升空间。为此，本章采用滑动窗口机制，动态建立滑动窗口内流数据的差分隐私区间树，结合历史查询的统计结果对滑动窗口内区间树进行异方差加噪和树结构调整，并对加噪后的区间树进行实时的一致性约束优化，以实现对发布流数据查询精度的提升。

4.2 基础知识与问题提出

差分隐私保护是一种强健的隐私保护框架，由于其具有数据表中某条记录的改变对查询结果影响幅度小的特性，使得攻击者在已知除某条记录外的所有信息的情况下，仍无法获取该条记录中的敏感信息，因此，差分隐私保护能够更有效地保护隐私信息。

在差分隐私保护模型中，对兄弟数据表概念定义如下。

定义 4.1(兄弟数据表) 给定数据表 T_1、T_2，当两个数据表之间只有一条记录不同时，则称 T_1、T_2 为兄弟数据表。

在兄弟数据表定义基础上，Dwork 给出了 ε-差分隐私的定义。

定义 4.2(ε-差分隐私)[2] 给出任意两个兄弟数据表 T_1、T_2，若发布算法 A 对这两个兄弟数据表的所有可能输出均满足

$$\Pr[A(T_1) \in O] \leqslant \mathrm{e}^{\varepsilon} \times \Pr[A(T_2) \in O] \tag{4.1}$$

则称算法 A 满足 ε-差分隐私。

定义 4.3(流数据) 流数据为一组顺序、大量、连续、快速到达的数据序列，其具有实时到达、次序独立且规模随时间无限增长等特性。

在流数据中，用户区间计数查询范围是$[l,r]$($1 \leqslant l \leqslant r \leqslant t$)，其返回值公式如下：

$$\mathrm{result}(q) = \sum_{i=l_q}^{r_q} C_i \tag{4.2}$$

根据定义 4.2，采用该条件下的查询模式，噪声会随时间 t 的推移无限累加，使得隐私预算耗尽。

在图 4.1 中，分别对每个时间戳的统计数据直接加噪，由于真实值 C_i 与加噪值 $\tilde{C}_i$ 存在噪声误差，随着时间 t 的推移，大范围区间查询会累积大量噪声，使得查询精度大幅下降。以前的研究中利用差分隐私区间树构建流数据以降低查询误差。

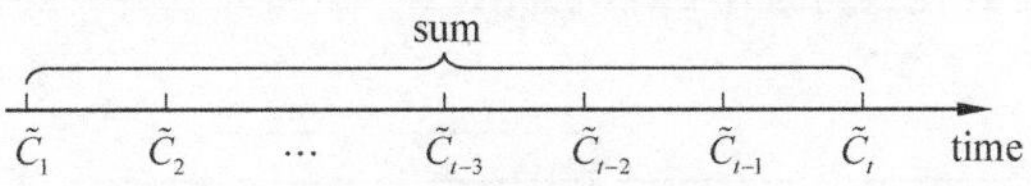

图 4.1 噪声累加问题

定义 4.4(差分隐私区间树)[14] 对于给定计数直方图 $H=\{C_1, C_2, \cdots, C_n\}$，对 H 建立差分隐私区间树 T，使其满足以下特性：

(1) 对于所有非叶节点，其子节点数大于或等于 2。

(2) 每个节点 x 对应于 H 中的一个区间范围，表示为$[l_x, r_x]$，根节点所代表的区间为$[1,n]$。

(3) 每个节点 x 的隐私预算为 ε_x，真实计数值为 $h_x = \sum_{i=L(x)}^{R(x)} C_i$，通过对每个节点添加噪声(本章采用 Laplace 噪声[15])，得到加噪计数值 $\tilde{h}_x = h_x + \mathrm{Lap}(1/\varepsilon_x)$，使该节点满足 ε_x- 差分隐私。

使用差分隐私区间树对静态数据进行重构，能有效提高数据发布的精度和查询效率。

然而在流数据构建中，差分隐私区间树有其局限性。

在图 4.2 中，随着时间 t 的推移，差分隐私区间树的高度将不断增加，并产生新的根节点，从而需要为新的节点分配有效的隐私预算。因此，随着隐私预算不断分配，终将导致隐私预算耗尽，隐私保护强度降低。在实际研究工作中，研究人员采用了许多方法来降低噪声累加和隐私预算耗尽问题带来的影响。其中，Chan 等人[11]根据实际应用背景，采用滑动窗口对流数据进行发布。滑动窗口既保证了实际应用背景中被频繁访问的近期数据的发布精度，同时也避免了噪声累加和隐私预算耗尽的问题。

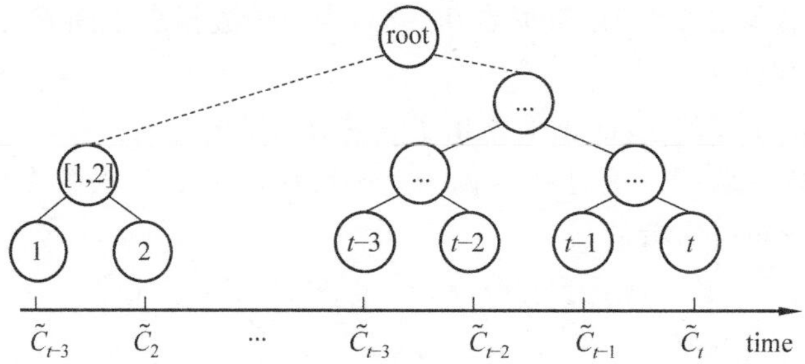

图 4.2　隐私预算耗尽问题

定义 4.5(滑动窗口下的流数据区间计数查询)　设流数据当前时序为 t，流数据序列为 $S=\{C_1,C_2,\cdots,C_t\}$，用户可对数据源提出区间计数查询操作 q，区间计数查询定义为查询某段连续时序的数据计数累和，区间计数查询的范围可表示为 $[l_q,r_q]$ $(t-w<l_q\leqslant r_q\leqslant t)$，查询结果用如下公式表示：

$$\text{result}(l_q,r_q)=\sum_{i=l_q}^{r_q}C_i \tag{4.3}$$

其相当于对数据库表 S 执行以下查询：

Select Count(*) From S Where Time $\in [l_q,r_q]$

滑动窗口 W 下的流数据发布如图 4.3 所示。

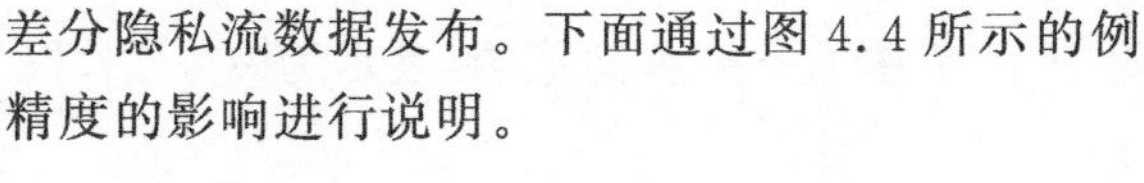

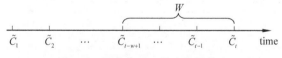

图 4.3　滑动窗口下的流数据发布

对静态数据进行区间计数查询时，可采用差分隐私区间树对数据进行组织和表示。文献[16]通过合理分配隐私预算，进行异方差加噪，进一步提高了查询精度。异方差加噪同样适用于滑动窗口下的差分隐私流数据发布。下面通过图 4.4 所示的例子对同方差与异方差加噪方式及其对发布精度的影响进行说明。

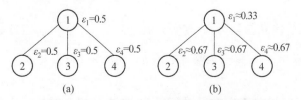

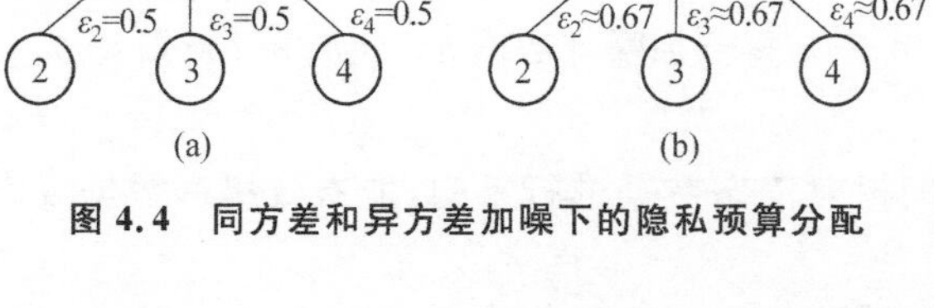

图 4.4　同方差和异方差加噪下的隐私预算分配

如图 4.4(a)所示,当区间树总的隐私预算为 1.0 时,每个节点分配的隐私预算为 0.5。而在图 4.4(b)中,节点 1 分配的隐私预算为 0.33,它的子节点 2、3、4 的隐私预算为 0.67。通常情况下,各个树节点的查询概率不同。例如,查询区间随机分布的情况下,节点 2、3、4 的被覆盖概率高于节点 1,因此,通过设计合理的隐私预设分配策略,对被覆盖概率高的节点添加更少的噪声,对被覆盖概率低的节点添加更多的噪声,能够有效降低整体的查询误差。

4.3 基于历史查询的差分隐私流数据自适应发布

为实现流数据的自适应发布,首先需结合流数据特性,利用滑动窗口机制动态构建流数据对应的区间树。

4.3.1 滑动窗口下的区间树动态构建

通过在滑动窗口内进行区间树的动态构建,能够有效提高流数据发布算法的效率。在文献[11]中,采用了完全二叉树结构进行数据的组织和表示,如图 4.5 所示。

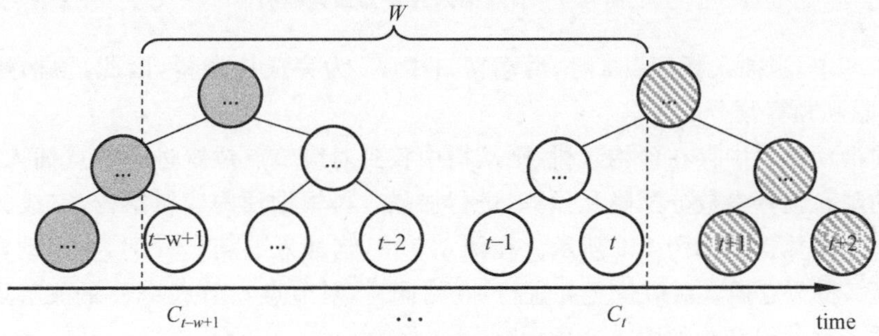

图 4.5 滑动窗口中的区间树动态构建过程

在图 4.5 中,滑动窗口大小为 $|W|$,当前时刻为 t,滑动窗口内包含两棵不完整的区间树。灰色节点为被移出窗口的树节点,因查询集合不再覆盖这部分节点,故标记为过期节点;条纹节点为未来将进入窗口的虚拟树节点,随着时间 t 的推移,这些节点将在动态构建过程中被激活。

由于图 4.5 中的动态构建过程对树结构要求较为严格,本章针对异方差加噪对树结构的要求,设计了更具灵活性和可扩展性的区间树动态构建算法。首先,根据构建树状态的不同,将区间树分为预构建树与完成构建树,定义如下。

定义 4.6(预构建树) 对于处于滑动窗口的区间树 T,若该树的部分叶节点所对应的时刻还未到来,则 T 称为预构建树,如图 4.6 所示。

定义 4.7(完成构建树) 对于处于滑动窗口中的区间树 T,若该树所有节点均已完成构建,则称为完成构建树,如图 4.7 所示。

在流数据发布过程中,当时刻 t 推移一个单位,若滑动窗口内所有区间树均已构建完成,则可根据分叉数 k 和树高 h 等参数构建出一棵新的区间树,并进行隐私预算预分配,如图 4.8 所示。

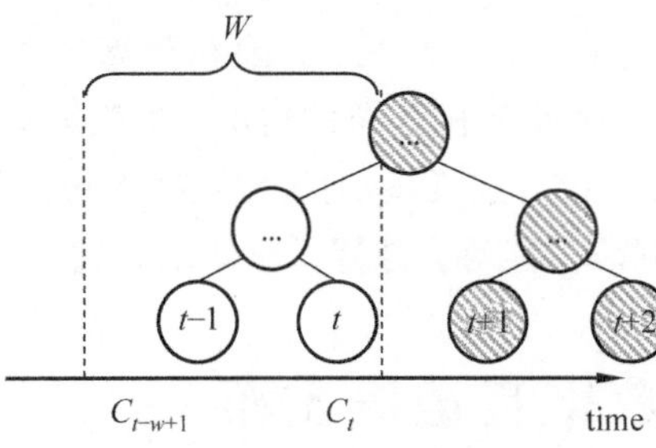

图 4.6　预构建树

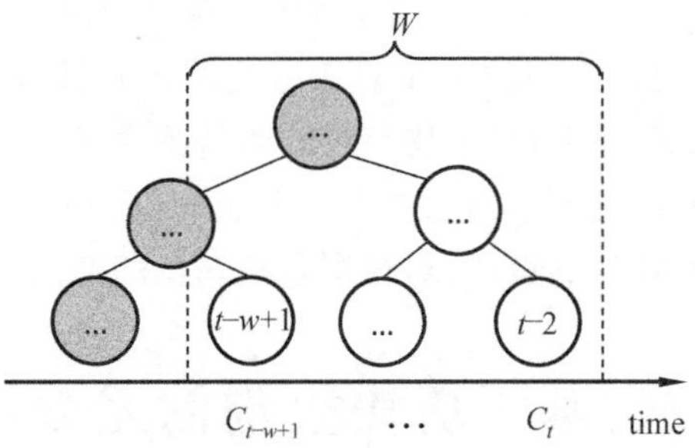

图 4.7　完成构建树

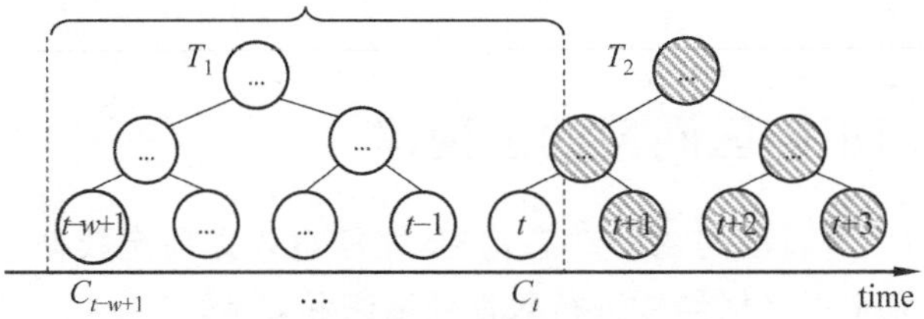

图 4.8　节点插入并建立预构建树

在图 4.8 中，当插入新节点 t 时，滑动窗口中 T_1 为完成构建树，因此，预构建了区间树 T_2，并进行隐私预算预分配。

若当前滑动窗口中存在预构建树，则从树中找到对应节点位置进行节点插入操作，并根据预分配的隐私预算参数分配隐私预算，进行加噪。再根据预构建树结构，完成父节点的递归构建操作。具体操作如图 4.9 所示。在图 4.9 中，当插入节点 $t-1$ 时，在滑动窗口中找到预构建树 T_2，将节点插入对应位置并进行加噪，同时，对节点 t、节点 $t+1$ 的父节点进行插入并加噪。插入后的树结构如图 4.9 所示。

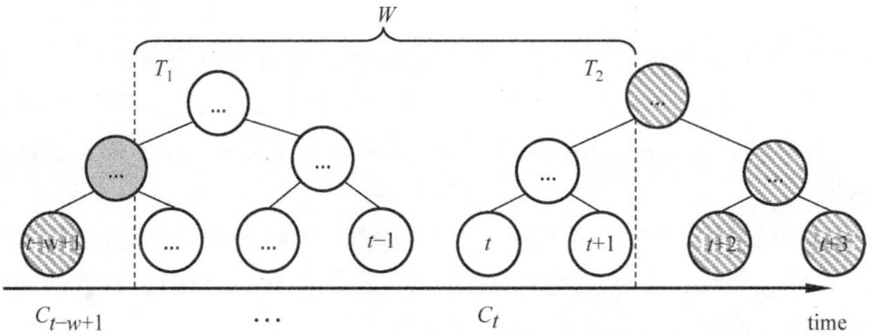

图 4.9　在预构建树中插入节点

在构建差分隐私区间树过程中，当新数据流入滑动窗口时，将执行节点插入操作，详细过程见算法 4.1。

算法 4.1　节点插入算法 Insert

输入：区间树列表 TreeList，节点真实值 v

输出：更新后的区间树列表

1. 判断 TreeList 中是否存在预构建树 T，若不存在，则调用历史查询分析算法 TPCalc，

获得构建参数，创建预构建树，并调用节点参数计算算法 NPC 和隐私预算分配算法 PBD 进行隐私预算预分配

2. 从节点回收池获取节点空间 Rec_x
3. 从预构建树中获取当前节点的位置和隐私预算，进行异方差加噪
4. 判断当前预构建树 T 是否满足进一步合并条件，若满足，则对 T 进行节点合并操作
5. 判断当前树是否构建完成。若构建完成，标记 T 为完成构建树

由于滑动窗口仅对 $|W|$ 长度范围内的数据进行发布，对于超出滑动窗口的树节点不再提供查询，故将其作为过期节点删除。节点删除过程见算法 4.2。

算法 4.2 节点删除算法 Delete

输入：待删除节点 Del_x

输出：更新后的区间树列表

1. 获取节点 Del_x，若节点 Del_x 已移出滑动窗口，则将节点 Del_x 删除并移至回收池
2. 若存在父节点，执行 father(Del_x)获取父节点，递归调用 Delete 算法

在树结构构建过程中，采用节点回收机制提高空间利用率，被删除的节点重新进入回收池等待重新利用。

动态构建树结构的插入、删除操作时间复杂度均为 $O(1)$，满足差分隐私流数据对算法的时间效率要求，并且该算法满足差分隐私保护要求，能提供有效的区间计数查询。在实现滑动窗口下的区间树动态构建的基础上，即可进一步进行异方差加噪，提高查询精度。

4.3.2 节点被覆盖概率计算及隐私预算预分配

在动态构建的区间树结构上进行异方差加噪前，首先需分析及计算节点的被覆盖概率。以下给出节点被覆盖概率计算的相关定义。

定义 4.8(节点被覆盖概率) 设 p_x 为节点 x 的被覆盖概率，$\text{QP}(l,r)$为区间$[l,r]$被查询区间覆盖的概率，则由定义 4.3 可知，节点 x 若被查询区间$[l_q,r_q]$覆盖，需满足两个条件：

(1) 节点 x 本身被查询区间覆盖。

(2) 节点的父节点不被查询区间覆盖。

因此，p_x 满足以下公式：

$$p_x=\begin{cases}\text{QP}(l_x,r_x), & x\text{ 为根}\\ \text{QP}(l_x,r_x)-\text{QP}(l_{f_x},r_{f_x}), & \text{否则}\end{cases}$$

定义 4.9(查询覆盖节点集合) 设 NodeSet(q)为查询 q 所覆盖的节点集合。同样由定义 4.6 可知，节点集合满足以下条件：

$$\text{NodeSet}(q)=\{x\mid l_q\leqslant l_x\wedge r_x\leqslant r_q\wedge\neg(l_q\leqslant l_{fx}\wedge r_{fx}\leqslant r_q)\}$$

定义 4.10(节点误差期望) 由 Laplace 机制定义可知，当对节点 x 进行 Laplace 机制加噪时，该节点的误差期望为

$$\text{EErr}(q)=\sum_{x\in\text{NodeSet}(q)}\frac{2}{\varepsilon_x^2}$$

根据以上定义，设 QC(x)为在查询全集 Q 中节点 x 被查询区间覆盖的次数，即 $\text{QC}(x)=p_x\cdot|Q|$，则差分隐私区间树的整体查询误差期望为

$$\text{EErr}(Q)=\frac{\sum\limits_{q\in Q}\sum\limits_{x\in \text{NodeSet}(q)}\frac{2}{\varepsilon_x^2}}{|Q|}=\frac{\sum\limits_{x}\left(\text{QC}(x)\cdot\frac{2}{\varepsilon_x^2}\right)}{|Q|}$$

$$=\sum_{x}\left(p_x\cdot\frac{2}{\varepsilon_x^2}\right)=\sum_{x}\frac{2p_x}{\varepsilon_x^2}$$

令 $\boldsymbol{\varepsilon}$ 表示差分隐私区间树中节点的隐私预算向量,若要最小化差分隐私区间树的区间查询期望,需在 ε-差分隐私条件约束下,对以下最优化问题进行求解:

$$\min \quad f(\boldsymbol{\varepsilon})=\text{EErr}(Q)=\sum_{x}\frac{2p_x}{\varepsilon_x^2}$$

$$\text{s.t.}\quad \forall x\in \text{Leaf}(\text{root}),\quad \sum_{z\in \text{Path}(x,\text{root})}\varepsilon_z=\varepsilon$$

根据上述定义和最优化问题的求解,得到以下结论。

结论 4.1 为最小化区间计数查询误差期望,在区间树节点中隐私预算分配方案需满足

$$\varepsilon_x=k_x\text{psum}(x)$$

$$k_x=\begin{cases}1, & x\in \text{Leaf}(\text{root}),\\ 1-\dfrac{1}{\left(\dfrac{p_x}{\sum\limits_{y\in \text{Son}(x)}\dfrac{p_y}{k_y^3}}\right)^{\frac{1}{3}}+1}, & \text{否则}\end{cases}$$

其中,

$$\text{psum}(x)=\begin{cases}\varepsilon_x, & x\in \text{Leaf}(\text{root})\\ \text{psum}(\text{fson}(x))+\varepsilon_x, & \text{否则}\end{cases}$$

$\text{fson}(x)$为节点 x 的第 1 个子节点。

证明:当 x 为叶节点时,结论显然成立。

当 x 非叶节点时,可通过拉格朗日乘数法构造函数求解该问题:

$F(\boldsymbol{\varepsilon})=\sum\limits_{x}\dfrac{2p_x}{\varepsilon_x^2}+\sum\limits_{z\in \text{Leaf}(\text{root})}\lambda_z\Big(\sum\limits_{u\in \text{Path}(z,\text{root})}\varepsilon_u-\varepsilon\Big)$,将 $F(\boldsymbol{\varepsilon})$ 对 ε_x 求导,得

$$\frac{\partial F(\boldsymbol{\varepsilon})}{\partial \varepsilon_x}=\frac{-4p_x}{\varepsilon_x^3}+\sum_{z\in \text{Leaf}(x)}\lambda_z=0$$

即

$$\frac{4p_x}{\varepsilon_x^3}=\sum_{z\in \text{Leaf}(x)}\lambda_z$$

当 x 为非叶节点时,对于节点 $y\in \text{Son}(x)$,有

$$\frac{4p_y}{\varepsilon_y^3}=\sum_{z\in \text{Leaf}(y)}\lambda_z$$

且由约束条件可知

$$\text{psum}(y)=\varepsilon-\sum_{z\in \text{Path}(x,\text{root})}\varepsilon_z=\text{psum}(\text{fson}(x))$$

因此

$$\frac{4p_x}{\varepsilon_x^3}=\sum_{z\in \text{Leaf}(x)}\lambda_z=\sum_{y\in \text{Son}(x)}\sum_{z\in \text{Leaf}(y)}\lambda_z=\sum_{y\in \text{Son}(x)}\frac{4p_y}{\varepsilon_y^3}$$

令 $\varepsilon_x=k_x\mathrm{psum}(x)$，则

$$k_x\mathrm{psum}(x)=\left(\frac{p_x}{\sum\limits_{y\in \mathrm{Son}(x)}\frac{p_y}{\varepsilon_y^3}}\right)^{\frac{1}{3}}=\left(\frac{p_x}{\sum\limits_{y\in \mathrm{Son}(x)}\frac{p_y}{k_y^3\mathrm{psum}(y)^3}}\right)^{\frac{1}{3}}$$

$$=\left(\frac{p_x}{\sum\limits_{y\in \mathrm{Son}(x)}\frac{p_y}{k_y^3}}\right)^{\frac{1}{3}}\mathrm{psum}(\mathrm{fson}(x))$$

化简上式，得

$$k_x=1-\frac{1}{\left(\frac{p_x}{\sum\limits_{y\in \mathrm{Son}(x)}\frac{p_y}{k_y^3}}\right)^{\frac{1}{3}}+1}$$

证毕。

根据结论 4.1，即可在区间树动态构建过程中根据节点被覆盖概率计算节点系数，并进行隐私预算预分配，以实现异方差加噪。节点系数计算如算法 4.3 所示。

算法 4.3　节点系数计算 NPC

输入：待计算区间树 T，区间树中待计算节点 x

输出：节点系数 k_x

1. 若 x 为叶节点，$k_x\leftarrow 1$，结束算法
2. 若 x 非叶节点：

   for each $y\in \mathrm{Son}(x)$

   　　$\mathrm{NPC}(T,y)$；

   end for

3.

$$k_x\leftarrow 1-\frac{1}{\left(\frac{p_x}{\sum\limits_{y\in \mathrm{Son}(x)}\frac{p_y}{k_y^3}}\right)^{\frac{1}{3}}+1}$$

节点系数计算完成后，通过算法 4.4 进行节点隐私预算分配。

算法 4.4　隐私预算预分配算法 PBD

输入：当前待分配节点 x，tot 为 $\mathrm{psum}(x)$

输出：最小化查询误差期望隐私预算分配方案

1. $\varepsilon_x\leftarrow k_x\mathrm{tot}$
2. for each $y\in \mathrm{Son}(x)$

   　　$\mathrm{PBD}(y,\mathrm{tot}-\varepsilon_x)$；

   end for

在发布算法运行前，预置查询区间分布为均匀随机分布，统计节点被覆盖概率，选取树结构构建参数。由于节点被覆盖概率和构建参数的选取均与发布数据无关，不会造成隐私泄露，算法满足差分隐私保护要求。

通过在区间树动态构建过程中进行异方差加噪，有效降低了区间计数查询的误差，而通过对用户历史查询的统计分析，算法的发布数据精度仍有进一步提升的空间。

4.3.3 基于历史查询的差分隐私流数据发布自适应算法 HQ_DPSAP

在算法 4.4 中，将查询区间分布假定为均匀随机分布，并以此进行隐私预算分配，而在不同应用场景下，用户的查询可能呈现特定规律。通过对查询区间大小和位置等用户查询偏好进行统计与分析，自适应地调整隐私预算分配与树结构构建，将有效提高发布数据可用性。首先给出基于历史查询概率统计的节点被覆盖概率计算公式。

结论 4.2 基于历史查询概率统计，节点被覆盖概率计算公式如下：

$$p_x=\begin{cases}\mathrm{QSum}(L_x), & x\text{ 为根节点，}\\ \mathrm{QSum}(L_x)-\mathrm{QSum}(L_{f_x}), & \text{否则}\end{cases}$$

其中，L_x 表示节点 x 所统计区间的宽度，

$$\mathrm{QSum}(L_x)=\frac{\sum\limits_{y\geqslant L_x}\sum\limits_{z\geqslant y}\mathrm{QP}(z)}{|W|-L_x+1}$$

$\mathrm{QP}(z)$表示在历史查询中长度为 z 的查询区间出现的概率。

证明：由于随着时间的推移，节点 x 所表示的区间$[l_x,r_x]$在滑动窗口 W 中的相对位置不断移动，因此，需要对整个移动过程中的被覆盖概率进行统计。

设滑动窗口宽度为$|W|$，节点 x 所统计区间的宽度为 L_x，则节点 x 在滑动窗口中的移动步数为$|W|-L_x+1$。设在每一步中用户查询次数为$|Q|$，在无父节点时，节点 x 在全过程中被覆盖的次数为

$$c_x=\sum_{\text{step}}\Big(|Q|\sum_{l\leqslant l_x\wedge r\geqslant r_x}\mathrm{QP}(l,r)\Big)=\sum_{i\geqslant w_x}\Big(|Q|\sum_{j\geqslant i}\mathrm{QP}(j)\Big)$$

因此，在$|W|-L_x+1$ 步中，节点 x 在全过程中被覆盖的概率为

$$p'_x=\frac{\sum\limits_{y\geqslant L_x}\sum\limits_{z\geqslant y}\mathrm{QP}(z)}{|W|-L_x+1}$$

同时，由于当节点 x 存在父节点时需去除父区间被覆盖的情况，因此，节点被覆盖概率为

$$p_x=\begin{cases}\mathrm{QSum}(L_x), & x\text{ 为根节点}\\ \mathrm{QSum}(L_x)-\mathrm{QSum}(L_{f_x}), & \text{否则}\end{cases}$$

证毕。

通过结论 4.2，即可在节点被覆盖概率基础上分析历史查询规律，对预构建树进行隐私预算分配，进一步提高查询精度。用户进行区间查询时，更新历史查询统计并返回查询结果，如算法 4.5 所示。

算法 4.5 区间计数查询 RangeQuery

输入：当前查询节点 x，查询区间$[l,r]$

输出：区间计数统计值 ret

1. 更新查询区间概率直方图
2. 若 x 节点代表的区间与$[l,r]$无交集，则

```
for each y∈rootlist
    if l_y<=r or r_y>=l
        ret←RangeQuery(y,l,r);
    end if
end for
```

3. 若 x 节点代表的区间与$[l,r]$有交集，则继续步骤 4，否则结束算法
4. if $l<=l_x$ and $r>=r_x$

```
    ret←h̃_x;
else
    for each y∈Son(x)
        if l_y<=r or r_y>=l
            ret←ret+RangeQuery(y,l,r);
        end if
    end for
end if
```

根据算法 4.5 得到的历史查询统计结果，即可使用模拟退火算法，迭代寻找新的构建树参数，从而根据用户查询特性，自适应地调整区间树结构，提高查询精度。树结构的自适应调整如算法 4.6 所示。

算法 4.6　树结构的自适应调整 TPCalc

输入：原构建树参数

输出：新构建树参数

1. 由原构建树参数产生新构建树参数：叉数 k、树高 h
2. 利用新构建树参数预构建树，计算误差期望
3. 与旧构建树参数误差期望对比，若误差期望更低，则接受新构建树参数
4. 若误差期望更高，则以一定概率接受新构建树

综合算法 4.1 至算法 4.6，可形成如下基于历史查询的差分隐私流数据自适应发布算法 HQ_DPSAP。

算法 4.7　基于历史查询的差分隐私流数据自适应发布算法 HQ_DPSAP

输入：原始流数据，历史查询

输出：发布流数据

1. 初始化产生构建树参数：叉数 k、树高 h、节点被覆盖概率
2. 调用算法 4.1(Insert)、算法 4.2(Delete)动态插入、删除树节点
3. 调用过算法 4.3(NPC)进行节点系数计算，调用算法 4.4(PBD)进行隐私预算预分配，实现异方差加噪

4. 通过算法 4.5(RangeQuery)实现滑动窗口内任意区间计数查询,进行历史查询统计,自适应地调整隐私预算和树结构参数
5. 得到新的隐私预算分配方案,并通过算法 4.6(TPCalc)更新构建树参数,返回步骤 2

基于历史查询的差分隐私流数据自适应发布算法流程图如图 4.10 所示。

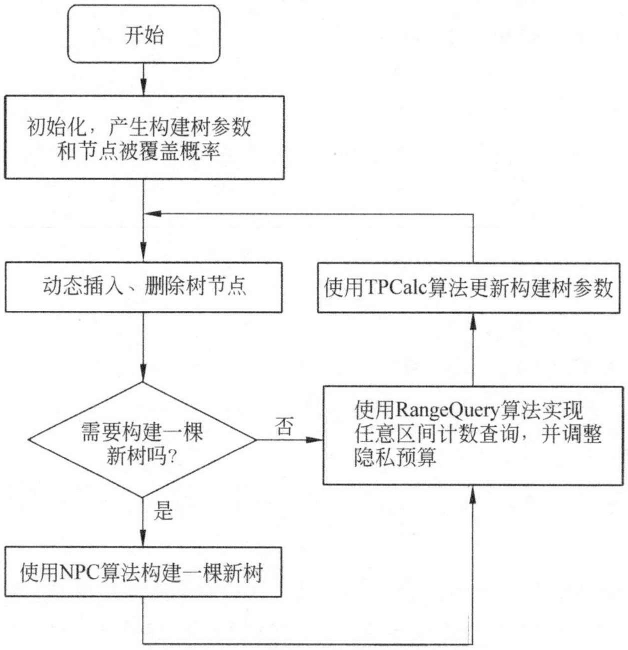

图 4.10 HQ_DPSAP 算法流程图

下面将对 HQ_DPSAP 算法所满足的 ε-差分隐私进行分析。

结论 4.3 HQ_DPSAP 算法满足 ε-差分隐私。

证明:在算法 HQ_DPSAP 中,滑动窗口内存在若干棵区间树,对于任意一棵区间树 T_i,由结论 4.1 知,其约束条件为 $\forall x \in \text{Leaf}(\text{root}), \sum_{z \in \text{Path}(x,\text{root})} \varepsilon_z = \varepsilon$,故该树满足 ε- 差分隐私。设 $A(T_i)$ 为对区间树 T_i 的发布算法,$A(W)$ 为对滑动窗口的发布算法,根据差分隐私并行组合特性[5] 可知,$A(W)$ 满足 $\max_{T_i \in W}\{A(T_i)\}$ 差分隐私,即 ε- 差分隐私。证毕。

结论 4.4 HQ_DPSAP 算法为线性复杂度。

证明:在 HQ_DPSAP 算法中,若插入节点时已有预构建树,则直接从预构建树中分配已经算好的隐私参数进行加噪,故插入操作复杂度为 $O(1)$。

若不存在预构建树,则需调用 TPCalc 算法,它使用模拟退火算法,并只生成一组新解用于树结构预构建。设新区间树的叶节点数为 $|W|$,该算法复杂度为 $O(|W|)$。由于每 $|W|$ 个叶节点需构建一次新树,故均摊复杂度为 $O(1)$。

在插入节点的同时需要删除窗口末尾的一个节点,如果该节点的兄弟节点已被删完,则递归删除该节点的父节点。在 $|W|$ 次删除操作中,每个节点只删除一次,故均摊复杂度为 $O(1)$。

设流数据总长度为 n,则 HQ_DPSAP 算法的复杂度为 $O(n)$。证毕。

4.3.4 实验结果与分析

现有基于滑动窗口的流数据发布方法尚无法提供窗口内的任意区间计数查询，为了检验 HQ_DPSAP 的精度优化效果，本节根据在流数据发布处理过程的不同，设计了 4 种实验：①SW(BASE)，仅基于滑动窗口，采用同方差加噪方式，不分析历史查询且固定为二叉树结构；②SW(DIFF)，在 SW(BASE)基础上进行异方差加噪；③SW(DIFF，HIST)，在前者基础上，增加对历史查询规律的分析统计；④HQ_DPSAP，为本节最终形成的算法，在 SW(DIFF，HIST)的基础上，根据历史查询规律，对数据进行异方差加噪和动态调整区间树结构参数。本节从查询精度和算法运行效率两个方面分析实验结果，以验证 HQ_DPSAP 算法的性能。

1. 实验环境

实验在数据集 Search Logs、Nettrace、WorldCup98 上进行。其数据规模如表 4.1 所示。

在实验中，采用平均方差进行误差衡量：

$$\text{Error}(Q)=\frac{\sum_{q\in Q}(q(T)-q(T'))^2}{|Q|} \tag{4.4}$$

其中，$|Q|$为查询集合的大小，$q(T)$为区间计数查询的真实计数值，$q(T')$为区间计数查询的加噪发布计数值。为保证实验结果更具一般性，取算法执行 50 次的平均值作为实验结果。

表 4.1　数据集

数据集	数据规模
Search Logs	32 768
Nettrace	65 536
WorldCup98	7 518 579

实验环境为：Intel Core i7 930 2.8GHz 处理器，4GB 内存，Windows 8.1 操作系统；算法用 C++ 语言实现；由 Matlab 生成实验图表。

2. 查询精度

实验通过在 Search Logs、Nettrace、WorldCup98 数据集上进行不同隐私预算下的查询精度误差对比分析，并比较异方差加噪与树结构调整对算法结果的影响。

在现有流数据差分隐私数据发布工作中，为实现对特定时间状态发布、多条流联合统计发布、w 事件级别隐私保护等，本节关注滑动窗口下对单条流数据进行区间计数查询数据发布。由于 Search Logs 与 Nettrace 数据集规模较小，采用其数据集长度作为滑动窗口大小。在 WorldCup98 数据集中，采用一天的时长(86 400s)作为滑动窗口大小。

1) 随机区间不同参数下的查询误差对比

随机生成 1000 条任意长度的区间$[L, R]$，随机生成的长度范围在滑动窗口长度内，并在不同隐私参数下，实验结果如图 4.11～图 4.13 所示。

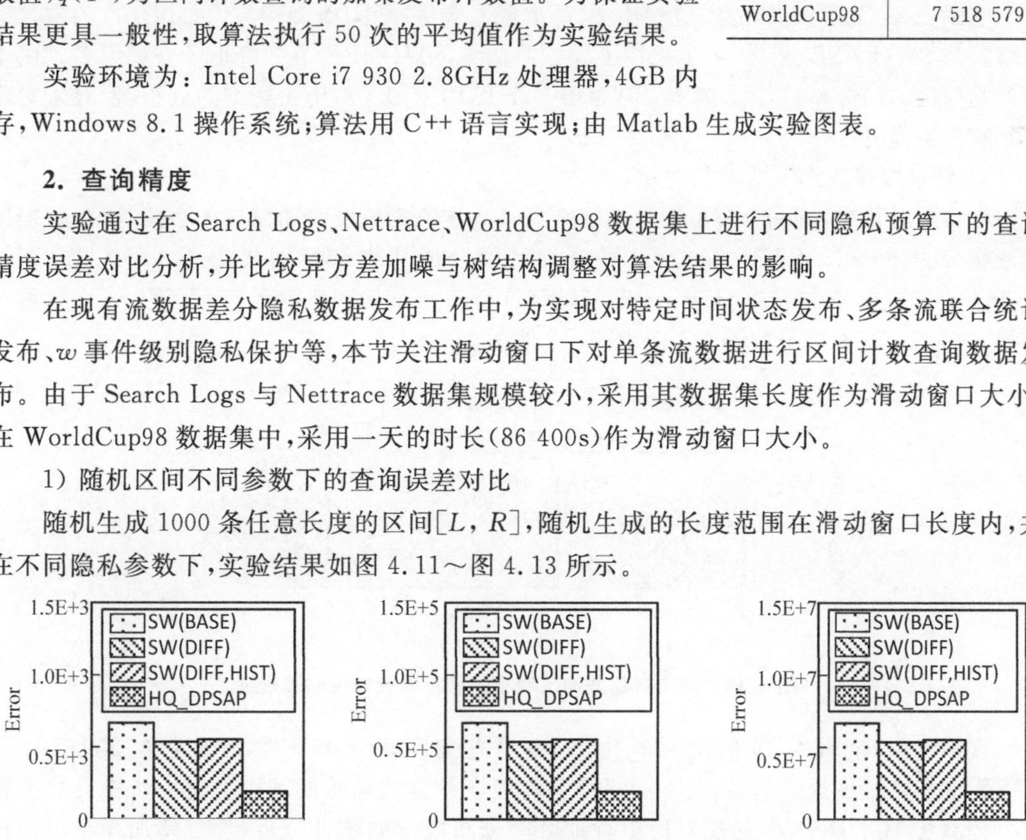

(a) ε=1.0　(b) ε=0.1　(c) ε=0.01

图 4.11　随机任意长度查询区间下查询误差对比(Search Logs)

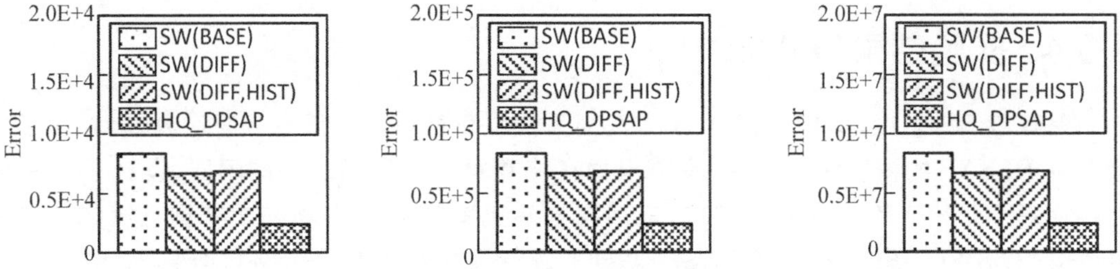

(a) ε=1.0　　(b) ε=0.1　　(c) ε=0.01

图 4.12　随机任意长度查询区间下查询误差对比(Nettrace)

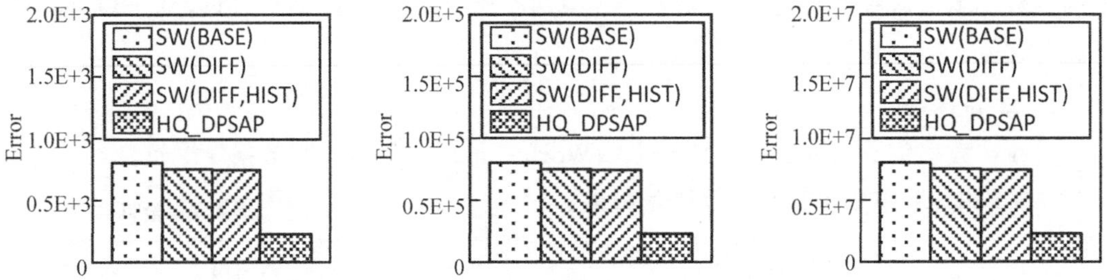

(a) ε=1.0　　(b) ε=0.1　　(c) ε=0.01

图 4.13　随机任意长度查询区间下查询误差对比(WorldCup98)

在图 4.11 至图 4.13 的实验对比中，随着隐私预算减小，查询均方误差以 10^2 的数量级递增。与 SW(BASE)相比，由于采用了异方差加噪，SW(DIFF)有效降低了查询误差。由于查询是随机均匀分布的，因此算法 SW(DIFF，HIST)增加了对历史查询的分析，但并未对隐私预算产生提升。

2）特定规律查询下的误差对比

在实际场景中，查询分布可能呈现特殊规律。本节实验设滑动窗口大小为$|W|$，根据区间规律分为 Small、Middle、Large 3 种查询区间，Small 查询区间集中于 1～0.33$|W|$，Middle 查询区间集中于 0.33$|W|$～0.67$|W|$，Large 查询区间集中于 0.67$|W|$～$|W|$，隐私预算 $\varepsilon=1.0$。实验结果如图 4.14～图 4.16 所示。

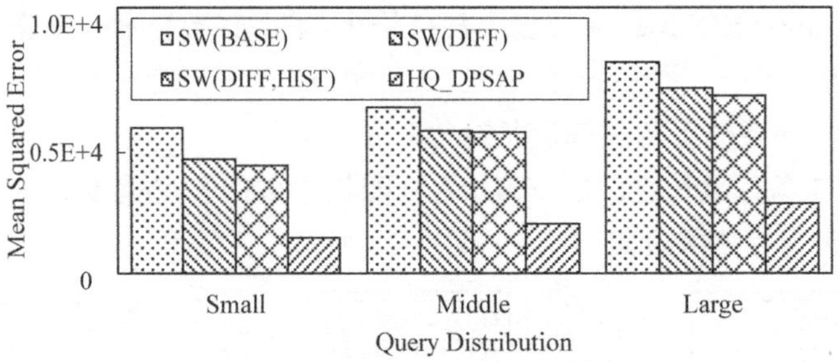

图 4.14　特定规律查询区间下的误差对比(Search Logs)

在图 4.14 至图 4.16 的结果对比中，由于查询区间分布呈现特殊规律，SW(DIFF，HIST)对误差精度提升明显，在不同规律下均能在异方差加噪的基础上进一步提升误差精度。而算法 HQ_DPSAP 通过对历史查询区间分布规律的统计分析、异方差加噪与区间树结构动态构建，能够有效针对不同的查询场景进行自适应的调整优化。

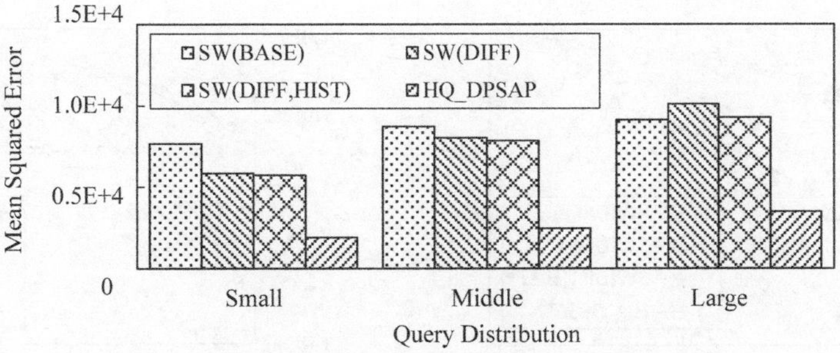

图 4.15　特定规律查询区间下的误差对比(Nettrace)

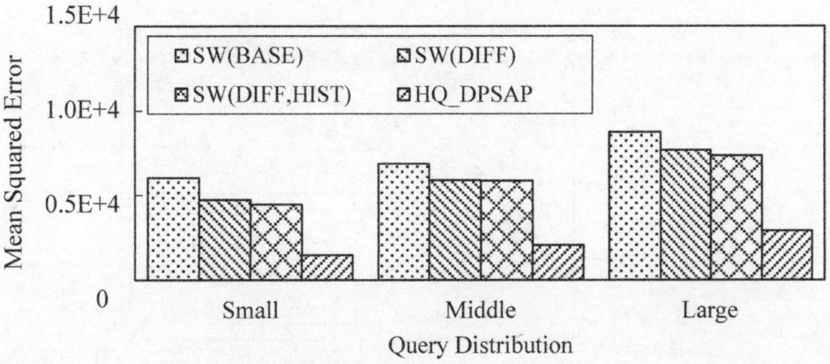

图 4.16　特定规律查询区间下的误差对比(WorldCup98)

3）在不同区间大小下的查询误差对比

本节实验通过随机生成固定长度的查询区间，对比分析区间查询误差。区间大小分别取 $2^0,2^1,\cdots,2^{13},\cdots$，每种长度随机生成 1000 条查询。对比结果如图 4.17～图 4.19 所示。

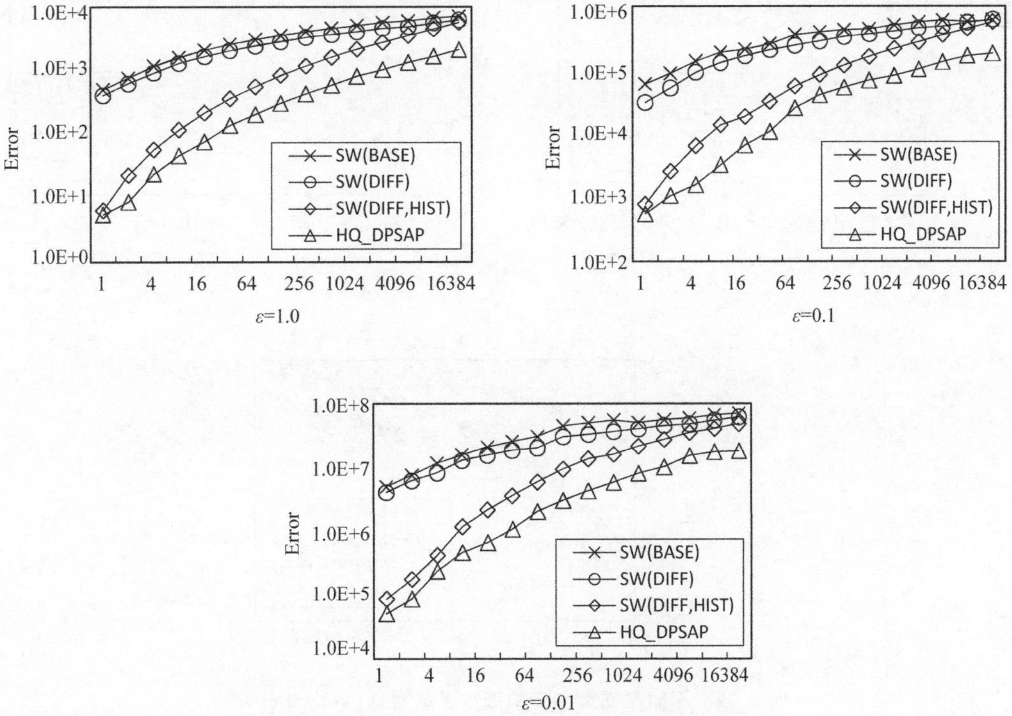

图 4.17　不同区间大小下的查询误差对比(Search Logs)

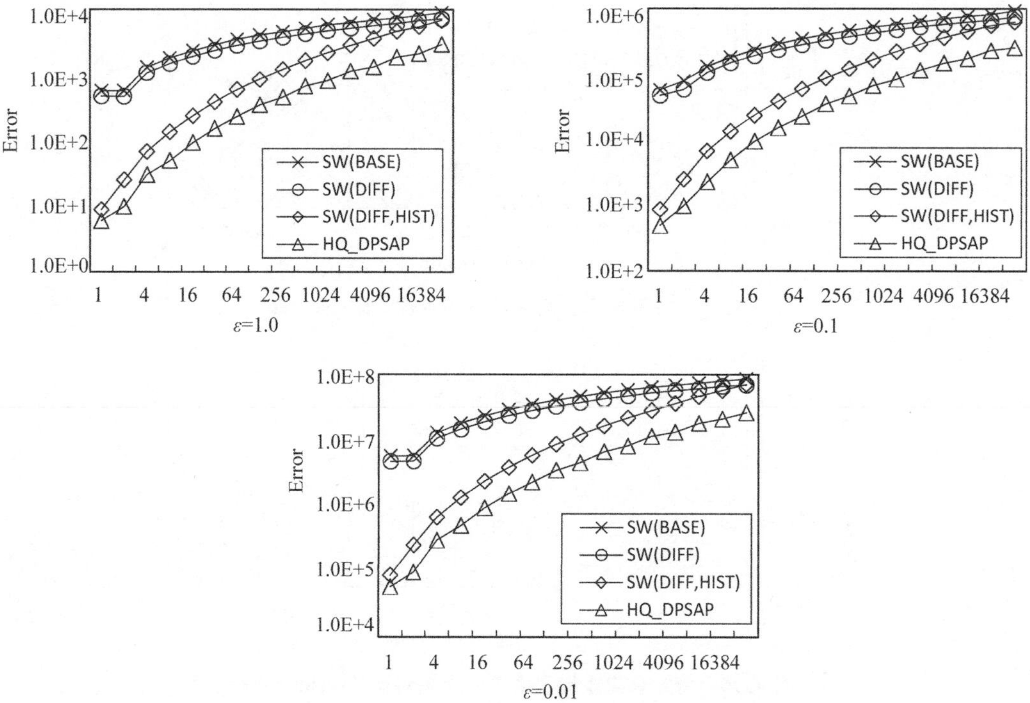

图 4.18 不同区间大小下的查询误差对比(Nettrace)

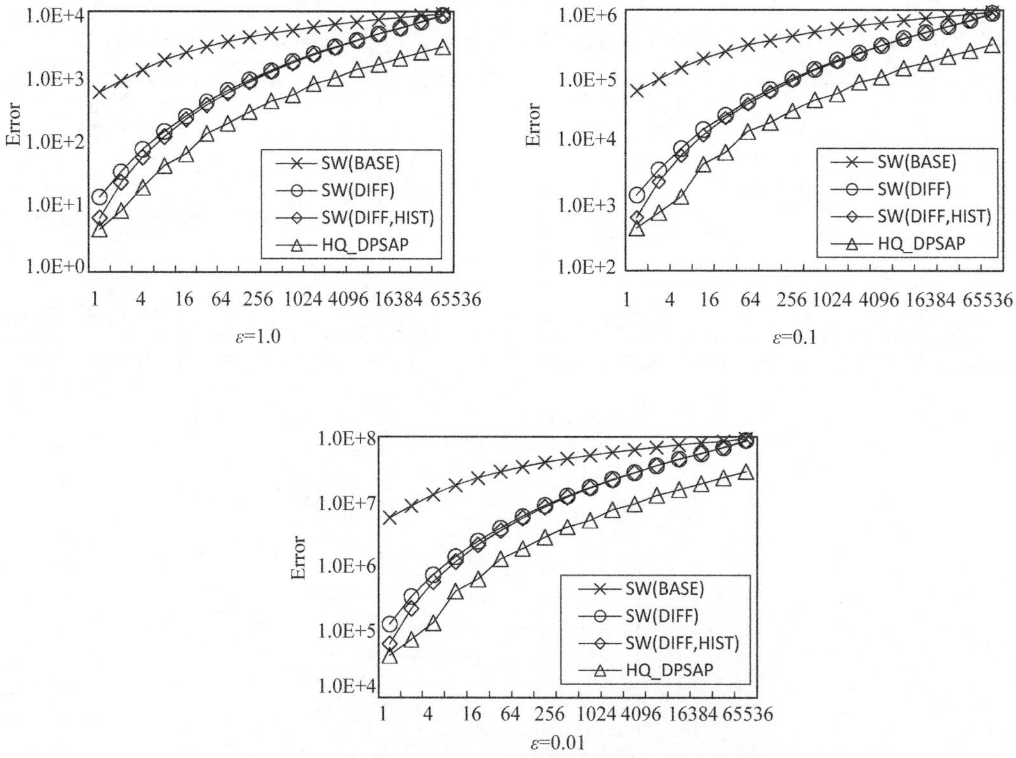

图 4.19 不同区间大小下的查询误差对比(WorldCup98)

从图 4.17 至图 4-19 可以看出，SW(DIFF，HIST)有效降低了数据发布误差。由于在大区间查询时，仍会覆盖许多小区间，因此优化效果有所降低。而 HQ_DPSAP 对区间树结构进行了调整，使得在大区间查询时也能通过降低树高等方式降低误差。

4）在流数据发布过程中的查询误差对比

在流数据发布背景下，用户查询区间的分布规律可能会发生变化。本节通过在数据发布过程中动态改变用户查询区间的分布规律，并记录在流数据发布过程中查询误差随时间 t 的增长发生的变化，用以分析 HQ_DPSAP 算法对用户查询区间分布规律的适应性和提升查询精度的有效性。实验结果如图 4.20 所示。

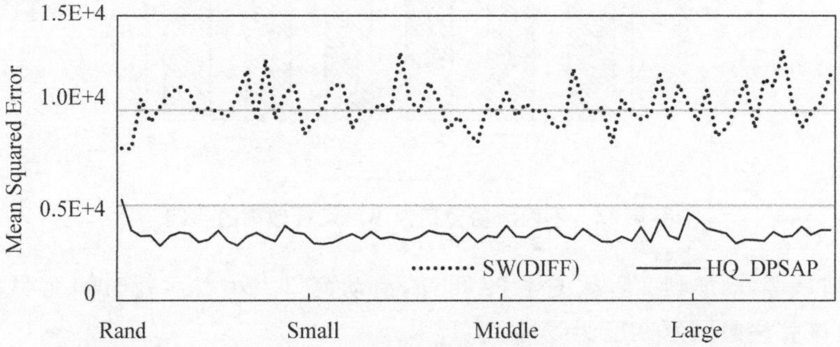

图 4.20 在流数据发布过程中的查询误差对比（WorldCup98）

在图 4.20 中，随着时间的推移（1～7 510 000s），查询区间分布规律由 Rand 改变至 Small、Middle、Large。由于未对历史查询概率进行统计与分析，SW(DIFF)算法仅以区间均匀随机分布为假设，以固定的二叉区间树结构进行流数据发布，因此，不能很好地适应不同的查询分布，查询误差较大且波动较大。而 HQ_DPSAP 算法能够根据不同的查询区间调整区间树结构和隐私预算分配方案，因此，能够有效降低查询误差，并且抑制波动，使查询结果更加稳定、可用。

以上实验分析表明，HQ_DPSAP 算法能够适应不同的应用场景，进行自适应精度优化，有效降低了区间计数查询误差。

3. 算法运行效率

下面对算法运行效率进行对比。

1）不同隐私参数对运行效率的影响

使用相同大小的滑动窗口（32 768），设置不同的隐私参数（1.0、0.1、0.01），对比结果如图 4.21 所示。

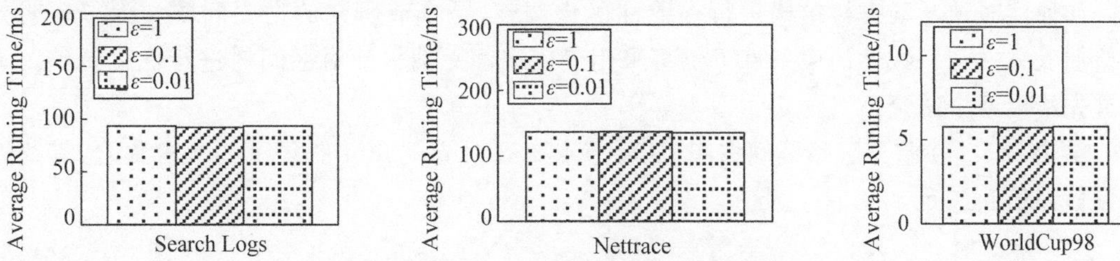

图 4.21 不同隐私参数对运行效率的影响

由图 4.21 可知，HQ_DPSAP 算法运行时间不随隐私预算的不同而改变，而是随着数据集大小增加而增加。

2）不同滑动窗口大小对运行效率的影响

固定隐私预算 $\varepsilon_x=1.0$，设置不同大小的滑动窗口，对比结果如图 4.22 所示。

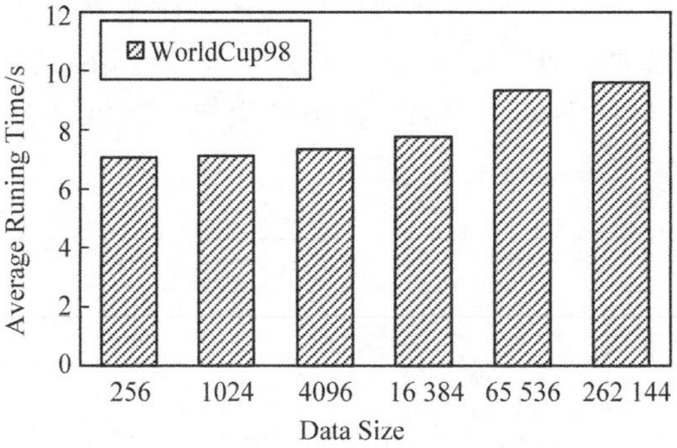

图 4.22　不同滑动窗口大小对运行效率的影响

滑动窗口从 2^8 增加到 2^{18}，从图 4.22 可知，滑动窗口大小对运行时间无明显影响，与结论 4.2 一致，该算法时间复杂度为线性。

综上所述，HQ_DPSAP 算法具有较高的运行效率，满足流数据实时发布要求。

4.4　异方差加噪下差分隐私流数据发布一致性优化算法

4.4.1　一致性约束优化

基于动态构建的差分隐私区间树，设计合理的异方差加噪和隐私预算分配方案并进行树结构调整，可有效提高差分隐私流数据区间计数查询的精度。然而，通过如图 4.23 所示的例子可以发现，图 4.23(a)为加噪前的区间树，父节点的计数值等于其子节点的计数值之和，而图 4.23(b)为加噪后的区间树，父节点的加噪计数值为 5.5，其两个子节点的加噪计数值之和为 5，二者不相等。因此，异方差加噪后的区间树往往不满足一致性约束的要求。已有研究表明[12]，可利用一致性约束进一步提高数据发布的查询精度。

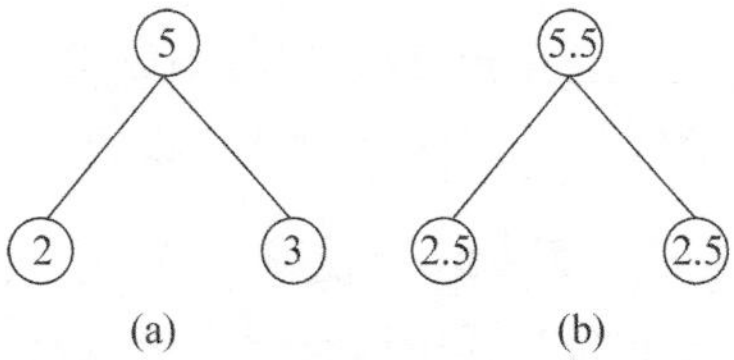

图 4.23　异方差加噪对树结构一致性的影响

如何实时地对动态树结构进行一致性优化调整，是本节研究的主要问题。为了证明异方差加噪方式和一致性约束条件下仍可采用最优线性无偏估计对区间树进行优化调整。下面首先给出两个结论。

结论 4.5　在差分隐私区间树中，从叶节点 z 到根节点 root 路径上的节点集合，其线性无偏估计值 $\bar{h}$ 满足

$$\sum_{x\in \mathrm{Path(root},z)} \varepsilon_x^2\,\bar{h}_x = \sum_{x\in \mathrm{Path(root},z)} \varepsilon_x^2\,\tilde{h}_x \tag{4.5}$$

其中，$\tilde{h}_x$ 为节点 x 的加噪统计值，$\bar{h}_x$ 为节点 x 的线性无偏估计值。

在一致性约束下，求解差分隐私区间树节点加噪统计值 $\tilde{h}$ 的线性无偏估计值 $\bar{h}$，等同于求解如下的加权最小二乘问题[4]：

$$\begin{aligned} \min \quad & \sum_{x} \varepsilon_x^2 (\tilde{h}_x - \bar{h}_x)^2 \\ \text{s.t.} \quad & \sum_{y \in \mathrm{Leaf}(x)} \bar{h}_y = \bar{h}_x \end{aligned} \tag{4.6}$$

上式可转换为求解下式：

$$\min \quad \sum_{x} \varepsilon_x^2 \Big(\sum_{y \in \mathrm{Leaf}(x)} \bar{h}_y - \tilde{h}_x \Big)^2 \tag{4.7}$$

对于任意叶节点 z，对 $\bar{h}_z$ 求偏导，得

$$\frac{\partial f}{\partial \bar{h}_z} = 2 \sum_{x \in \mathrm{Path}(\mathrm{root}, z)} \varepsilon_x^2 \Big(\sum_{y \in \mathrm{Leaf}(x)} \bar{h}_y - \tilde{h}_x \Big) = 2 \sum_{x \in \mathrm{Path}(\mathrm{root}, z)} \varepsilon_x^2 (\bar{h}_x - \tilde{h}_x) \tag{4.8}$$

令

$$\frac{\partial f}{\partial \bar{h}_z} = 0$$

则

$$\sum_{x \in \mathrm{Path}(\mathrm{root}, z)} \varepsilon_x^2 \bar{h}_x = \sum_{x \in \mathrm{Path}(\mathrm{root}, z)} \varepsilon_x^2 \tilde{h}_x \tag{4.9}$$

证毕。

根据结论 4.1，对最小二乘问题进行求解，得到以下结论。

结论 4.6　以节点 x 为根节点的子树中，节点 x 的估计值 $\bar{h}_x$ 和叶节点到节点 x 的估计值加权和 $\bar{g}_x$ 均是关于叶节点的线性方程：

$$\begin{aligned} \bar{g}_x &= \sum_{y \in \mathrm{Path}(x, \mathrm{Bound}(x))} \varepsilon_y^2 \bar{h}_y = \alpha_x \bar{h}_{\mathrm{Bound}(x)} + c_x \\ \bar{h}_x &= \sum_{y \in \mathrm{Leaf}(x)} \bar{h}_y = \beta_x \bar{h}_{\mathrm{Bound}(x)} + d_x \end{aligned} \tag{4.10}$$

其中：

$$\alpha_x = \begin{cases} \varepsilon_x^2, & x \in \mathrm{Leaf}(\mathrm{root}) \\ \alpha_w + \varepsilon_x^2 \beta_x, & \text{否则} \end{cases} \tag{4.11}$$

$$\beta_x = \begin{cases} 1, & x \in \mathrm{Leaf}(\mathrm{root}) \\ \displaystyle\sum_{y \in \mathrm{Son}(x)} \frac{\beta_y \alpha_w}{\alpha_y}, & \text{否则} \end{cases} \tag{4.12}$$

$$c_x = \begin{cases} 0, & x \in \mathrm{Leaf}(\mathrm{root}) \\ c_w + \varepsilon_x^2 d_x, & \text{否则} \end{cases} \tag{4.13}$$

$$d_x = \begin{cases} 0, & x \in \mathrm{Leaf}(\mathrm{root}) \\ \displaystyle\sum_{y \in \mathrm{Son}(x)} \Big(\frac{\beta_y}{\alpha_y} (\tilde{g}_y - \tilde{g}_w - c_y + c_w) + d_y \Big), & \text{否则} \end{cases} \tag{4.14}$$

$$\tilde{g}_y = \sum_{u \in \mathrm{Path}(y, \mathrm{Bound}(y))} \varepsilon_u^2 \tilde{h}_u \tag{4.15}$$

$\mathrm{Bound}(x)$是以 x 为根节点的子树中左起第一个叶节点，w 为 x 的第一个子节点，α_x、β_x、c_x、d_x 称作节点调节参数。

对于节点 $v \in \mathrm{Leaf}(\mathrm{root})$有

$$\begin{cases} \overline{g}_{v \atop v:\text{Height}(v)=0} = e_v^2 \overline{h}_v + 0 \\ \overline{h}_{v \atop v:\text{Height}(v)=0} = \overline{h}_v + 0 \end{cases} \tag{4.16}$$

令所有区间树高度小于或等于 n 的节点 v 均有

$$\begin{aligned} \overline{g}_v &= \sum_{u \in \text{Path}(v,\text{Bound}(v))} e_u^2 \overline{h}_u = a_v \overline{h}_{\text{Bound}(v)} + c_v \\ \overline{h}_v &= \sum_{u \in \text{Leaf}(v)} \overline{h}_u = b_v \overline{h}_{\text{Bound}(v)} + d_v \end{aligned} \tag{4.17}$$

因此对于 Height$=n+1$ 的情况，首先令

$$\widetilde{g}_v = \sum_{u \in \text{Path}(v,\text{Bound}(v))} \varepsilon_u^2 \widetilde{h}_u$$

w 是 v 的子节点且满足 Bound$(v)=$Bound(w)。

令 hsum(u)表示从叶节点 u 到根节点路径上节点集合加噪值的加权和，由结论 4.5 可知：

$$\underset{u \in \text{Leaf}(\text{root})}{\text{hsum}(u)} = \sum_{v \in \text{Path}(\text{root},u)} \varepsilon_v^2 \widetilde{h}_v = \sum_{v \in \text{Path}(\text{root},u)} \varepsilon_v^2 \overline{h}_v$$

根据定义 4.4 中的树结构特性可知，对于节点 $u \in \text{Child}(v)$，有 $\underset{u \in \text{Child}(v)}{\text{Height}(u)} \leqslant n$，所以

$$\begin{aligned} & \widetilde{g}_u - \widetilde{g}_w \\ &= \text{hsum}(\text{Bound}(u)) - \text{hsum}(\text{Bound}(w)) \\ &= \overline{g}_u - \overline{g}_w \\ &= \alpha_u \overline{h}_{\text{Bound}(u)} + c_u - \alpha_w \overline{h}_{\text{Bound}(w)} - c_w \end{aligned}$$

因此

$$\overline{h}_{\text{Bound}(u)} = \frac{\widetilde{g}_u - \widetilde{g}_w - c_u + \alpha_w \overline{h}_{\text{Bound}(w)} + c_w}{\alpha_u}$$

代入式(4.17)可得

$$\begin{aligned} \overline{h}_u &= \beta_u \frac{\widetilde{g}_u - \widetilde{g}_w - c_u + \alpha_w \overline{h}_{\text{Bound}(w)} + c_w}{\alpha_u} + d_u \\ &= \left(\frac{\beta_u \alpha_w}{\alpha_u}\right) \overline{h}_{\text{Bound}(w)} + \frac{\beta_u}{\alpha_u}(\widetilde{g}_u - \widetilde{g}_w - c_u + c_w) + d_u \end{aligned}$$

由一致性约束可得

$$\begin{aligned} \overline{h}_v &= \sum_{v \in \text{Child}(u)} \overline{h}_u \\ &= \left(\sum_{u \in \text{Child}(v)} \frac{\beta_u \alpha_w}{\alpha_u}\right) \overline{h}_{\text{Bound}(v)} \\ &\quad + \sum_{u \in \text{Child}(v)} \left(\frac{\beta_u}{\alpha_u}(\widetilde{g}_u - \widetilde{g}_w - c_u + c_w) + d_u\right) \end{aligned}$$

令

$$\beta_v = \left(\sum_{u \in \text{Child}(v)} \frac{\beta_u \alpha_w}{\alpha_u}\right), \quad d_v = \sum_{u \in \text{Child}(v)} \left(\frac{\beta_u}{\alpha_u}(\widetilde{g}_u - \widetilde{g}_w - c_u + c_w) + d_u\right)$$

得

$$\overline{h}_v = \beta_v \overline{h}_{\text{Bound}[v]} + d_v$$

因为

$$\begin{aligned}\bar{g}_v &= \sum_{u \in \mathrm{Path}(v,\mathrm{Bound}(v))} \varepsilon_u^2 \bar{h}_u = \bar{g}_w + \varepsilon_v^2 \bar{h}_v \\ &= \alpha_w \bar{h}_{\mathrm{Bound}(w)} + c_w + \varepsilon_v^2(\beta_v \bar{h}_{\mathrm{Bound}(v)} + d_v) \\ &= (\alpha_w + \varepsilon_v^2 \beta_v)\bar{h}_{\mathrm{Bound}(v)} + (c_w + \varepsilon_v^2 d_v)\end{aligned}$$

令

$$\alpha_v = (\alpha_w + \varepsilon_v^2 \beta_v), \quad c_v = (c_w + \varepsilon_v^2 d_v)$$

得

$$\bar{g}_v = \alpha_v \bar{h}_{\mathrm{Bound}(v)} + c_v$$

由上面的分析得知，计算节点 x 的调节参数 α_x、β_x、c_x、d_x 并利用式(4.10)即可计算得到节点 x 的线性无偏估计值，进而实现对加噪后的差分隐私区间树的优化调整。

然而，在流数据发布背景下，树结构随时间推移是动态变化的。如图 4.24 所示，在 $t+1$ 时刻，当新节点移入滑动窗口时，其父节点 M 也需同时生成；在计算新移入节点的调整参数时，可同时计算其父节点 M 的调整参数。

由于节点 M 进行了加噪，为了满足一致性约束条件，其所有子节点发布值都需要重新调整。通过在树节点中加入层级标识 layer，即可在查询时判断该层发布值是否为最新调整值。若发布值已过期，则根据节点参数，计算当前发布值并进行区间计数发布。节点的层级标识如图 4.25 所示。各节点均表示为一个区间发布值和一个层级标识。

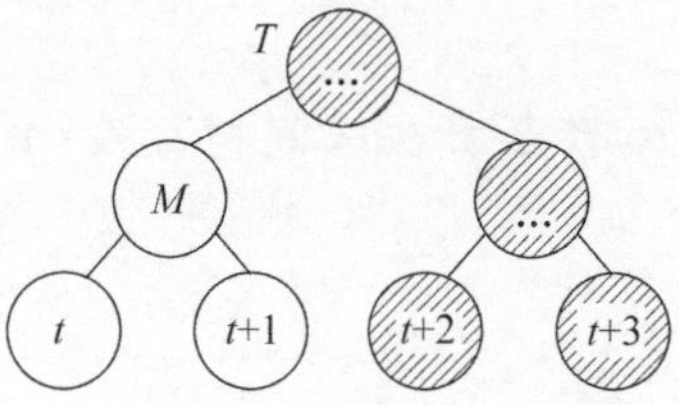

图 4.24　节点调整参数计算

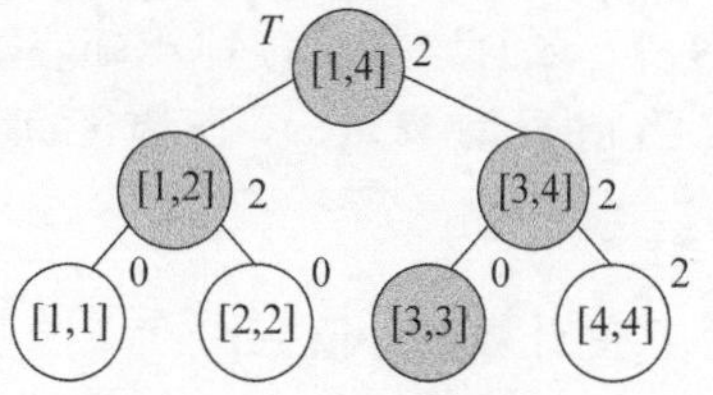

图 4.25　节点层级标识

在图 4.25 中，当查询区间为[1,3]时，查询算法将访问图中灰色背景节点。对于节点[1,2]而言，由于其层级标识为 2，与当前有效层级标识相等，因此可直接取其发布值进行统计。而对于节点[3,3]，由于其层级标识为 0，说明该节点的发布值为早期的调整值，对于当前时刻而言，该发布值需做新一轮的调整。因此，查询算法先对该节点重新计算满足一致性约束条件的发布值，并将层级标识由 0 更新为 2。综上所述，可在进行区间树动态构建的同时进行节点调整参数计算。算法过程归纳如下。

算法 4.8　一致性约束下的区间树动态构建及节点调整参数计算 CCTreeBuild

输入：区间树列表 TreeList，节点真实值 v

输出：更新并计算节点调整参数后的区间树列表

1：进行区间树动态构建 DTBuild(TreeList，v)

2：获取新移入滑动窗口的叶节点 x

3：计算节点 x_i 的调整参数：

　layer(x)←−1

$$\alpha_x \leftarrow \begin{cases} \varepsilon_x^2, & x \in \mathrm{Leaf}(\mathrm{root}) \\ \alpha_w + \varepsilon_x^2 \beta_x, & \text{否则} \end{cases}$$

$$\beta_x \leftarrow \begin{cases} 1, & x \in \text{Leaf(root)} \\ \sum\limits_{y \in \text{Son}(x)} \dfrac{\beta_y \alpha_w}{\alpha_y}, & \text{否则} \end{cases}$$

$$c_x \leftarrow \begin{cases} 0, & x \in \text{Leaf(root)} \\ c_w + \varepsilon_x^2 d_x, & \text{否则} \end{cases}$$

$$d_x \leftarrow \begin{cases} 0, & x \in \text{Leaf(root)} \\ \sum\limits_{y \in \text{Son}(x)} \left(\dfrac{\beta_y}{\alpha_y} (\tilde{g}_y - \tilde{g}_w - c_y + c_w) + d_y \right), & \text{否则} \end{cases}$$

$$\tilde{g}_y \leftarrow \sum_{u \in \text{Path}(y, \text{Bound}(y))} \varepsilon_u^2 \tilde{h}_u$$

4：若节点 x 的所有兄弟节点均已移入滑动窗口：

$x = \text{parent}(x)$，重复步骤 3

4.4.2 基于滑动窗口的差分隐私流数据一致性优化算法

通过算法 4.8，实现了在节点插入和合并过程中进行节点调整参数计算，有效提高了发布算法的运行效率。在计算节点调整参数后，仍需对发布值进行计算，为此，可通过算法 4.9，在区间计数查询的同时，对一致性约束下调整优化的发布值进行实时更新。

算法 4.9 区间计数查询 CCRangeQuery

输入：当前查询节点 x，查询区间 $R = [l, r]$，节点所在区间树高度 th，令 tot 为 $\sum\limits_{w \in \text{Path}(x, \text{root}) \backslash x} \varepsilon_w^2 \bar{h}_w$

输出：区间计数统计值 ret

1：若 $\text{layer}(x) < \text{th}$，则更新发布值和层级标识：

$$\bar{h}_x \leftarrow \beta_x \frac{\text{hsum}(\text{Bound}(x)) - \text{tot} - c_x}{\alpha_x} + d_x$$

$\text{layer}(x) \leftarrow \text{th}$

2：若节点被查询区间 R 完全覆盖：

$\text{ret} \leftarrow \bar{h}_x$

3：对所有 $y \in \text{Son}(x)$，若区间与 R 交集非空：

$\text{ret} += \text{CCRangeQuery}(y, R, \text{th}(y))$；

综合算法 4.8 和算法 4.9，形成基于滑动窗口的差分隐私流数据一致性优化算法 CCDPSD，具体描述如下。

算法 4.10 CCDPSD 算法

输入：原始流数据，历史查询

输出：发布流数据

1. 初始化构树参数：叉数 k，树高 h，节点被覆盖概率
2. 调用算法 4.7(HQ_DPSAP)进行异方差加噪下的差分隐私流数据发布
3. 调用算法 4.8(CCTreeBuild)，进行树节点动态构建，并同时进行节点调整参数计算
4. 调用算法 4.9(CCRangeQuery)实现滑动窗口内任意区间计数查询，并同时进行历史

查询统计，自适应地调整隐私预算与树结构参数，并进行一致性约束优化

5. 得到新的隐私预算分配方案，返回步骤 3

4.4.3 算法分析

结论 4.7 CCDPSD 算法满足 ε-差分隐私。

证明：在算法 CCDPSD 中，由结论 4.5 可知，隐私预算分配与异方差加噪过程均满足 ε-差分隐私。而在算法 4.8(CCTreeBuild)中，通过对加噪值进行一致性约束条件下的优化调节，并未造成额外隐私泄露和隐私预算占用。因此，根据差分隐私并行组合特性[13]可知，算法 CCDPSD 满足ε-差分隐私。证明完毕。

结论 4.8 CCDPSD 算法为线性时间复杂度。

证明：在 CCDPSD 算法中，在节点移入滑动窗口时，在计算节点加噪值的同时，需额外进行一次节点调节参数计算与节点层级标识设置，该操作复杂度为 $O(1)$。设流数据长度为 n，则总体复杂度为 $O(n)$，因此，算法更新维护过程的复杂度为线性时间。

设滑动窗口大小为$|W|$，在进行一次区间计数查询操作时，查询复杂度为 $O(\log_2|W|)$，而过期的发布值均在查询过程中进行更新，因此，更新复杂度同样为 $O(\log_2|W|)$。设查询次数为 m，则总体复杂度为 $O(m\log_2|W|)$。由于 W 规模有限，$\log_2|W|$近似为常数，从而查询的均摊复杂度接近于 $O(1)$。因此，CCDPSD 算法的时间复杂度为线性。

4.4.4 实验结果与分析

1. 实验环境

采用实验数据集 Search Logs、Nettrace、WorldCup98 进行实验，其数据规模如表 4.2 所示。

表 4.2 实验数据集

数据集	Search Logs	Nettrace	WorldCup98
数据规模	32 768	65 536	7 518 579

实验采用平均方差作为误差衡量的标准：

$$\text{Error}(Q)=\frac{\sum_{q\in Q}(q(T)-q(T'))^2}{|Q|} \tag{4.18}$$

实验环境为：Intel Core i7 930 2.8GHz 处理器，4GB 内存，Windows 8.1 操作系统；算法用 C++ 语言实现；由 Matlab 生成实验图表。

2. 查询精度

通过实验，将一致性优化算法 CCDPSD 与静态直方图发布算法 Boost[11]、LUE-DPTree[12]及 DPSDHQ 算法进行对比分析。算法 Boost 和 LUE-DPTree 也采用了一致性优化调节。当数据集为 Search Logs 和 Nettrace 时，由于数据规模较小，可将 CCDPSD 算法中的滑动窗口大小设置为数据集长度，这样即可将 Boost 算法和 LUE-DPTree 算法对数据集的区间计数查询误差与 CCDPSD 算法进行对比，从而验证算法 CCDPSD 在满足一致性约束条件下对查询精度优化的有效性。同时，通过对不同隐私参数、不同查询分布规律下的实

验进行对比分析，进一步体现算法 CCDPSD 对查询精度的优化效果。

1）在不同区间大小下的查询误差对比

通过生成随机固定长度的查询区间，对比分析区间查询误差。区间大小分别取 2^0，2^1，…，2^{13}，…，每种长度随机生成 1000 条查询。对于 Search Logs 与 Nettrace 数据集，将算法 CCDPSD 与 Boost、LUE-DPTree、DPSDHQ 进行对比；对于数据集 WorldCup98，将算法 CCDPSD 与 DPSDHQ 进行对比。实验结果如图 4.26 至图 4.28 所示。

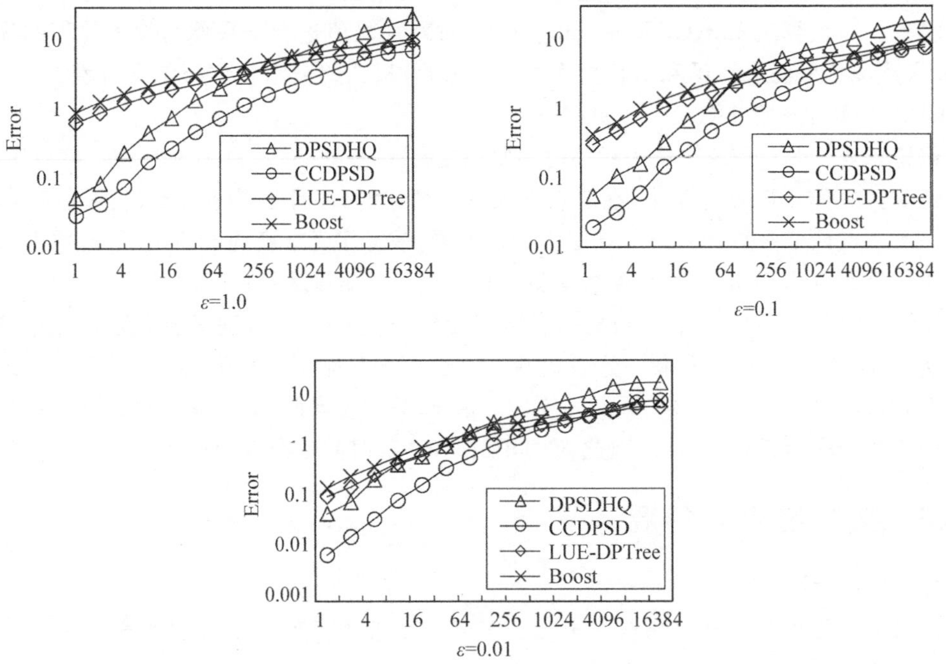

图 4.26　不同区间大小下的查询误差对比（Search Logs）

从图 4.26、图 4.27 可以看出，对于 Search Logs 与 Nettrace 数据集，CCDPSD 算法查询误差最小；随着查询区间的增大，Boost 算法、LUE-DPTree 算法与 CCDPSD 算法的查询误差接近；而 DPSDHQ 算法与其他 3 种算法相比误差较大。这是由于 Boost 与 LUE-DPTree 算法均在一致性约束条件下进行了优化调整，因此，整体查询精度优于未进行一致性优化的 DPSDHQ 算法。这说明一致性约束下的优化调整能够有效提高数据发布精度。CCDPSD 算法在提升区间计数查询精度方面优于 Boost 和 LUE-DP 算法，能够基于 DPSDHQ 算法进行有效的优化调节。

2）在不同查询分布规律下的查询误差对比

设滑动窗口大小为 $|W|$，通过对以下 4 种不同查询分布规律进行实验对比，分析算法 CCDPSD 对不同查询分布规律的适应性：① Small，查询区间集中于 $1\sim0.33|W|$；② Middle，查询区间集中于 $0.33|W|\sim0.67|W|$；③ Large，查询区间集中于 $0.67|W|\sim|W|$；④ Rand，在滑动窗口范围内随机生成查询区间。实验中采用 1.0 作为隐私预算。实验结果如图 4.29～图 4.31 所示。

从图 4.29 至图 4.31 可以看出，相比于 DPSDHQ 算法，CCDPSD 算法在不同查询分布规律下对误差精度均有明显提升。这是因为 CCDPSD 算法在一致性约束条件下进行了调

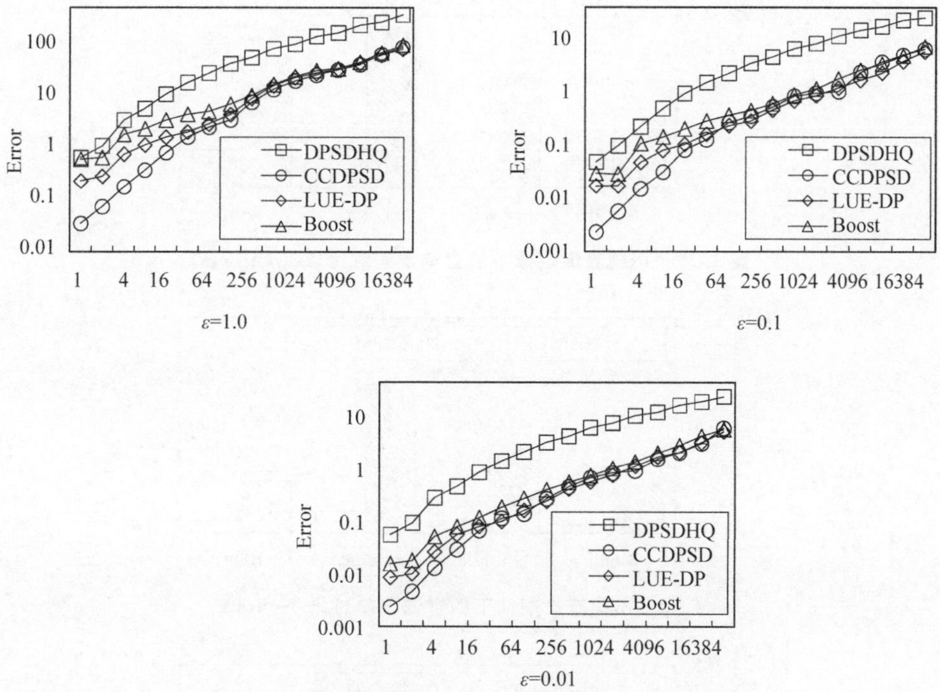

图 4.27　不同区间大小下的查询误差对比(Nettrace)

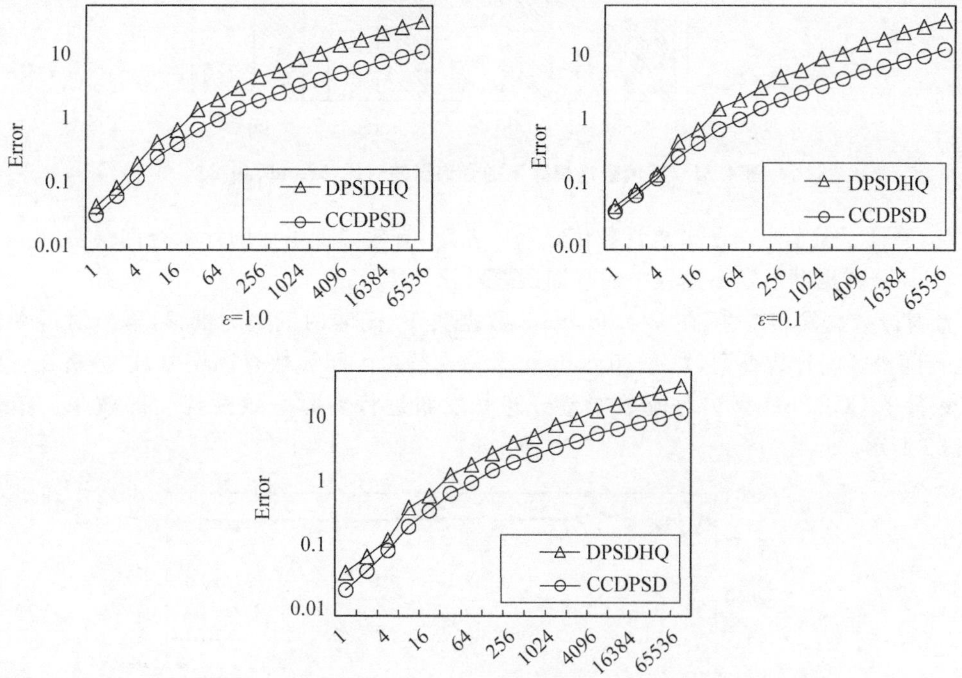

图 4.28　不同区间大小下的查询误差对比(WorldCup98)

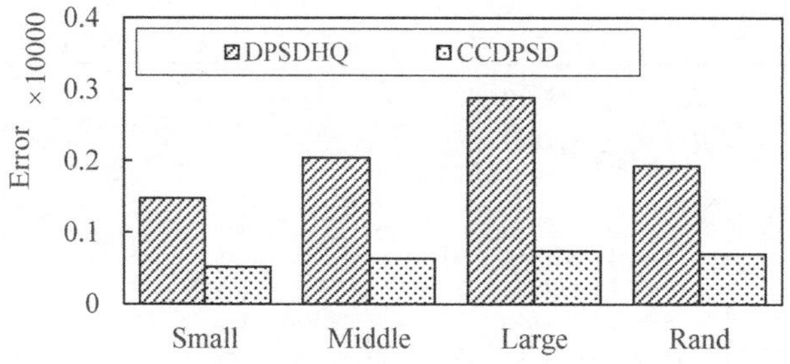

图 4.29　不同查询规律下的查询误差对比(Search Logs)

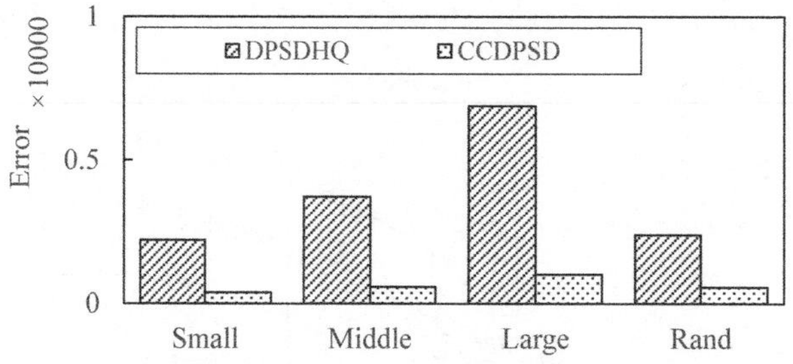

图 4.30　不同查询规律下的查询误差对比(Nettrace)

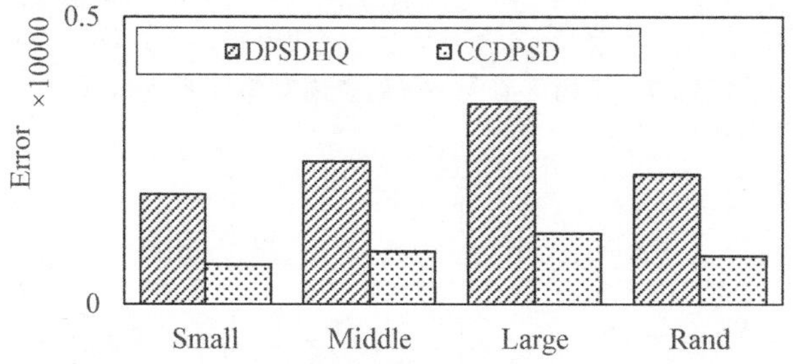

图 4.31　不同查询规律下的查询误差对比(WorldCup98)

整优化,降低了父节点与子节点计数值之和的差距,有效降低了区间计数查询误差。

3) 在流数据动态发布过程中的查询误差对比

针对流数据发布特性,在 WorldCup98 数据集下,随着时间 t 的推移,不断对滑动窗口 W 进行随机区间计数查询,并每 10 000s 记录一次整体区间计数查询误差,以分析在一致性约束条件下 CCDPSD 算法对流数据差分隐私发布进行实时一致性优化的效果。结果如图 4.32 所示。

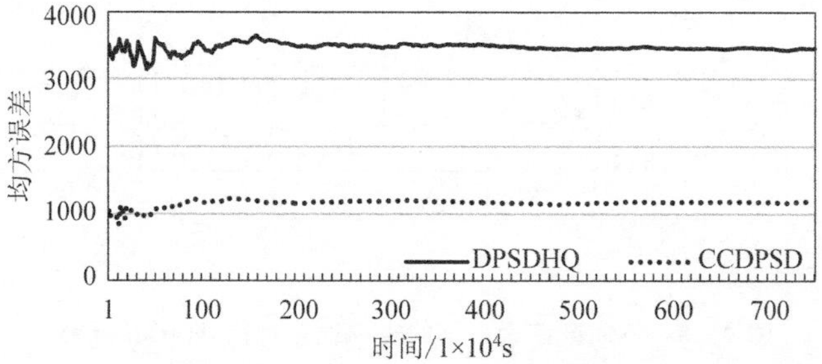

图 4.32　流数据动态发布过程中的查询误差对比(WorldCup98)

在图 4.32 中，在数据发布的初期，由于树结构调整和历史查询统计尚不充足等原因，DPSDHQ 算法的查询误差产生了小幅波动，而在后续时间中趋于稳定。而 CCDPSD 算法则有效降低了初期的误差波动。同时，在整个 7.51×10^6 s 的发布过程中，CCDPSD 算法均能有效降低区间计数查询误差，由于进行了实时的一致性优化，误差曲线平稳，不会出现阶段性波动。

以上实验对比与分析表明，CCDPSD 算法能够适应流数据发布场景，有效降低区间计数查询误差。

3. 算法运行效率

下面通过实验对算法运行效率进行对比分析。

1) 不同隐私参数对运行效率的影响

通过设置不同的隐私参数(1.0、0.1、0.01)，对比分析算法运行效率与隐私参数的关系，结果如图 4.33 所示。

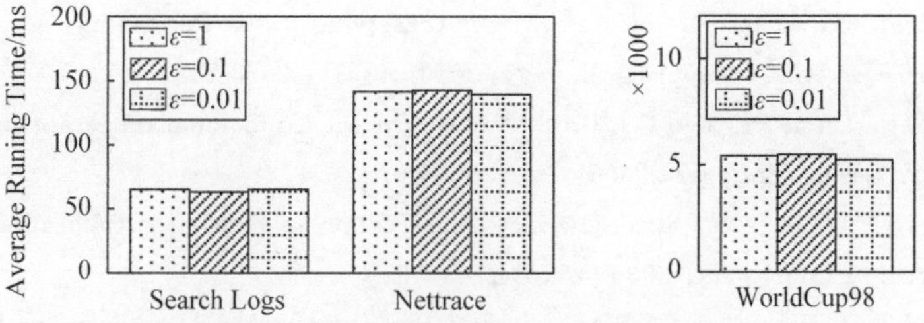

图 4.33 不同隐私参数对运行效率的影响

从图 4.33 可以看出，隐私参数的变化对算法的运行效率没有明显的影响。算法运行时间与隐私参数不相关。

2) 一致性约束条件下优化过程对运行效率的影响

将 DPSDHQ 算法与 CCDPSD 算法进行运行效率对比。如图 4.34 所示，CCDPSD 算法在保证一致性约束前提下有效提高区间计数查询精度的同时，具有与 DPSDHQ 算法相近的运行效率。正如结论 4.8 所描述的那样，由于采用了适应流数据发布背景的算法设计流程，CCDPSD 算法能够在实现在一致性约束条件下进行实时优化的同时仍旧保持算法的线性时间复杂度。

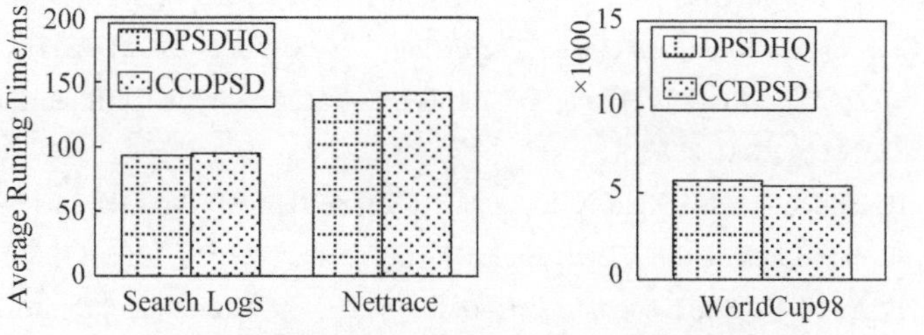

图 4.34 一致性约束条件下优化过程对运行效率的影响

综合以上实验对比与分析，本节提出的一致性优化算法 CCDPSD 具有较高的算法运行效率，在提高查询精度的同时，能够保证流数据发布背景下对算法复杂度的要求。

4.5 本章小结

为有效提高差分隐私流数据发布中的任意区间查询精度，本章提出了一种基于历史查询的差分隐私流数据自适应发布算法 HQ_DPSAP。该算法通过对用户历史查询的分析，可进行隐私预算与树结构的自适应调整，从而有效降低区间查询误差，提高隐私预算分配灵活性。本章同时设计了基于异方差加噪的一致性优化算法。该算法面向任意树结构，为区间查询精度的提升提供了更大的空间。实验结果表明，本章提出的算法具有较高的时间效率，能有效提升查询精度，具有较高的应用价值。

参考文献

[1] Fung B, Wang K, Chen R, et al. Privacy-preserving Data Publishing: A Survey of Recent Developments[J]. ACM Computing Surveys, 2010, 42(4): 2623-2627.

[2] Dwork C. Differential Privacy[C]. Proc of the 33rd Int Colloquium on Automata, Languages and Programming. Berlin: Springer, 2006: 1-12.

[3] Zhou S G, Li F, Tao Y F, et al. Privacy Preservation in Database Applications: A Survey[J]. Chinese Journal of Computers, 2009, 21(5): 847-861.

[4] Xiong P, Zhu T Q, Wang X F. A Survey on Differential Privacy and Applications[J]. Chinese Journal of Computers, 2014, 37(1): 101-122.

[5] Zhang X J, Meng X F. Differential Privacy in Data Publication and Analysis[J]. Chinese Journal of Computers, 2014. 37(4): 927-949.

[6] Dwork C, Naor M, Pitassi T, et al. Differential Privacy under Continual Observation[C]. Proc of the 42nd ACM Symp on Theory of Computing. New York: ACM, 2010: 715-724.

[7] Chan T H H, Shi E, Song D. Private and Continual Release of Statistics[J]. ACM Trans on Information and System Security, 2011, 14(3): 26-38.

[8] Cao J N, Xiao Q, Ghinita G, et al. Efficient and Accurate Strategies for Differentially-private Sliding Window Queries[C]. Proc of the 16th Int Conf on Extending Database Technology. New York: ACM, 2013: 191-202.

[9] Bolot J, Fawaz N, Muthukrishnan S, et al. Private Decayed Predicate Pums on Streams[C]. Proc of the 16th Int Conf on Extending Database Technology. New York: ACM, 2013: 284-295.

[10] Zhang X J, Meng X F. Stream Histogram Publication Method with Differential Privacy[J]. Journal of Software, 2016(2): 381-393。

[11] Kellaris G, Papadopoulos S, Xiao X K, et al. Differentially Private Event Sequences over Infinite Streams[J]. Proceedings of the VLDB Endowment, 2014, 7(12): 1155-1166。

[12] Chan T H H, Li M F, Shi E, et al. Differentially Private Continual Monitoring of Heavy Hitters from Distributed Streams[C]. Proc of the 12th Privacy Enhancing Technologies. Berlin: Springer, 2012: 140-159.

[13] Friedman A, Sharfman I, Keren D, et al. Privacy-Preserving Distributed Stream Monitoring[C]. Proc of the 21st Annual Network and Distributed System Security Symp. Rosten, VA: ISOC, 2014: 1-12.

[14] Michael H, Vibhor R, Gerome M, et al. Boosting the Accuracy of Differentially Private Histograms through Consistency[J]. VLDB Endownment, 2010,3(1): 1021-1032.

[15] Dwork C, McSherry F, Nissim K, et al. Calibrating Noise to Sensitivity in Private Data Analysis [C]. Proc of the 3rd Theory of Cryptography Conf. Berlin: Springer, 2006: 363-385.

[16] Kang J, Wu Y J, Huang S Y, et al. An Algorithm for Differentially Private Histogram Publication with Non-uniform Private Budget[J]. Journal of Frontiers of Computer Science & Technology, 2016, 10(6): 786-798.

第5章 基于矩阵机制的差分隐私连续数据发布

5.1 引言

随着数字技术的发展,数据越来越多地出现于现实生活当中。数据给人们的生活带来的好处不言而喻。人们不仅可以利用数据进行评估、分析和预测,还可以从中寻找有价值的结论,如“啤酒与尿布”的故事。然而,在享受数据带来的好处的同时,也应该注意到数据中包含的个人隐私信息可能存在泄露的风险。特别是当攻击者怀有恶意时,他就有可能利用已掌握的知识分析用户所发布的数据,并从中挖掘出数据所对应的用户的隐私信息。例如,只需根据 4 个时空点就能使 95%的人泄露其位置信息[1]。因此,如何在发布数据的同时避免数据中包含的隐私被泄露是数据时代亟待解决的问题之一。针对这一问题,各种隐私保护模型被提出。其中,以提供严格数据保护为特点的差分隐私模型[2-4]得到了广泛的认可。该模型被提出后,人们基于该模型开展了很多研究工作。内容涉及直方图发布[5-8]、空间划分发布[9,10]、智能数据分析[11,12]等,有效克服了该模型基于 k-匿名[13]和划分[14]的隐私保护方法需要事先对攻击做出假设的不足。差分隐私数据发布研究的关键问题在于如何在保证差分隐私的前提下提高发布数据的可用性。

现有关于差分隐私的数据发布方法大多关注静态发布问题,而现实应用中更多情况下需要发布方法具有连续数据发布的能力。然而,研究表明,这些方法无法应用于连续数据发布问题。为此,本章对差分隐私下的连续数据发布问题展开研究。例如,某医疗数据库中记录了每个月的入院病人的信息,其中病人感染 HIV 的情况为敏感信息。表 5.1 展示了其中 3 个月的数据示例。同时,出于某研究目的,医院将按月统计并公布入院的 HIV 病人数。公布的数据形如表 5.2 所示,医院累计当前入院并且感染 HIV 的病人并于当月发布最新数据。与数据静态发布不同,在医院发布完每个月的统计信息后,该数据并非不再改变,而是在下个月将得到更新。更重要的是,在发布每一次数据的过程中,以后需要发布的数据是无法被预知的。该问题的核心是在满足差分隐私的条件下,寻找更精确、更高效的连续数据发布方法。

表 5.1 病人感染 HIV 情况

Name	HIV+	Name	HIV+	Name	HIV+
Alice	Yes	Alan	No	Andy	No
Bob	No	Ben	Yes	Bill	No
Carol	Yes	Cari	No	Chen	Yes
⋮	⋮	⋮	⋮	⋮	⋮

表 5.2 入院的 HIV 病人数

Month	HIV+	Sum of HIV+
1	531	531
2	392	923
3	426	1349
⋮	⋮	⋮

以上连续发布问题的一种朴素解决方案[15]是直接将前一个月发布的 HIV 病人数与本月新增的 HIV 病人数相加，然后再添加噪声使其满足差分隐私。该方案导致每一次发布数据的噪声的均方误差线性累加，最终使发布的数据失去可用性。文献[15]针对该问题提出了一种基于二叉树的发布方法。然而，此方法仅仅引入二叉树模拟发布，并未对精确性提出有效优化方法。为此，本章以提高发布数据的精确性为主要目标，将矩阵机制引入差分隐私连续数据发布问题中，以期设计出高效的基于矩阵机制的差分隐私连续数据发布方法，可有效满足大规模连续数据发布的要求。

5.2 基础知识与问题提出

在差分隐私的数据发布中，为提高数据发布的精度，Hay 等人[7]和 Xiao 等人[8]分别提出基于一致性调节的区间树方法和小波变换方法，实现了较高精度的数据发布。然而，上述两种方法只适用于差分隐私下的数据静态发布，无法应用于差分隐私下的连续数据发布。Chan 等人[15]提出了两种利用二叉树结构进行连续数据发布的方法。第一种方法是构建一棵叶节点数量为 2^m 的完全二叉树，然后利用模拟二叉树统计发布的过程进行连续数据发布。第二种方法是第一种方法的改进版本，它试图通过调整二叉树各层节点的隐私预算分配来达到无限发布的效果。研究表明，虽然第一种方法相比于朴素方法，数据发布的精确性有显著的提升，然而该方法仅仅引入二叉树结构来模拟发布过程，并未做进一步改进，因此数据发布的精确性仍有较大的提升空间；第二种方法的隐私预算分配并不合理，导致发布数据的误差远大于第一种方法。

为了解决差分隐私下的线性查询问题，Li 等人[16]提出了基于矩阵机制的批量查询方法。其基本思想是通过寻找策略矩阵对线性查询进行优化，进而提高发布数据的精确性。然而，该文献提出的矩阵机制仅能满足小规模数据集和查询负载的要求。此外，它还很容易产生次优化的查询策略，使得结果往往并不理想。为此，Yuan 等人[17]利用了负载矩阵低秩的性质进行优化，提出低秩矩阵机制，在一定程度上改善了原有矩阵机制的不足，提升了数据发布效率与精确性。然而，该文献提出的优化查询使用半正定规划算法，同样只能适用于小规模数据集和查询负载的要求。由于本章研究的连续数据发布问题本质上也是线性查询问题，因此拟利用矩阵机制，结合连续数据发布问题本身具有的一些特性，设计出精确性更高的高效算法，使之具有大规模连续数据发布的能力。

矩阵机制是一种针对差分隐私下线性查询问题的优化方法。它通过将查询集 $\boldsymbol{Q}$ 转换成负载矩阵 $\boldsymbol{W}$，然后寻找最优策略矩阵 $\boldsymbol{M}$ 来实现差分隐私下线性查询的优化。其中，查询集 $\boldsymbol{Q}$ 是一组线性查询的集合，满足 $\boldsymbol{Q}=\{q_1,q_2,\cdots,q_n\}$。每个线性查询表示如下：

$$q=\sum_{1}^{m} w_i x_i$$

其中，$\boldsymbol{X}=(x_1,x_2,\cdots,x_m)^{\mathrm{T}}$ 为数据向量，w_i 为该查询在分量 x_i 上的权重。负载矩阵 $\boldsymbol{W}$ 由每组线性查询的权重组成，并满足

$$\boldsymbol{Q}=\boldsymbol{W}\boldsymbol{X}=\left(\sum_{j=1}^{m} W_{1j}x_j,\sum_{j=1}^{m} W_{2j}x_j,\cdots,\sum_{j=1}^{m} W_{nj}x_j\right)^{\mathrm{T}}$$

原始的矩阵机制[16]通过直接寻找策略矩阵 $\boldsymbol{M}$ 的方式求解问题，这种做法的效率和优化效果都不够理想。而低秩矩阵机制[17]则是采用分解负载矩阵的方法来寻找优化策略。在该机制下，它将 $\boldsymbol{W}$ 分解成两个矩阵 $\boldsymbol{B}$、$\boldsymbol{M}$。其中 $\boldsymbol{M}$ 表示低秩矩阵下的策略矩阵，且满足 $\boldsymbol{W}=\boldsymbol{B}\boldsymbol{M}$。通过对中间结果 $\boldsymbol{M}\boldsymbol{X}$ 添加噪声的方式减少误差。其形式化表示如下：

$$A(\boldsymbol{W},\boldsymbol{X})=\boldsymbol{B}\left(\boldsymbol{M}\boldsymbol{X}+\frac{\Delta_{\boldsymbol{M}}}{\varepsilon}\widetilde{L}_n\right) \tag{5.1}$$

文献[17]指出，式(5.1)的敏感度 $\Delta_{\boldsymbol{M}}$ 与策略矩阵的列范式相等，即 $\Delta_{\boldsymbol{M}}=\boldsymbol{M}_1$。而低秩矩阵的均方误差由下式求得：

$$\frac{2}{\varepsilon^2}\mathrm{trace}(\boldsymbol{B}^{\mathrm{T}}\boldsymbol{B})\Delta_{\boldsymbol{M}}{}^2 \tag{5.2}$$

研究表明，差分隐私下的数据连续发布问题能够被转换成基于矩阵机制的优化问题。只需将每一次发布视为一个查询，然后将所有发布过程视为查询负载，并转换成相应的矩阵，利用矩阵机制进行求解。

5.3 基于矩阵机制的差分隐私连续数据发布

考虑一个随着时间增长会不断产生记录并被添加进来的记录流。该记录流是数据发布的来源。记录流的每条记录都有需要保护的属性 σ，满足 $\sigma\in\{0,1\}$，并假设记录集 $\mathbb{A}_i$ 表示第 $i-1$ 次和第 i 次发布之间记录流所中被添加的记录的集合。由 $\mathbb{A}_i$ 可求出第 i 次发布的数据增量 $a_i=|\{\sigma|\sigma\in\mathbb{A}_i 且 \sigma=1\}|$。

定义 5.1(连续数据发布)　对于记录流，数据发布者随着记录流中的记录增长按照某种规则多次发布当前记录流中满足 $\sigma=1$ 的记录数的行为即为连续数据发布。假设第 i 次发布的累计数据为 s_i，那么 s_i 满足

$$s_i=s_{i-1}+a_i=\sum_{j=1}^{i} a_j \tag{5.3}$$

差分隐私下的连续数据发布行为即通过某种隐私算法 $A(*)$发布添加了噪声的累计数据 $\tilde{s}_i$，从而使数据连续发布的结果满足 ϵ-差分隐私。同时，在此基础上，本节还要求提出的算法能够精确而且高效地发布数据。

为了避免数据连续发布的敏感度过高而影响数据发布精度的问题，本节主要考虑了满足 ϵ-差分隐私的次数受限的数据连续发布算法。

定义 5.2(次数受限的数据连续发布算法)　如果隐私算法 $A(*)$至多接受并发布 N 次满足 ϵ-差分隐私的统计数据，则称该算法为次数受限的数据连续发布算法。

上述问题能够转换成线性查询问题，而矩阵机制能够对线性查询问题进行优化。为了提出更精确的数据连续发布算法，本章将这一问题与矩阵机制相结合，并在此基础上寻找快速发布算法。而且，由于矩阵机制是成熟的且经过严格检验的满足 ϵ-差分隐私[17]的隐私保护机制。因此，基于矩阵机制的线性查询算法只要符合式(5.1)的形式就保证了该算法满足 ϵ-差分隐私。

利用矩阵机制优化前，需要将式(5.3)转换成负载矩阵 $\boldsymbol{W}$：

$$\boldsymbol{W}=\begin{bmatrix}1 & 0 & 0 & \cdots\\ 1 & 1 & 0 & \cdots\\ 1 & 1 & 1 & \cdots\\ \vdots & \vdots & \vdots & \ddots\end{bmatrix} \tag{5.4}$$

可以看出，数据连续发布下的负载矩阵 $\boldsymbol{W}$ 为下三角矩阵，且满足 $W_{ij}=1,i<j$。

根据矩阵机制的特征及一般研究过程[16,17]。本章将通过以下步骤对该问题展开研究：

(1) 寻找初始的策略矩阵 $\boldsymbol{M}$，将 $\boldsymbol{W}$ 分解为矩阵 $\boldsymbol{B}$、$\boldsymbol{M}$，使矩阵机制能够较为精确地发布数据。

(2) 对策略矩阵 $\boldsymbol{M}$ 进行研究，寻找优化策略以优化数据发布的精确性。

(3) 综合分析矩阵 $\boldsymbol{B}$、$\boldsymbol{M}$ 以及优化策略的性质，在保证数据发布的精确性得到优化的前提下，提出高效的优化算法。

5.4　隐私连续数据发布算法

5.4.1　策略矩阵的构建

由于数据随着发布过程动态产生，未来数据无法得知，因此只能根据当前以及过往的数据进行优化。这一特征反映到矩阵机制时，就要求矩阵机制所应用的策略矩阵为下三角矩阵。通过各种数据结构的对比研究，发现树状数组[19]更加适合构造基于矩阵机制的数据连续发布方法的策略矩阵。它能够自然并且快速求解数列的前 k 项和，符合连续数据发布的基本特征。同时，初步研究表明，将它与差分隐私结合而提出的隐私保护模型能够达到与基于二叉树的连续数据发布方法[15]相当的精确性。同时，深入研究表明，结合树状数组的差分隐私模型在实现的巧妙性以及进一步优化的潜力方面均比后者略胜一筹。

树状数组主要针对以下问题：给定 N 个实数，记为 $a_1,a_2,\cdots,a_n$，要求快速求出前 k 项的和。记前 k 项的和为 s_k，则 $s_k=\sum_{j=1}^{k}a_j$。

针对该问题，利用树状数组提出如下解决方法。该方法计算了中间统计量 c_i。而 c_i 由以下公式求得：

$$c_i = \sum_{j=i-\text{lowbit}(i)+1}^{i} a_j \tag{5.5}$$

其中，函数 lowbit(x)表示将正整数 x 写成二进制形式后，将该二进制数值为 1 的最低位的数置为 1，其余位均置为 0。例如，当 $x=10$ 时，其对应的二进制数为$(1010)_2$。从低往高，2^0 位为 0，2^1 位为 1，那么，lowbit(x)的输出值就将 2^1 位置为 1，其他位均置为 0，即$(0010)_2=2$。再将其转成十进制数，就得到 lowbit(10)＝2。

该函数的算法如下。

算法 5.1 lowbit(x)

输入：正整数 x

输出：x 对应的 lowbit 值

1. $p \leftarrow 0, y \leftarrow 1$;
2. while x mod $2=0$
3. $\quad y \leftarrow 2 * y; x \leftarrow \left\lfloor \frac{x}{2} \right\rfloor$;
4. wend
5. return y

结合算法 5.1 以及式(5.5)，按照树状数组求解中间统计量的方式构造策略矩阵 $\boldsymbol{M}$，算法如下。

算法 5.2 求解策略矩阵 $\boldsymbol{M}$

输入：发布次数 N

输出：策略矩阵 $\boldsymbol{M}$

1. $\boldsymbol{M} \leftarrow \boldsymbol{0}_{N\times N}$; //初始化为零矩阵
2. for $p=1$ to N do
3. pt$\leftarrow p$;
4. while pt$<N$
5. $\boldsymbol{M}_{\text{pt},p} \leftarrow 1$; //更新矩阵元素
6. $\quad$ pt$\leftarrow$pt+lowbit(pt);
7. wend
8. end for
9. return $\boldsymbol{M}$

下面讨论矩阵 $\boldsymbol{B}$ 的求解。由 $\boldsymbol{W}=\boldsymbol{BM}$ 以及 $\boldsymbol{M}_N$ 的可逆性可得 $\boldsymbol{B}=\boldsymbol{W}_N\boldsymbol{M}_N^{-1}$。因此，只需根据树状数组的性质就能够快速地求解 $\boldsymbol{B}$。而树状数组的求和操作按照以下公式进行求解：

$$s_i = c_i + s_{i-\text{lowbit}(i)} \tag{5.6}$$

算法 5.3 求解矩阵 $\boldsymbol{B}$

输入：发布次数 N

输出：矩阵 $\boldsymbol{B}$

```
1. B←0_{N×N};                         //初始化为零矩阵
2. for p=1 to N do
3. pt←p;
4. while pt>0
5.      B_{pt,p}←1                    //更新矩阵元素
6.      pt←pt-lowbit(pt);
7. wend
8. end for
9. return B
```

上述算法结合低秩矩阵的表达式，即可得到基于树状数组的数据连续发布的表达式：

$$A(\boldsymbol{W},\boldsymbol{D})=\boldsymbol{B}\left(\boldsymbol{M}_N\boldsymbol{X}+\frac{\Delta_{MN}}{\varepsilon}\widetilde{\boldsymbol{L}}_n\right) \tag{5.7}$$

接下来分析该策略矩阵所产生的均方误差的情况。关于 $\boldsymbol{M}_N$ 和 $\boldsymbol{B}$ 有如下两个相关定理。

定理 5.1 $\|\boldsymbol{M}_N\|_1=\|\boldsymbol{M}_N(:,1)\|_1\geqslant\|\boldsymbol{M}_N(:,j)\|_1(j>1)$，且 $\|\boldsymbol{M}_N\|_1=\lfloor\log_2 N\rfloor+1$。

证明：通过算法 5.2 研究矩阵 $\boldsymbol{M}_N(:,1)$ 的构造情况。可得当第一次迭代($p=1$)时，有 $\mathrm{pt}=p=1=2^0$。设第 t 次迭代时有 $\mathrm{pt}=2^{t-1}$，由更新表达式有 $\mathrm{pt}=\mathrm{pt}-\mathrm{lowbit(pt)}=2^{t-1}+2^{t-1}=2^t$。而根据步骤 6 的判断条件，$\mathrm{pt}>N$ 时，该列构造结束。因此有，$2^{t-1}\leqslant N\Rightarrow t\leqslant\log_2 N+1$。此时 $\boldsymbol{M}_{\mathrm{pt},p}=1$ 更新了 $\lfloor\log_2 N\rfloor+1$ 次，因此 $\|\boldsymbol{M}_N(:,1)\|_1=\lfloor\log_2 N\rfloor+1(j>1)$。

对于 $j>1$ 的情况，假设第 t 次迭代时 $\mathrm{pt}>2^{t-1}$ 且 $\mathrm{lowbit(pt)}\geqslant 2^{t-1}$，由第一次迭代有 $\mathrm{pt}=j>1$ 可知满足该条件。根据 lowbit 函数的性质，有 $\mathrm{lowbit}(pt')=\mathrm{lowbit}(\mathrm{pt}+\mathrm{lowbit(pt)})\geqslant\mathrm{lowbit}(2\mathrm{lowbit(pt)})=2\mathrm{lowbit(pt)}\geqslant 2^t$，从而 $\mathrm{pt}'=\mathrm{pt}+\mathrm{lowbit(pt)}>2^t$。很显然，根据 $pt>2^{t-1}$ 可推得，$j>1$ 时的更新次数不大于 $j=1$ 时。因此，$\|\boldsymbol{M}_N(:,1)\|_1\geqslant\|\boldsymbol{M}_N(:,j)\|_1(j>1)$，$\|\boldsymbol{M}_N\|_1=\max_j\|\boldsymbol{M}_N(:,j)\|_1=\lfloor\log_2 N\rfloor+1$。

定理 5.1 得证。

定理 5.2 构造矩阵 $\boldsymbol{B}$ 的第 p 行的迭代次数为将 p 表示为二进制数 $(p)_2$ 时 $(p)_2$ 中包含的 1 的个数。

证明：根据算法 5.3 的步骤 6 有操作 $\mathrm{pt}=\mathrm{pt}-\mathrm{lowbit(pt)}$，该操作的结果是将 $(\mathrm{pt})_2$ 中值为 1 的最低位置为 0。而由步骤 3，pt 由 p 进行初始化。说明 $(p)_2$ 中包含多少个 1，迭代次数就进行了多少次。

定理 5.2 得证。

由式(5.2)推出该策略矩阵所产生的均方误差为

$$\frac{2}{\varepsilon^2}\mathrm{trace}(\boldsymbol{B}^{\mathrm{T}}\boldsymbol{B})\Delta_{M_N}^2=\frac{2}{\varepsilon^2}\mathrm{trace}(\boldsymbol{B}^{\mathrm{T}}\boldsymbol{B})(\lfloor\log_2 N\rfloor+1)^2$$

同时，结合定理 5.2 可知，$\boldsymbol{B}$ 的每一行至多有 $O(\log_2 N)$ 个元素为 1，其余均为 0。因此，$\boldsymbol{B}$ 中有 $O(N\log_2 N)$ 个元素为 1。即 $\mathrm{trace}(\boldsymbol{B}^{\mathrm{T}}\boldsymbol{B})$ 的数值复杂度也为 $O(N\log_2 N)$。又由定理 5.1 可知，$\boldsymbol{M}_N$ 的列范数 $\lfloor\log_2 N\rfloor+1$ 的复杂度为 $O(\log_2 N)$。因而，根据式(5.2)可以求得总体的均方误差为 $O(N\log_2^3 N)$，而每条查询的均方误差则为 $O(\log_2^3 N)$。

综上所述，由树状数组构造的策略矩阵满足低敏感性以及均方误差复杂度低的特点，初步具备了在差分隐私下较为精确地进行连续数据发布的能力。然而，仅仅利用树状数组构造的策略矩阵并不能达到本章的精确性要求。接下来，将在此基础上寻找更精确的数据发布算法。

一般而言，可以用发布数据的一致性调节[7]、策略矩阵的权重系数调节等方法提高数据发布的精确性。然而，研究表明该问题已经满足线性一致性，具体分析如下。

定义 5.3（线性一致性） 对于负载矩阵 $\boldsymbol{W}$，记未加噪的查询结果为 $\boldsymbol{Y}=\boldsymbol{W}Q(\boldsymbol{D})$，通过低秩矩阵机制获得的查询结果为 $\boldsymbol{Y}'=A(\boldsymbol{W},\boldsymbol{D})$。$A(\boldsymbol{W},\boldsymbol{D})$满足线性一致性当且仅当对任意可以表示成 $z=\boldsymbol{vY}$ 的行向量 $\boldsymbol{v}$ 都有 $\boldsymbol{vY}'$为定值，其中 z 为可以用 $\boldsymbol{Y}$ 线性表示的统计量。

定理 5.3 当式(5.1)中的矩阵 $\boldsymbol{M}$ 为行满秩矩阵时，低秩矩阵机制满足线性一致性。

证明：当矩阵 $\boldsymbol{L}$ 为行满秩矩阵时，求得其右逆矩阵 $\boldsymbol{M}^{+}=\boldsymbol{M}^{\mathrm{T}}(\boldsymbol{MM}^{\mathrm{T}})^{-1}$，满足 $\boldsymbol{MM}^{+}=\boldsymbol{I}$。由于 $\boldsymbol{W}=\boldsymbol{BM}$，因此 $\boldsymbol{B}=\boldsymbol{WM}^{+}$。

任取统计查询 z，有多个 $\boldsymbol{v}_i$ 满足 $z=\boldsymbol{v}_i\boldsymbol{WX}$（其中 $\boldsymbol{v}_i$ 之间互不相等）。

将其代入式(5.1)中，可得统计后的结果，令 z'_i表示由 $\boldsymbol{v}_i$ 求得的查询结果：

$$z'_i=\boldsymbol{v}_i\boldsymbol{B}\left(\boldsymbol{MX}+\frac{\Delta_{\boldsymbol{M}}}{\varepsilon}\widetilde{L}_n\right)=\boldsymbol{v}_i\boldsymbol{WM}^{+}\left(\boldsymbol{MX}+\frac{\Delta_{\boldsymbol{M}}}{\varepsilon}\widetilde{L}_n\right)=z\boldsymbol{M}^{+}\left(\boldsymbol{MX}+\frac{\Delta_{\boldsymbol{M}}}{\varepsilon}\widetilde{L}_n\right)$$

经过化简可以看出，z'_i是与 $\boldsymbol{v}_i$ 无关的噪声统计量。因此，z'_i的值是相等的。

定理 5.3 得证。

而矩阵 $\boldsymbol{M}_N$ 可知为可逆矩阵。结合定理 5.3，可得出推论：由树状数组构造基于矩阵机制的数据连续发布方法满足线性一致性，因此无法从线性一致性的角度提高数据发布的一致性。本章将在 5.4.2 节对策略矩阵的权重系数调节问题作进一步研究。

5.4.2 查询均方误差的降低

5.4.1 节分析了差分隐私下的连续数据发布的性质，并通过树状数组构造出基于矩阵机制的策略矩阵。本节在 5.3 节所描述的步骤的基础上进行优化。进一步研究矩阵 $\boldsymbol{M}_N$，可发现该矩阵未饱和。以 $\boldsymbol{M}_3$ 为例，表示如下：

$$\boldsymbol{M}_3=\begin{pmatrix}1&0&0\\1&1&0\\0&0&1\end{pmatrix}\Rightarrow\boldsymbol{M}'_3=\begin{pmatrix}1&0&0\\1&1&0\\0&0&2\end{pmatrix}$$

计算可得 $\|\boldsymbol{M}_3\|_1=2$。若将 $\boldsymbol{M}_3$ 的第三行乘以 2，得到 $\boldsymbol{M}'_3$，依旧满足 $\|\boldsymbol{M}'_3\|_1=2$，并不会影响整体的敏感度。同时，矩阵 $\boldsymbol{B}$ 也应转换为 $\boldsymbol{B}'$。

$$\boldsymbol{B}=\begin{pmatrix}1&0&0\\0&1&0\\0&1&1\end{pmatrix}\Rightarrow\boldsymbol{B}'=\begin{pmatrix}1&0&0\\0&1&0\\0&1&0.5\end{pmatrix}$$

根据式(5.2)，可以直接求出转换前后两者之间的均方误差。转换前为$\frac{32}{\varepsilon^2}$，转换后为$\frac{26}{\varepsilon^2}$。经过转换，均方误差降低了，这说明直接由树状数组构造的矩阵 $\boldsymbol{M}_N$ 优化得还不够彻底。经研究发现，可以通过在 $\boldsymbol{M}_N$ 前面乘一个对角阵的方式提高精确性。

令 $\boldsymbol{\Sigma}_N=\begin{bmatrix}\lambda_1 & & \\ & \lambda_2 & \\ & & \lambda_3\end{bmatrix}$ 表示 $N\times N$ 的系数对角阵，则可将式(5.7)拓展如下：

$$A(\boldsymbol{W},\boldsymbol{D})=\boldsymbol{B}\boldsymbol{\Sigma}_N^{-1}\left(\boldsymbol{\Sigma}_N\boldsymbol{M}_N X+\frac{\Delta_{\boldsymbol{\Sigma}_N\boldsymbol{M}_N}}{\varepsilon}\widetilde{L}_n\right)\tag{5.8}$$

式(5.8)即为添加系数对角阵后的隐私保护机制。当 $\boldsymbol{\Sigma}_N=\boldsymbol{I}_N$ 时，该公式与式(5.7)等价。对应的均方误差公式如下：

$$\frac{2}{\varepsilon^2}\mathrm{trace}(\boldsymbol{B}^{\mathrm{T}}\boldsymbol{B}\boldsymbol{\Sigma}_N^{-2})\Delta_{\boldsymbol{\Sigma}_N\boldsymbol{M}_N}{}^2\tag{5.9}$$

根据文献[17]的结论，令 $\boldsymbol{B}'=\alpha\boldsymbol{B}\boldsymbol{\Sigma}_N^{-1}$，$L'=\alpha^{-1}\boldsymbol{\Sigma}_N\boldsymbol{M}_N$，则有 $\frac{2}{\varepsilon^2}\mathrm{trace}(\boldsymbol{B}'^{\mathrm{T}}\boldsymbol{B}')\Delta_{L'}^2=\frac{2}{\varepsilon^2}\mathrm{trace}(\boldsymbol{B}^{\mathrm{T}}\boldsymbol{B}\boldsymbol{\Sigma}_N^{-2})\Delta_{\boldsymbol{\Sigma}_N\boldsymbol{M}_N}{}^2$。因此，可将 $\Delta_{\boldsymbol{\Sigma}_N\boldsymbol{M}_N}$ 限制为 $|\boldsymbol{\Sigma}_N\boldsymbol{M}_N|_1\leqslant 1$，最小化 $\mathrm{trace}(\boldsymbol{B}^{\mathrm{T}}\boldsymbol{B}\boldsymbol{\Sigma}_N^{-2})$，则该优化问题可表示为如下形式：

$$\begin{aligned}&\min_{\boldsymbol{\Sigma}_N} f(\boldsymbol{\Sigma}_N)=\frac{2}{\varepsilon^2}\mathrm{trace}(\boldsymbol{B}^{\mathrm{T}}\boldsymbol{B}\boldsymbol{\Sigma}_N^{-2})\\ &\text{s.t.}\quad |\boldsymbol{\Sigma}_N\boldsymbol{M}_N|_1\leqslant 1\end{aligned}$$

当上式取得最优解时，即等价于式(5.10)取得最优解。为简化推理过程，在式(5.10)中忽略了常数$\frac{2}{\varepsilon^2}$，实际计算时加上该常数即可。

$$\begin{aligned}&\min_{\boldsymbol{\Sigma}_N} f(\boldsymbol{\Sigma}_N)=\sum_{i=1}^{N}\frac{\boldsymbol{B}(:,i)^{\mathrm{T}}\boldsymbol{B}(:,i)}{\lambda_i^2}\\ &\text{s.t.}\quad \boldsymbol{M}_N^{\mathrm{T}}\begin{bmatrix}\lambda_1\\ \vdots\\ \lambda_N\end{bmatrix}\leqslant \boldsymbol{I}_{N\times 1}\\ &\lambda_i>0\end{aligned}\tag{5.10}$$

其中 $\boldsymbol{B}(:,i)$表示矩阵 $\boldsymbol{B}$ 的第 i 列。

由分析可知，式(5.10)是一个线性约束下的凸优化问题。针对该问题，可直接采用 SQP 方法[20]求得最优解。然而 SQP 方法是一种时间复杂度很高的算法，无法满足大规模数据的要求。实验表明，对于一般计算机，该方法最多只能满足 $N<1000$ 的求解规模。因此，需要进一步研究更快速的方法求得式(5.10)的最优解。

5.4.3　最小误差的快速求解

由于 SQP 方法的时间复杂度很高，对于大规模数据，对角阵 $\boldsymbol{\Sigma}_N$ 求解是无法完成的。因此，有必要对 $\boldsymbol{\Sigma}_N$ 的求解进一步优化，并提出高效的解决方案。利用 $\boldsymbol{M}_N$ 和 $\boldsymbol{B}$ 之间的特殊性质，本节提出一种高效的求解最小误差的算法——快速对角阵优化算法(Fast Diagonal Matrix Optimization Algorithm, FDA)。当 $N=2^m-1$ 时，该算法可以在 $O(\log N)$的时间复杂度下求解 $\boldsymbol{\Sigma}_N$ 的任意系数值λ_i。该算法与未使用$\boldsymbol{\Sigma}$前的方法有相当的求解效率，因此它保证了在不影响算法时间复杂度的前提下提高了隐私数据发布的精确性。该算法是基于以下定理提出的。

定理 5.4 令 $\boldsymbol{\Sigma}_N^*$ 表示 $\boldsymbol{\Sigma}_N$ 最优系数矩阵，则存在待定系数 α 使得 $\boldsymbol{\Sigma}_{2^m-1}^*$ 和 $\boldsymbol{\Sigma}_{2^{m-1}-1}^*$ 之间满足以下递推关系：

$$\boldsymbol{\Sigma}_{2^m-1}^* = \begin{pmatrix} \alpha\boldsymbol{\Sigma}_{2^m-1}^* & & \\ & 1-\alpha & \\ & & \boldsymbol{\Sigma}_{2^m-1}^* \end{pmatrix} \tag{5.11}$$

证明：对于矩阵 $\boldsymbol{B}_{2^m-1}$ 进一步分析，可发现它满足以下特性：令 $a<2^{m-1}$，$b=2^{m-1}+a$。将其写成二进制形式可以描述为：$a=(x_{m-2}x_{m-3}\cdots x_0)_2$ 和 $b=(1x_{m-2}x_{m-3}\cdots x_0)_2$。根据算法 5.2，不难发现 $\boldsymbol{B}_{2^m-1}(a,t)=1(t>0)$ 当且仅当 $\boldsymbol{B}_{2^m-1}(b,2^{m-1}+t)=1$。同时，由于 b 的 2^{m-1} 位为 1，因此 $\boldsymbol{B}_{2^m-1}(b,2^{m-1})=1$。

通过以上分析，可将 $\boldsymbol{B}_{2^m-1}$ 写成如下形式：

$$\boldsymbol{B}_{2^m-1} = \begin{pmatrix} \boldsymbol{B}_{2^{m-1}-1} & \boldsymbol{O}_{(2^{m-1}-1)\times 1} & \boldsymbol{O}_{(2^{m-1}-1)\times(2^{m-1}-1)} \\ \boldsymbol{O}_{1\times(2^{m-1}-1)} & 1 & \boldsymbol{O}_{1\times(2^{m-1}-1)} \\ \boldsymbol{O}_{(2^{m-1}-1)\times(2^{m-1}-1)} & \boldsymbol{I}_{(2^{m-1}-1)\times 1} & \boldsymbol{B}_{2^{m-1}-1} \end{pmatrix} \tag{5.12}$$

通过式(5.12)得

$$\begin{aligned}\boldsymbol{B}_{2^m-1}(:,b)^{\mathrm{T}}\boldsymbol{B}_{2^m-1}(:,b) &= \begin{pmatrix} \boldsymbol{O}_{(2^{m-1})\times 1} \\ \boldsymbol{B}_{2^{m-1}-1}(:,b-2^{m-1}) \end{pmatrix}^{\mathrm{T}} \begin{pmatrix} \boldsymbol{O}_{(2^{m-1})\times 1} \\ \boldsymbol{B}_{2^{m-1}-1}(:,b-2^{m-1}) \end{pmatrix} \\ &= \boldsymbol{B}_{2^{m-1}-1}(:,a)^{\mathrm{T}}\boldsymbol{B}_{2^{m-1}-1}(:,a)\end{aligned}$$

下面分析 $\boldsymbol{M}_{2^m-1}$ 与 $\boldsymbol{M}_{2^{m-1}-1}$ 之间的关系。

根据算法 5.4，有 $\boldsymbol{M}_{2^m-1}(t,a)=1(1\leqslant t\leqslant 2^{m-1}-1)$ 当且仅当 $\boldsymbol{M}_{2^m-1}(2^{m-1}+t,b)=1$，满足 $\forall\, 1\leqslant t\leqslant 2^{m-1}-1$，$\boldsymbol{M}_{2^m-1}(2^{m-1},t)=1$。

因此，将 $\boldsymbol{M}_{2^m-1}$ 与 $\boldsymbol{M}_{2^{m-1}-1}$ 写成如下递推关系：

$$\boldsymbol{M}_{2^m-1} = \begin{pmatrix} \boldsymbol{M}_{2^{m-1}-1} & \boldsymbol{O}_{(2^{m-1}-1)\times 1} & \boldsymbol{O}_{(2^{m-1}-1)\times(2^{m-1}-1)} \\ \boldsymbol{I}_{1\times(2^{m-1}-1)} & 1 & \boldsymbol{O}_{1\times(2^{m-1}-1)} \\ \boldsymbol{O}_{(2^{m-1}-1)\times(2^{m-1}-1)} & \boldsymbol{O}_{(2^{m-1}-1)\times 1} & \boldsymbol{M}_{2^{m-1}-1} \end{pmatrix} \tag{5.13}$$

令 $\boldsymbol{R}_N$ 表示 $\boldsymbol{\Sigma}_N$ 的对角线元素组成的列向量，$\boldsymbol{R}_N=(\lambda_1\quad\lambda_2\quad\cdots\quad\lambda_N)^{\mathrm{T}}$。当 $N=2^m-1$ 时，可将 $\boldsymbol{R}_{2^m-1}$ 拆分成 3 个部分：

$$\boldsymbol{R}_{2^m-1} = (\boldsymbol{R}_{2^m-1}^{(1)\mathrm{T}}\quad \lambda_{2^{m-1}}\quad \boldsymbol{R}_{2^m-1}^{(2)\mathrm{T}})^{\mathrm{T}} \tag{5.14}$$

其中，$\boldsymbol{R}_{2^m-1}^{(1)}=(\lambda_1\quad\lambda_2\quad\cdots\quad\lambda_{2^{m-1}-1})^{\mathrm{T}}$，$\boldsymbol{R}_{2^m-1}^{(2)}=(\lambda_{2^{m-1}+1}\quad\lambda_{2^{m-1}+2}\quad\cdots\quad\lambda_{2^m-1})^{\mathrm{T}}$。

对于式(5.10)，也可将其拆分为以下 3 个子部分：

$$\begin{aligned} f(R_{2^m-1}) = &\sum_{i=1}^{2^{m-1}-1}\frac{\boldsymbol{B}_{2^m-1}^{\mathrm{T}}(:,i)\boldsymbol{B}_{2^m-1}(:,i)}{\lambda_i^2} && ① \\ &+\frac{\boldsymbol{B}_{2^m-1}^{\mathrm{T}}(:,2^{m-1})\boldsymbol{B}_{2^m-1}(:,2^{m-1})}{\lambda_{2^{m-1}}{}^2} && ② \\ &+\sum_{i=1}^{2^{m-1}-1}\frac{\boldsymbol{B}_{2^m-1}^{\mathrm{T}}(:,i)\boldsymbol{B}_{2^m-1}(:,i)}{\lambda_{2^{m-1}+i}{}^2} && ③ \end{aligned}$$

令 $f^{(i)}(*)$ 分别表示这 3 个子部分，从而将上述表达式转换为 3 个子部分的和：

$$f(\boldsymbol{R}_{2^m-1}) = f^{(1)}(\boldsymbol{R}_{2^m-1}^{(1)}) + f^{(2)}(\lambda_{2^{m-1}}) + f^{(3)}(\boldsymbol{R}_{2^m-1}^{(2)})$$

而对于其限制条件，有 $\boldsymbol{M}_{2^m-1}^{\mathrm{T}}\boldsymbol{R}_{2^m-1}\leqslant\boldsymbol{I}_{(2^m-1)\times 1}$。依照式(5.13)和式(5.14)展开得

$$\begin{bmatrix} \boldsymbol{M}_{2^{m-1}-1}^{\mathrm{T}} \boldsymbol{R}_{2^m-1}^{(1)} + \lambda_{2^{m-1}} \boldsymbol{I}_{(2^{m-1}-1)\times 1} \\ \lambda_{2^{m-1}} \\ \boldsymbol{M}_{2^{m-1}-1}^{\mathrm{T}} \boldsymbol{R}_{2^m-1}^{(2)} \end{bmatrix} \leqslant \boldsymbol{I}_{(2^m-1)\times 1} \tag{5.15}$$

由式(5.15)可将限制条件分解成以下3个子条件：

$$\begin{cases} \boldsymbol{M}_{2^{m-1}-1}^{\mathrm{T}} \boldsymbol{R}_{2^m-1}^{(1)} \leqslant (1-\lambda_{2^{m-1}}) \boldsymbol{I}_{(2^{m-1})\times 1} & ① \\ \lambda_{2^{m-1}} \leqslant 1 & ② \\ \boldsymbol{M}_{2^{m-1}-1}^{\mathrm{T}} \boldsymbol{R}_{2^m-1}^{(2)} \leqslant \boldsymbol{I}_{(2^{m-1}-1)\times 1} & ③ \end{cases}$$

通过以上3个子限制条件，可知子条件①受限于子条件②中的 $\lambda_{2^{m-1}}$ 的取值。因此，先假设 $\lambda_{2^{m-1}}$ 为待定系数，令 $\lambda_{2^{m-1}}=1-\alpha(0<\alpha<1)$。

式(5.10)取最优时，子部分①满足：

$$f(\boldsymbol{R}_{2^m-1}^{*}) = \min_{\boldsymbol{\Sigma}_{2^m-1}} f(\boldsymbol{R}_{2^m-1}) \Rightarrow f^{(1)}(\boldsymbol{R}_{2^m-1}^{*(1)}) = \min_{\boldsymbol{\Sigma}_{2^m-1}} f^{(1)}(\boldsymbol{R}_{2^m-1}^{(1)})$$

$$\boldsymbol{M}_{2^m-1}^{\mathrm{T}} \boldsymbol{R}_{2^m-1} \leqslant \boldsymbol{I}_{(2^m-1)\times 1} \Rightarrow \boldsymbol{M}_{2^{m-1}-1}^{\mathrm{T}} \boldsymbol{R}_{2^m-1}^{(1)} \leqslant (1-\lambda_{2^{m-1}}) \boldsymbol{I}_{(2^{m-1})\times 1}$$

由于

$$\boldsymbol{M}_{2^{m-1}-1}^{\mathrm{T}} \boldsymbol{R}_{2^m-1}^{(1)} \leqslant \alpha \boldsymbol{I}_{(2^{m-1})\times 1} \Leftrightarrow \boldsymbol{M}_{2^{m-1}-1}^{\mathrm{T}} \left(\frac{1}{\alpha} \boldsymbol{R}_{2^m-1}^{(1)}\right) \leqslant \boldsymbol{I}_{(2^{m-1})\times 1}$$

因此，令 $\mu_i=\frac{1}{\alpha}\lambda_i$，$\boldsymbol{Q}_N=\frac{1}{\alpha}\boldsymbol{R}_N=(\mu_1 \quad \mu_2 \quad \cdots \quad \mu_N)$，并将其代入式(5.10)的子部分①后有

$$\begin{aligned} f^{(1)}(\boldsymbol{R}_{2^m-1}^{(1)}) &= \sum_{i=1}^{2^{m-1}-1} \frac{\boldsymbol{B}_{2^m-1}^{\mathrm{T}}(:,i)\boldsymbol{B}_{2^m-1}(:,i)}{\lambda_i{}^2} = \frac{1}{\alpha^2} \sum_{i=1}^{2^{m-1}-1} \frac{\boldsymbol{B}_{2^m-1}^{\mathrm{T}}(:,i)\boldsymbol{B}_{2^m-1}(:,i)}{(\mu_i)^2} \\ &= \frac{1}{\alpha^2} f^{(1)}(\boldsymbol{Q}_{2^m-1}^{(1)}) \end{aligned}$$

通过以上分析，可将式(5.10)的子部分①的问题描述如下：

$$\begin{aligned} &\text{opt}: \min_{\boldsymbol{Q}_{2^m-1}^{(1)}} \frac{1}{\alpha^2} f^{(1)}(\boldsymbol{Q}_{2^m-1}^{(1)}) \Leftrightarrow \text{opt}: \min_{\boldsymbol{Q}_{2^m-1}^{(1)}} f^{(1)}(\boldsymbol{Q}_{2^m-1}^{(1)}) \\ &\text{s. t.} \quad \boldsymbol{M}_{2^{m-1}-1}^{\mathrm{T}} (\boldsymbol{Q}_{2^m-1}^{(1)}) \leqslant \boldsymbol{I}_{(2^{m-1})\times 1} \\ &\mu_i > 0 \end{aligned}$$

将 $\boldsymbol{Q}_{2^m-1}^{(1)}$ 用 $\boldsymbol{R}_{2^{m-1}-1}$ 代入，则问题等价于求解 $\boldsymbol{R}_{2^{m-1}-1}^{*}$，即 $\boldsymbol{\Sigma}_{2^{m-1}-1}^{*}$。由此可得 $\boldsymbol{Q}_{2^m-1}^{*(1)}=\boldsymbol{R}_{2^{m-1}-1}^{*}=\frac{1}{\alpha}\boldsymbol{R}_{2^m-1}^{*(1)}$，即 $\boldsymbol{R}_{2^m-1}^{*(1)}=\alpha\boldsymbol{R}_{2^{m-1}-1}^{*}$。

而式(5.10)的子部分③可看成是 $\alpha=1$ 的特殊情况。因此，可以得出 $\boldsymbol{R}_{2^m-1}^{*(2)}=\boldsymbol{R}_{2^{m-1}-1}^{*}$。

综上所述，式(5.11)成立。

定理5.4得证。

由定理5.4，可得形如式(5.10)的 $\boldsymbol{\Sigma}_N^{*}$ 递推关系，从而可由 $\boldsymbol{\Sigma}_{2^{m-1}-1}^{*}$ 的结果来求解关于 $\boldsymbol{\Sigma}_{2^m-1}^{*}$ 的最优结果。

假设已经求得 $N=2^{m-1}-1$ 下的最小均方误差 $\text{err}_{m-1}=\min\limits_{\boldsymbol{\Sigma}_{2^{m-1}-1}} f(\boldsymbol{\Sigma}_{2^{m-1}-1})$ 及 $\boldsymbol{\Sigma}_{2^{m-1}-1}^{*}$。将上述问题转化为关于 α 的最优化问题：

$$\text{opt}: \mathrm{h}(\alpha) = \min_{\alpha}\left(\frac{\text{err}_{m-1}}{\alpha^2} + \frac{2^{m-1}}{(1-\alpha)^2}\right) + \text{err}_{m-1}$$

$$\text{s.t.}\quad 0<\alpha<1 \tag{5.16}$$

定理 5.5 当且仅当 $\alpha=\frac{\sqrt[3]{\mathrm{err}_{m-1}}}{\sqrt[3]{\mathrm{err}_{m-1}}+\sqrt[3]{2^{m-1}}}$时，$h(\alpha)$取得最小值，$h(\alpha)$最小值为$(\sqrt[3]{\mathrm{err}_{m-1}}+\sqrt[3]{2^{m-1}})^3+\mathrm{err}_{m-1}$。

证明：首先对 $h(\alpha)$进行求导，得

$$h'(\alpha)=-2\frac{\mathrm{err}_{m-1}}{\alpha^3}+2\frac{2^{m-1}}{(1-\alpha)^3} \tag{5.17}$$

令 $h'(\alpha)=0$，求得$\frac{\alpha^3}{(1-\alpha)^3}=\frac{\mathrm{err}_{m-1}}{2^{m-1}}$。

令 $g(\alpha)=\frac{\alpha^3}{(1-\alpha)^3}$。由于 α^3 单调递增，$(1-\alpha)^3$ 单调递减，因此 $g(\alpha)$单调递增。同时 $g(0)=0$，$g(1)=+\infty$，因此 $g(\alpha)=\frac{\mathrm{err}_{m-1}}{2^{m-1}}$必有解，且唯一。

而 $\alpha=\frac{\sqrt[3]{\mathrm{err}_{m-1}}}{\sqrt[3]{\mathrm{err}_{m-1}}+\sqrt[3]{2^{m-1}}}$满足 $g(\alpha)=\frac{\mathrm{err}_{m-1}}{2^{m-1}}$。因此 $\alpha=\frac{\sqrt[3]{\mathrm{err}_{m-1}}}{\sqrt[3]{\mathrm{err}_{m-1}}+\sqrt[3]{2^{m-1}}}$为 $h'(\alpha)=0$ 的唯一解。满足 $h\left(\frac{\sqrt[3]{\mathrm{err}_{m-1}}}{\sqrt[3]{\mathrm{err}_{m-1}}+\sqrt[3]{2^{m-1}}}\right)=\min\limits_{\alpha}h(\alpha)$。

然后将 $\alpha=\frac{\sqrt[3]{\mathrm{err}_{m-1}}}{\sqrt[3]{\mathrm{err}_{m-1}}+\sqrt[3]{2^{m-1}}}$代入，得

$$\begin{aligned}h\left(\frac{\sqrt[3]{\mathrm{err}_{m-1}}}{\sqrt[3]{\mathrm{err}_{m-1}}+\sqrt[3]{2^{m-1}}}\right)&=\sqrt[3]{\mathrm{err}_{m-1}}\,(\sqrt[3]{\mathrm{err}_{m-1}}+\sqrt[3]{2^{m-1}})^2+\sqrt[3]{2^{m-1}}\,(\sqrt[3]{\mathrm{err}_{m-1}}+\sqrt[3]{2^{m-1}})^2+\mathrm{err}_{m-1}\\&=(\sqrt[3]{\mathrm{err}_{m-1}}+\sqrt[3]{2^{m-1}})^3+\mathrm{err}_{m-1}\end{aligned}$$

定理 5.5 证明完毕。

因此，从以上结论可以得出以下关于均方误差 err_m 的递推公式：

$$\mathrm{err}_m=\begin{cases}1, & m=1\\(\sqrt[3]{\mathrm{err}_{m-1}}+\sqrt[3]{2^{m-1}})^3+\mathrm{err}_{m-1}, & m>1\end{cases}$$

由该结果进一步推导出优化后的均方误差：

$$\mathrm{err}_{\mathrm{FDA}}(2^m-1)=\frac{2}{\varepsilon^2}\mathrm{err}_m \tag{5.18}$$

记 $N=2^{m-1}-1$ 时的迭代优化变量为 α_m，则由式(5.18)可得 $\alpha_m=\frac{\sqrt[3]{\mathrm{err}_{m-1}}}{\sqrt[3]{\mathrm{err}_{m-1}}+\sqrt[3]{2^{m-1}}}$。而根据 $\alpha_i(1\leqslant i\leqslant m)$即可求得 $\boldsymbol{\Sigma}_m$ 中所有 λ_k 的值。具体计算步骤如算法 5.4 所示。

算法 5.4 求解最优对角阵系数 $\lambda_k=\mathrm{coef}(k,m)$

输入：系数的标号 k，数据规模 m

输出：λ_k 的值

1. $\lambda_k\leftarrow 1$;　　　　　　　　//初始化 λ_k
2. $\mathrm{kt}\leftarrow k, t\leftarrow m; \mathrm{div}\leftarrow 2^{m-1}$;　　　//div 表示子问题的分割中点
3. while　$\mathrm{div}\neq \mathrm{kt}$

4. if kt<div then $\lambda_k \leftarrow \lambda_k * \alpha_t$;
5. if div<kt then kt←kt−div;
6. div←$\frac{\text{div}}{2}$;$t \leftarrow t-1$; //更新子问题
7. wend
8. $\lambda_k \leftarrow \lambda_k * (1-\alpha_t)$;
9. return λ_k

通过算法 5.4 的步骤 6 可知，每次迭代过程都会使 div 除以 2，因此，算法 5.4 的时间复杂度为 $O(\log N)$。

基于上述理论，本章提出了完整的快速对角阵优化算法，如算法 5.5 所示。该算法利用 $\phi_{\text{lowbit}(t)}$ 代替了 c_t 进行优化，以达到空间重复利用的效果，进一步提高了效率。

算法 5.5 快速对角阵优化算法 FDA

输入：连续发布的上限 $T \in 2^m-1$，数据增量 $a_i(1 \leqslant i \leqslant T)$，隐私预算 ε

输出：每次的发布结果 $\tilde{s}_t(1 \leqslant t \leqslant T)$

1. for $t=1$ to T do //循环每次发布过程
2. $p \leftarrow \log_2(\text{lowbit}(t))$;
3. $\phi_p \leftarrow a_i + \sum_{i=0}^{p-1} \phi_i$; // 更新实际统计量
4. for $i=1$ to $p-1$ do $\phi_i=0$;
5. $\lambda_t \leftarrow \text{coef}(t,m)$; //用算法 5.4 计算系数
6. $\tilde{\phi}_1 \leftarrow \lambda_t * \phi_p + \frac{\tilde{L}_1}{\varepsilon}$; //添加噪声
7. $k \leftarrow t, \tilde{s}_t \leftarrow 0$; //初始化发布值
8. while $k>0$
9. $q \leftarrow \log_2(\text{lowbit}(k))$;
10. $\lambda_k \leftarrow \text{coef}(k,m)$
11. $\tilde{s}_t \leftarrow \tilde{s}_t + \tilde{\phi}_q / \lambda_k$
12. output $\tilde{s}_t$; //发布隐私数据
13. $k \leftarrow k-\text{lowbit}(k)$;
14. wend
15. end for

5.4.4 优化效果分析

针对 5.4.3 节所提出的 FDA 算法，本节对优化前后的均方误差进行对比，从而对优化效果进行评估。

考虑数据量 $N=2^m-1$ 的情况。根据递推公式(5.18)，可以据此定量求出优化后的均方误差err_{opt}；同时，结合定理 5.2 与矩阵 $\boldsymbol{B}$ 的性质，可推导出优化前的均方误差err_{org}的递推公式：

$$\begin{cases}\mathrm{err}_m = \begin{cases}1, & m=1\\ 2\mathrm{err}_{m-1}+2^{m-1}, & m>1\end{cases}\\ \mathrm{err}_{\mathrm{org}}(N)=\dfrac{2m^2}{\varepsilon^2}\mathrm{err}_m\end{cases} \tag{5.19}$$

根据式(5.18)及式(5.19)，本节分别求出在不同规模下两者的均方误差，同时求出了它们均方误差之比 $r=\mathrm{err}_{\mathrm{org}}/\mathrm{err}_{\mathrm{FDA}}$ 来表示优化策略的优化效果，结果如图 5.1 所示。

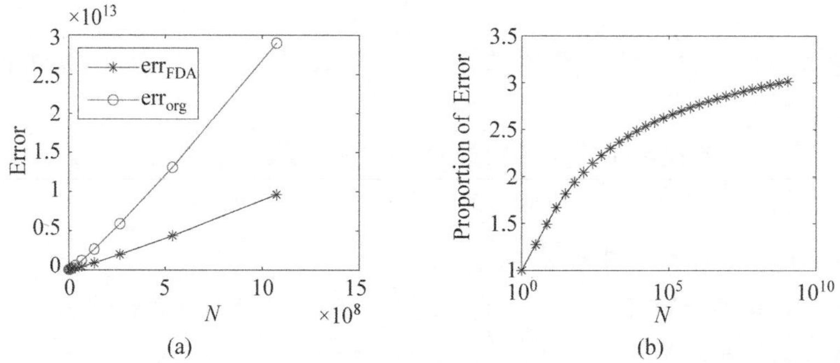

图 5.1　改进前后的比较

通过两者的对比可发现，无论多大规模的数据量，优化后的方法的均方误差总是小于优化前的方法，说明优化后的数据精确性取得了较大的改善。而从图 5.1(b)可以发现，两者的均方误差之比呈单调递增曲线，说明 N 取值越大，FDA 算法的效果越好。

5.4.5　实验结果与分析

为了测试 FDA 算法的效果，本节主要在差分隐私下进行数据发布的精确性做出分析。首先，本节将 5.1 节中提到的一种连续数据发布的朴素方法(以下简称朴素方法)[15]与 FDA 算法进行比较，以此来论证本章所提出的方法是有效的。其次，本节将 FDA 算法与基于二叉树的次数受限的连续数据发布方法(以下简称 BM 方法)[15]进行对比，以说明本章所提出的方法能够提高连续数据发布问题的精确性。由于静态数据发布问题是连续数据发布问题的一种特例。因此，FDA 算法也能应用于静态数据发布。为了说明 FDA 算法在静态数据发布领域也是有效的，本节将其应用于静态数据发布，与目前比较成熟的基于一致性优化区间树方法(Boost)和小波变换方法(Privelet)进行对比。

很显然，本节涉及的隐私保护模型发布数据的精确性与实际数据具有相对独立性。为了能进行更大规模的实验测试，本节主要采用虚拟数据进行实验，同时结合各个方法已有的理论分析，以保证实验的准确性。本次实验的环境为奔腾双核 CPU T4200 2.00GHz 的计算机。实验所使用的语言为 C++ 和 Matlab。由于实验过程中 ε 的取值不会对实验的结果产生重大影响，试验中都统一将 ε 设置为 1。即满足 1-差分隐私。另外，为了确保实验的结果符合实际的误差期望，本节的各实验均进行了 500 次重复，然后取这些实验结果的平均作为最终的实验结果。

1. 与朴素方法的对比实验结果与分析

实验在模拟数据规模为 4095 的数据集下对 FDA 算法和朴素方法的效果进行对比分

析。实验结果如图 5.2 及图 5.3 所示。图 5.2 展示了 FDA 算法和朴素方法每次发布数据的均方误差结果，图 5.3 展示了两者的均方误差之比 $r=\text{err}_{\text{simple}}/\text{err}_{\text{FDA}}$ 以体现两者的效果差距。该比值越高，说明 FDA 算法与朴素方法相比效果越好。

由图 5.2 可发现朴素方法所产生的均方误差以直线方式增长；而 FDA 算法产生的均方误差随着更新次数的增长呈上下波动的图像，均方误差并不随着更新次数的增长而增长。其结果是：经过一段时间的数据发布，朴素方法由于均方误差增长过快而失去可用性，而 FDA 算法的均方误差仍维持在一个可控范围内。图 5.3 表明，当更新次数增多时，朴素方法在发布初期误差更低，而在数据发布达到一定次数后，FDA 算法的误差则远低于朴素方法。从图 5.3 中可以发现，数据发布 400 次后，FDA 算法的精确性将远好于朴素方法。

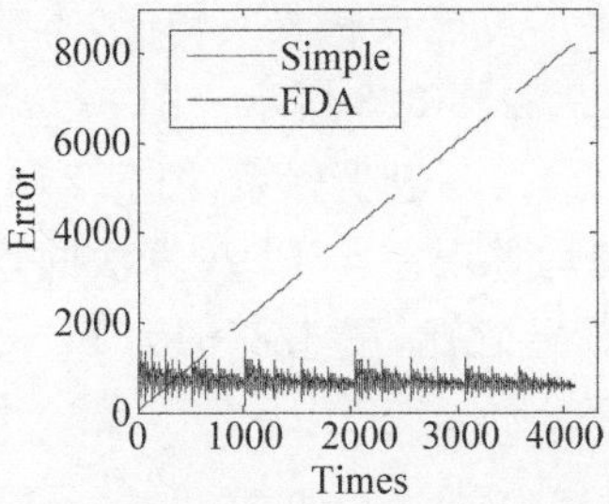

图 5.2　朴素方法与 FDA 算法的均方误差

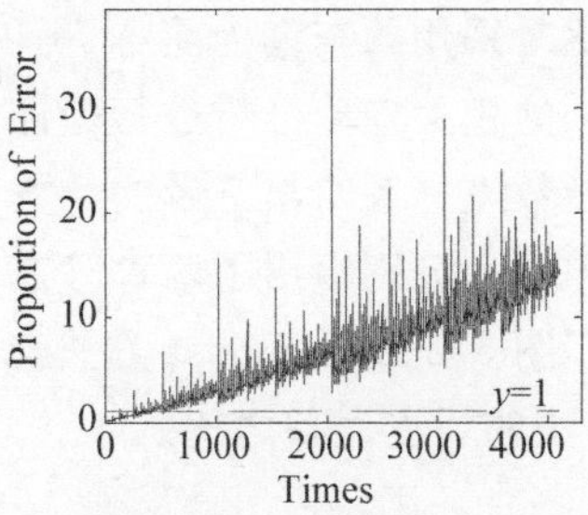

图 5.3　朴素方法与 FDA 算法的均方误差比

2. 与基于二叉树方法的对比实验结果与分析

本实验采用与上一个实验相同的数据集对 BM 方法与 FDA 算法的效果进行对比分析，实验结果如图 5.4 至图 5.6 所示。图 5.4 是利用 BM 方法进行数据连续发布时的均方误差，图 5.5 是 FDA 算法所产生的均方误差，图 5.6 则取两者的均方误差之比 $r=\text{err}_{\text{BM}}/\text{err}_{\text{FDA}}$ 以比较两者的效果。

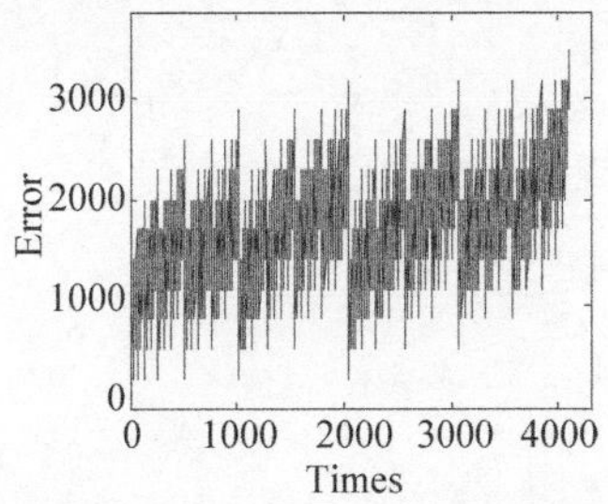

图 5.4　BM 方法的均方误差

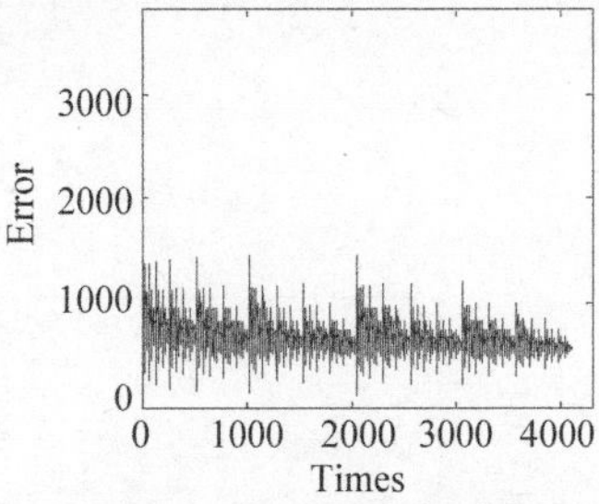

图 5.5　FDA 算法的均方误差

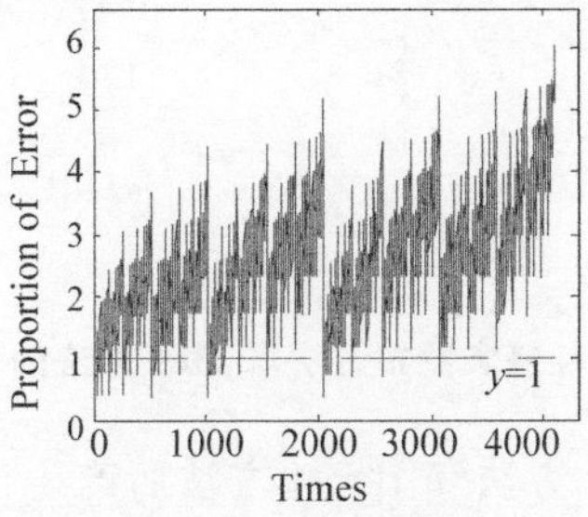

图 5.6　BM 方法与 FDA 算法的均方误差比

由图 5.6 可以看出，在绝大多数情况下，FDA 算法所发布的数据比 BM 方法更加精确。这说明了相比于 BM 方法，FDA 算法在精确性上取得了较大的提高。由图 5.6 可知，两者的均方误差之比集中在 2～4 的范围内，最高可达 6。而比较图 5.4 和图 5.5 可知，通过 FDA 算法发布的数据产生的均方误差更加集中，而 BM 方法发布的数据产生的均方误差波动幅度较大，这从侧面说明了 FDA 算法发布的数据更加稳定。

3. 与静态数据发布方法的对比实验结果与分析

本实验对 FDA 算法与两种静态发布方法（Boost，Privelet）进行了对比。实验采用的虚拟数据为离线数据，数据集规模为 $N=2^m$，$m=1,2,\cdots,25$；而 FDA 算法则减少一个数据点进行实验以符合算法本身的要求。由于本章主要描述了差分隐私下的连续数据发布问题，因此在对比时采用的查询为前 N 项和。为保证实验结果尽可能反映真实情况，本节结合文献[7,8,21]的相关理论分析进行验证。实验结果如图 5.7 和图 5.8 所示。图 5.7 用一般坐标系以及指数坐标系给出三者的均方误差，其中，图 5.7(a)为一般坐标系，图 5.7(b)为指数坐标系。图 5.8 分别给出了两种静态发布方法所产生的均方误差与 FDA 算法的均方误差之比，其中，图 5.8(a)为 Boost 方法与 FDA 算法的均方误差之比，图 5.8(b)为 Privelet 方法与 FDA 算法的均方误差之比。

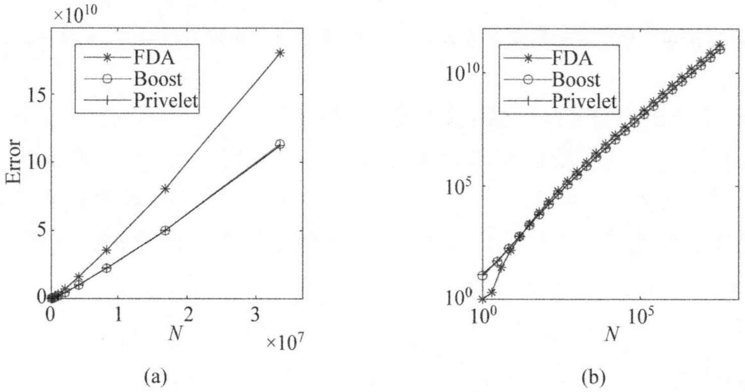

图 5.7　3 种方法的均方误差对比

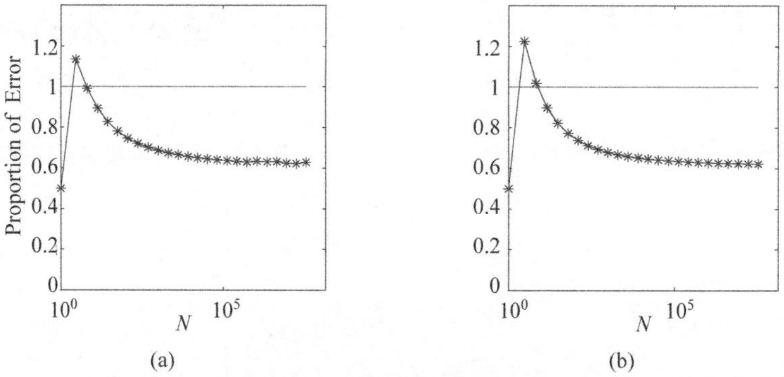

图 5.8　两种静态发布方法与 FDA 算法的均方误差比

由图 5.7 可以看出，Privelet 方法和 Boost 方法所产生的均方误差相当，且都低于 FDA

算法。然而，从图 5.8 可以看出，FDA 算法在静态数据发布领域与这两者之间的精确性差距是有限的，并且稳定在一定的数值范围内。从图 5.8 可以看出，FDA 算法的精确性大约为其他两种方法的 0.625 倍，这说明了 FDA 算法在静态数据发布领域也能有效地发布数据，但是在发布的精确性方面不如专门发布静态数据的方法。

5.5　本章小结

本章阐述了一种可快速且精确处理差分隐私下数据连续发布问题的算法——FDA 算法。通过理论分析和实验对比表明，该算法极大地改善了现有的连续数据发布方法的精确性，并且具有发布大规模数据的能力。然而，在静态数据发布领域，该算法目前还未能超越已有的成熟方法，说明 FDA 算法还有进一步提高的空间。

同时，由于 FDA 算法是针对一般连续数据发布问题提出的改进方法，因此，该算法可以进一步应用于连续数据发布算法的拓展性问题，例如基于滑动窗口的流数据保护问题[22]、衰减累加的隐私保护问题[23]、无限数据流问题[24]等，从而进一步提高这些方法的效果。而这也说明了本章所提出的 FDA 算法具有较强的应用价值。

参考文献

[1] De Montjoye Y A, Hidalgo C A, Verleysen M, et al. Unique in the CROWD: The Privacy Bounds of Human Mobility[J]. Scientific Reports, 2013, 3.

[2] Dwork C. Differential Privacy[C]. Proceedings of the 33rd International Colloquium on Automata, Languages and Programming (ICALP). Venice, Italy, 2006: 1-12.

[3] Dwork C. Differential Privacy: A Survey of Results[C]. Proceedings of the 5th International Conference on Theory and Applications of Models of Computation (TAMC). Xi'an, China, 2008: 1-19.

[4] Dwork C. Lei J. Differential Privacy and Robust Statistics[C]. Proceedings of the 41st Annual ACM Symposium on Theory of Computing (STOC). Bethesda, MD, USA, 2009: 371-380.

[5] Acs G, Chen R. Differentially Private Histogram Publishing through Lossy Compression[C]. Proceedings of the 11th IEEE International Conference on Data Mining (ICDM), Brussels, Belgium, 2012: 84-95.

[6] Xu J, Zhang Z, Xiao X, et al. Differentially Private Histogram Publication[C]. Proceedings of IEEE 28th International Conference on Data Engineering(ICDE), Washington, DC, USA, 2012: 32-43.

[7] Hay M, Rastogi V, Miklau G, et al. Boosting the Accuracy of Differentially Private Histograms through Consistency[C]. Proceedings of the 36th Conference of Very Large Databases (VLDB), Istanbul, Turkey, 2010: 1021-1032.

[8] Xiao X, Xiong L, Yuan C. Differential Privacy via Wavelet Transforms[J]. IEEE Transactions on Knowledge and Data Engineering (TKDE), 2011, 23(8): 1200-1214.

[9] Cormode G, Procopiuc M, Shen E, et al. Dierentially Private Spatial Decompositions[C]. Proceedings of IEEE 28th International Conference on Data Engineering (ICDE). Washington, DC, USA, 2012: 20-31.

[10] Qardaji W. H, Yang W, Li N. Differentially Private Grids for Geospatial Data[C]. Proceedings of IEEE 29th International Conference on Data Engineering (ICDE). Brisbane, Australia, 2013: 757-768.

[11] Smith A. Privacy-preserving Statistical Estimation with Optimal Convergence rate[C]. Proceedings on 43th Annual ACM Symposium on Theory of Computing (STOC). 2011: 813-822.

[12] Zhang J, Zhang Z, Xiao X, et al. Functional Mechanism: Regression Analysis under Differential Privacy[C]. Proceedings of the 38th Conference of Very Large Databases(VLDB). Istanbul, Turkey, 2012: 1364-1375.

[13] Sweeney L. *k*-anonymity: A Model for Protecting Privacy[J]. International Journal on Uncertainty, Fuzziness and Knowledge Based System, 2002, 10(5): 557-570.

[14] Machanavajjhala A, Gehrke J, Kifer D, et al. *l*-diversity: Privacy beyond *k*-anonymity [C]. Proceedings of the 22nd International Conference on Data Engineering (ICDE). Atlanta, Georgia, USA, 2006: 24-35.

[15] Chan T, Shi E, Song D. Private and Continual Release of Statistics[C]. TISSEC, 2011, 14(3): 26.

[16] Li C, Hay M, Rastogi V, et al. Optimizing Linear Counting Queries under Differential Privacy[C]. Proceedings of the 41st Annual ACM Symposium on Theory of Computing (PODS). Bethesda, MD, USA, 2010: 123-134.

[17] Yuan G, Zhang Z, Winslett M, et al. Low-rank Mechanism: Optimizing Batch Queries under Differential Privacy[C]. Proceedings of VLDB Endowment (PVLDB). 2012, 5(11): 1352-1363.

[18] Dwork C, McSherry F, Nissim F, et al. Calibrating Noise to Sensitivity in Private Data Analysis[C]. Proceedings of the 3rd Theory of Cryptography Conference (TCC). New York, USA, 2006: 363-385.

[19] Fenwick P. A New Data Structure for Cumulative Frequency Tables[J]. Software: Practice and Experience, 1994, 24(3): 327-336.

[20] Boyd S, Vandenberghe L. Convex Optimization[M]. Cambridge University Press, 2004.

[21] Qardaji W, Yang W, Li N. Understanding Hierarchical Methods for Differentially Private Histograms[C]. Proceedings of the VLDB Endowment, Vol. 6, No. 14. Riva del Garda, Trento, Italy, 2013.

[22] Cao J, Xiao Q, Ghinita G, et al. Efficient and Accurate Strategies for Differentially Private Sliding Window Queries[C]. EDBT, 2013.

[23] Bolot J, Fawaz N, Muthukrishnan S, et al. Ta Private Decayed Predicate Sums on Streams[C]. ICDT, 2013.

[24] Kellaris G, Papadopoulos S, Xiao X. Papadias: Differentially Private Event Sequences over Infinite Streams[J]. PVLDB 7(12): 1155-1166 (2014).

第6章 指数衰减模式下的差分隐私连续数据发布

6.1 引言

近年来，在许多实际应用场景中，人们常常关注某一特定数据在某个时间段的统计结果，例如医疗记录中最近一个月的就诊数量，某产品交易数据中某个季度或某几个月的成交数量。这些统计结果的获得均以连续数据在某种意义下的实时计数值发布作为科学依据。然而，数据的发布在满足可用性的同时不可避免地存在泄露用户个人隐私信息的风险[1]。

为此，近年来一些研究人员基于差分隐私[2-5]保护模型对该类数据统计发布问题进行了研究[6-10]。Dwork 等人[6]提出了利用分段计数的发布方法，实现对单条记录从时刻 1 到当前时刻 t 的计数值总和进行连续数据发布。Chan 等人[7]提出了利用二叉树结构的发布方法，实现了查询精度和算法效率的进一步提升。Cao 等人[8]在系统运行前，对预先定义的查询集合进行统计分析，以实现对特定用户批量范围查询进行回答并优化查询精度。文献[9]则采用滑动窗口机制和划分等方法，提供了滑动窗口内计数值总和发布和从时刻 1 开始的连续数据计数值总和发布等。在以上研究的问题背景中，数据项均不带有权重。然而，一些实际应用往往更注重对近期数据的统计发布，而对历史数据的关注度较低，这是由于近期事件的统计监测与其目的相关性更强。为解决该问题，一种直接的方法就是使得数据项带有权重，距离当前时刻越近，则权重越大。Bolot 等人[10]提出了权重衰减下的差分隐私流数据统计发布方法，利用区间树结构对指数衰减模式下的滑动窗口内统计值加权累和进行统计发布。然而，文献[10]中使用的基于区间树的发布方法未能充分利用连续统计发布中查询间的关联性来进一步提高数据的发布精度。本章将使用矩阵机制来处理连续统计发布中的关联性查询，构造相应的负载矩阵，设计出高效的指数衰减模式下的差分隐私连续数据发布算法，在提高数据发布质量的同时，可有效满足数据发布的时空复杂度要求。

6.2 基础知识与问题提出

Dwork 等人首次提出了差分隐私模型[2]，该模型是一种强健的隐私保护框架，通过降低数据集中一条记录的变更对查询结果的影响，使得攻击者即使知道了除某条记录外的所有记录信息，也无法准确获得该条记录中的敏感信息。

在差分隐私保护模型中，对兄弟数据集概念定义如下。

定义 6.1（兄弟数据集） 给定数据集 $\boldsymbol{D}$、$\boldsymbol{D}'$，当两个数据集只有一条记录不同时，即

$$||\boldsymbol{D}|-|\boldsymbol{D}'||=1 \tag{6.1}$$

则称 $\boldsymbol{D}$、$\boldsymbol{D}'$为兄弟数据集，其中$|D|$、$|D'|$表示数据集中记录的数量。

在兄弟数据集的定义基础上，Dwork 给出了 ε-差分隐私的定义。

定义 6.2（ε-差分隐私[2]） 对于任意给定的两个兄弟数据集 $\boldsymbol{D}_1$、$\boldsymbol{D}_2$，若发布算法 A 对这两个兄弟数据集的所有可能输出 $O\subseteq \text{range}(A)$ 均满足

$$\Pr(A(\boldsymbol{D}_1)\in O)\leqslant e^{\varepsilon}\times\Pr(A(\boldsymbol{D}_2)\in O) \tag{6.2}$$

则称算法 A 满足 ε-差分隐私。

定义 6.3（敏感度） 对某数据库中的数据集 $\boldsymbol{D}$ 和 $\boldsymbol{D}'$分别进行统计，得到两组由列向量表示的统计结果：

$$Q(\boldsymbol{D})=(x_1,x_2,\cdots,x_N)^{\mathrm{T}},\quad Q(\boldsymbol{D}')=(x_1',x_2',\cdots,x_N')^{\mathrm{T}}$$

那么查询集合 Q 的敏感度 Δ_Q 满足以下定义：

$$\Delta_Q=\max\ \|Q(\boldsymbol{D})-Q(\boldsymbol{D}')\|_1$$

其中 x_i 表示查询的结果。

矩阵机制[11-12]是一种在线性计数查询模型上进行差分隐私数据统计发布的方法，并且具有成熟的理论框架。给定一个负载矩阵 $\boldsymbol{W}$，其中包含多条线性计数查询，通过寻找最优策略矩阵 $\boldsymbol{L}$ 来提高负载矩阵查询结果的精度。

矩阵机制将负载矩阵 $\boldsymbol{W}$ 表示成两个矩阵 $\boldsymbol{B}$、$\boldsymbol{L}$ 相乘的形式，即 $\boldsymbol{W}=\boldsymbol{BL}$。其中 $\boldsymbol{L}$ 为最优策略矩阵，先通过矩阵 $\boldsymbol{L}$ 对原始数据进行基变换，并在变换的结果上添加独立噪声，再通过矩阵 $\boldsymbol{B}$ 转换为最终的查询结果。矩阵机制的公式表示如下：

$$A_L(\boldsymbol{W},\boldsymbol{X})=\boldsymbol{B}\left(\boldsymbol{LX}+\frac{\Delta_L}{\varepsilon}\boldsymbol{Lap}_N\right) \tag{6.3}$$

矩阵机制的均方误差由下式[12]表示：

$$\text{error}_{\boldsymbol{L}}(\boldsymbol{W})=\frac{2}{\varepsilon^2}\text{trace}(\boldsymbol{B}^{\mathrm{T}}\boldsymbol{B})\Delta_L^2 \tag{6.4}$$

矩阵机制中添加的 Laplace 噪声规模为策略矩阵的 1-范数，由文献[11]中的结论可得其满足 ε-差分隐私。本章将采用与矩阵机制相同的加噪方法。

加权连续统计发布是指：设当前用户的查询范围为 $[1,t]$，随着时间的增长，每个数据项在查询结果中的权重会产生变化，进而对结果产生影响。查询结果可用如下公式表示：

$$\text{result}(t)=\sum_{i=1}^{t}(w_iC_i) \tag{6.5}$$

在式(6.5)中，w_i 表示编号为 i 的节点的查询权重，t 表示当前的时刻。如图 6.1 所示，

分别将各个时间节点上的统计值加上独立 Laplace 噪声，并与权重相乘，而后进行数据发布。然而，由于原始值与加噪值之间存在噪声误差，随着时间 t 的增长，大范围的连续计数查询会累积大量噪声，降低数据发布精度。

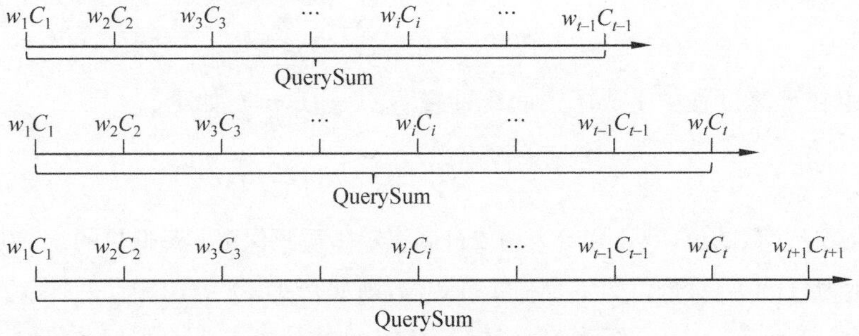

图 6.1　噪声累加问题

为解决上述问题，本章首先将加权连续统计发布查询转化为负载矩阵 $\boldsymbol{W}$，进而利用矩阵机制处理连续统计发布查询间的关联性以提高其发布精度。在指数衰减模式中，其权重变换可以表示为如下公式：

$$w_i = p^{t-i} \tag{6.6}$$

其中，t 表示当前时刻；w_i 表示当前时刻的权重，随着发布时刻距离当前时刻越远，则其权重越小；$p \in (0,1)$为衰减因子，影响权重衰减的速度。

基于权重衰减公式(6.6)，可得到相应的负载矩阵 $\boldsymbol{W}$：

$$\boldsymbol{W}_p = \begin{pmatrix} 1 & 0 & 0 & \cdots \\ p & 1 & 0 & \cdots \\ p^2 & p & 1 & \cdots \\ \vdots & \vdots & \vdots & \ddots \end{pmatrix} \tag{6.7}$$

6.3　指数衰减模式下的差分隐私连续数据发布

在数据连续统计发布中，每两次发布之间都具有相关性，若将其转换为矩阵表示，则可以通过矩阵机制利用查询的相关性来提升发布精度。为实现连续数据的有效发布，首先应结合连续数据特性构造相应的策略矩阵。

6.3.1　策略矩阵构造

在指数衰减模式下的差分隐私连续数据发布中，数据是在发布过程中动态产生的，未来的数据无法预先得知，且两次发布之间存在相关性，因此只能通过当前数据和历史数据来优化查询结果。这一特征反映到矩阵机制时，就要求矩阵机制所构造的策略矩阵 $\boldsymbol{L}$ 为下三角矩阵，且对角线以上元素均为 0，从而保证与当前发布时刻相关的数据只有历史数据及当前的数据。同时，为使发布数据更具可用性，应将误差期望控制在一定范围内，可借鉴 Boost[13] 的均方误差期望 $O(\log_2^3 N)$，构造的策略矩阵应使得噪声带来的均方误差不高于 $O(\log_2^3 N)$。经研究发现，若利用树状数组进行策略矩阵构造，可使所构造的策略矩阵满足下三角满秩特性，同时满足要求的误差期望。

树状数组是一个查询和修改复杂度都为 $O(\log_2 N)$ 的数据结构，对于给定的 r，可以快速求得区间 $[1,r]$ 的和值。设区间 $[1,r]$ 的和为 $\mathrm{Sum}(r)$，即

$$\mathrm{Sum}(r) = \sum_{j=1}^{r} D_j$$

树状数组在计算过程中生成了中间统计量 $S_i(i \in [1,r])$，如下：

$$S_i = \sum_{j=i-\mathrm{lowbit}(i)+1}^{i} D_j \quad (i = 1,2,\cdots,r) \tag{6.8}$$

其中，D_j 表示第 j 个数的值，$\mathrm{lowbit}(x)$ 为用二进制表示 x 后只保留其最低位的 1。以 $x=12$ 为例，其二进制表示为 $(1100)_2$，最低位的 1 为右数第 3 位，则 $\mathrm{lowbit}(x)=(0100)_2=(4)_{10}$。通过补码性质可知，$\mathrm{lowbit}(x)=x\&(-x)$。而后，树状数组通过中间统计量 S_i 得到区间和值如下：

$$\mathrm{Sum}(r) = \sum_{i=\lfloor \log_2 \mathrm{lowbit}(r) \rfloor}^{\lfloor \log_2 r \rfloor} S_{r-r\bmod i} \tag{6.9}$$

树状数组生成中间变量的过程可以通过矩阵与向量相乘的形式表示，当 $r=7$ 时，其表示形式如下：

$$\boldsymbol{S} = \boldsymbol{L} \times \boldsymbol{D} = \begin{pmatrix} 1 & 0 & 0 & 0 & 0 & 0 & 0 \\ 1 & 1 & 0 & 0 & 0 & 0 & 0 \\ 0 & 0 & 1 & 0 & 0 & 0 & 0 \\ 1 & 1 & 1 & 1 & 0 & 0 & 0 \\ 0 & 0 & 0 & 0 & 1 & 0 & 0 \\ 0 & 0 & 0 & 0 & 1 & 1 & 0 \\ 0 & 0 & 0 & 0 & 0 & 0 & 1 \end{pmatrix} \times \begin{pmatrix} 1 \\ 3 \\ 5 \\ 2 \\ 4 \\ 7 \\ 6 \end{pmatrix} = \begin{pmatrix} 1 \\ 4 \\ 5 \\ 11 \\ 4 \\ 11 \\ 6 \end{pmatrix} \tag{6.10}$$

其中 $\boldsymbol{L}$ 表示策略矩阵，$\boldsymbol{D}$ 表示原始数据集，$\boldsymbol{S}$ 表示中间变量向量，即通过策略矩阵将数据表示为中间变量的形式，添加噪声后，再利用矩阵将其还原为查询结果。

由于 $\boldsymbol{W}=\boldsymbol{BL}$，$\boldsymbol{L}$ 和 $\boldsymbol{W}$ 均已知且为可逆矩阵，因此还原矩阵 $\boldsymbol{B}$ 可以表示为 $\boldsymbol{B}=\boldsymbol{WL}^{-1}$。但矩阵求逆运算的时间复杂度为 $O(N^3)$，无法满足数据发布的实时性要求，因此矩阵 $\boldsymbol{B}$ 不能直接计算得到，而需通过构造得到。为此，可利用式(6.9)对矩阵 $\boldsymbol{B}$ 进行构造，当 $r=7$ 时，其形式如下：

$$\boldsymbol{WD} = \boldsymbol{B} \times \boldsymbol{S} = \begin{pmatrix} 1 & 0 & 0 & 0 & 0 & 0 & 0 \\ 0 & 1 & 0 & 0 & 0 & 0 & 0 \\ 0 & 1 & 1 & 0 & 0 & 0 & 0 \\ 0 & 0 & 0 & 1 & 0 & 0 & 0 \\ 0 & 0 & 0 & 1 & 1 & 0 & 0 \\ 0 & 0 & 0 & 1 & 0 & 1 & 0 \\ 0 & 0 & 0 & 1 & 0 & 1 & 1 \end{pmatrix} \times \begin{pmatrix} 1 \\ 4 \\ 5 \\ 11 \\ 4 \\ 11 \\ 6 \end{pmatrix} = \begin{pmatrix} 1 \\ 4 \\ 9 \\ 11 \\ 15 \\ 22 \\ 28 \end{pmatrix} \tag{6.11}$$

在指数衰减模式下，由于数据项带有权重，因此，需要对式(6.8)与式(6.9)进行调整，从而使得查询结果满足指数衰减的要求。调整后的公式如下：

$$S_i = \sum_{j=i-\mathrm{lowbit}(i)+1}^{i} p^{i-j} D_j \quad (i = 1,2,\cdots,r) \tag{6.12}$$

$$\mathrm{Sum}(r)=\sum_{i=\lfloor \log_2 \mathrm{lowbit}(r)\rfloor}^{\lfloor \log_2 r\rfloor} p^{r \bmod i} S_{r-r \bmod i} \tag{6.13}$$

其中，p 表示预设的衰减因子。

当 $r=7$ 时，根据式(6.12)，衰减因子为 p 时的策略矩阵如下：

$$\boldsymbol{L}=\begin{pmatrix} 1 & 0 & 0 & 0 & 0 & 0 & 0 \\ p & 1 & 0 & 0 & 0 & 0 & 0 \\ 0 & 0 & 1 & 0 & 0 & 0 & 0 \\ p^3 & p^2 & p & 1 & 0 & 0 & 0 \\ 0 & 0 & 0 & 0 & 1 & 0 & 0 \\ 0 & 0 & 0 & 0 & p & 1 & 0 \\ 0 & 0 & 0 & 0 & 0 & 0 & 1 \end{pmatrix} \tag{6.14}$$

当 $r=7$ 时，根据式(6.13)，衰减因子为 p 时的还原矩阵如下：

$$\boldsymbol{B}=\begin{pmatrix} 1 & 0 & 0 & 0 & 0 & 0 & 0 \\ 0 & 1 & 0 & 0 & 0 & 0 & 0 \\ 0 & p & 1 & 0 & 0 & 0 & 0 \\ 0 & 0 & 0 & 1 & 0 & 0 & 0 \\ 0 & 0 & 0 & p & 1 & 0 & 0 \\ 0 & 0 & 0 & p^2 & 0 & 1 & 0 \\ 0 & 0 & 0 & p^3 & 0 & p & 1 \end{pmatrix} \tag{6.15}$$

通过式(6.8)、式(6.9)的计算过程和对式(6.14)、式(6-15)的观察可以发现，矩阵 $\boldsymbol{L}$ 与矩阵 $\boldsymbol{B}$ 均为稀疏矩阵，因此在计算矩阵乘法的过程中无须直接进行矩阵运算，只要计算非零元素即可。

基于以上分析，设计策略矩阵 $\boldsymbol{L}$ 和还原矩阵 $\boldsymbol{B}$ 的一般性构造方法如算法 6.1 和算法 6.2 所示。

算法 6.1　策略矩阵构造算法 BuildL

输入：数据规模 N，衰减因子 p

输出：策略矩阵 $\boldsymbol{L}$

1. 初始化策略矩阵 $\boldsymbol{L}$，将所有元素置为 0
2. for $j=1$ to N do　　　　//按顺序遍历每一列
3. 　　$i=j$；　　　　　　　　//第 j 列从 j 行开始构造
4. 　　while $i<N$
5. 　　　　$\boldsymbol{L}[i][j]=p^{i-j}$；　//更新矩阵元素
6. 　　　　$i \leftarrow i+\mathrm{lowbit}(i)$；
7. 　　wend
8. end for
9. 返回矩阵 $\boldsymbol{L}$

算法 6.2　还原矩阵构造算法 BuildB

输入：数据规模 N，衰减因子 p

输出：还原矩阵 $\boldsymbol{B}$

1. 初始化策略矩阵 $\boldsymbol{B}$，将所有元素置为 0
2. for $i=1$ to N do　　　　//按顺序遍历每一行
3. 　　$j=i$；　　　　　　　//第 i 行从第 i 列开始构造
4. 　　while $j>0$
5. 　　　　$\boldsymbol{B}[i][j]=p^{i-j}$；　//更新矩阵元素
6. 　　　　　　$j=j-\text{lowbit}(j)$；
7. 　　wend
8. end for
9. 返回矩阵 $\boldsymbol{B}$

设流数据规模为 N，由算法 6.2 的步骤 4 可知，矩阵 $\boldsymbol{B}$ 中的非零元素个数为 $O(N\log_2 N)$，且均小于或等于 1，因此 $\text{trace}(\boldsymbol{B}^{\mathrm{T}}\boldsymbol{B})$ 的大小为 $O(N\log_2 N)$。同样，由算法 6.1 的步骤 4 可知，在矩阵 $\boldsymbol{L}$ 中，每一列非零元素个数为 $O(\log_2 N)$，且均小于或等于 1，因此其 1-范数为 $O(\log_2 N)$，根据式(6.4)可得总体均方误差为 $O(N\log_2^3 N)$，每条查询的均方误差为 $O(N\log_2^3 N)$。因此，利用树状数组构造策略矩阵是符合均方误差复杂度要求的。至此，完成了完整的策略矩阵构造过程。然而，通过预先构造 $\boldsymbol{L}$ 和 $\boldsymbol{B}$ 来进行发布，无法满足流数据的实时性要求。因此，在实际数据发布过程中，结合树状数组中间变量与和值的计算方法，可以在 $O(\log_2 N)$ 的时间复杂度下发布一次数据。据此，设计出满足数据发布实时性要求的指数衰减模式下的连续数据发布算法 DM，具体过程如算法 6.3 所示。

算法 6.3　指数衰减模式下差分隐私连续数据发布 DM

输入：预设时刻上限 T，下标 k，衰减因子 p

输出：每一次的发布结果 s_t

1. for $t=1$ to T do　　　　//遍历每一次发布过程
2. 　　更新实际统计量 $\phi_{\text{lowbit}(t)}$
3. 　　$\tilde{\phi}_{\text{lowbit}(t)} \leftarrow \phi_{\text{lowbit}(t)}+\dfrac{\Delta L}{\varepsilon}$；//添加噪声
4. 　　$k\leftarrow t, \tilde{s}_t\leftarrow 0$；　　　　//初始化发布值
5. 　　while $k>0$
6. 　　　　$s_t\leftarrow s_t+(\phi_{\text{lowbit}(k)}\times p^{t-k})$；
7. 　　　　发布隐私数据 $\tilde{s}_t$
8. 　　　　$k\leftarrow k-\text{lowbit}(k)$；
9. 　　wend
10. end for

6.3.2 利用对角矩阵优化发布精度

通过对策略矩阵的进一步分析可以发现，该矩阵每一列的和值并未全部达到 1-范数，因此，在敏感度不变的前提下，仍可通过对该矩阵的调整，使得 $\text{trace}(\boldsymbol{B}^{\mathrm{T}}\boldsymbol{B})$ 的值降低，以进一步提升数据发布的精度。以下为一个衰减因子为 0.3 的策略矩阵优化过程：

$$\boldsymbol{L}_7=\begin{pmatrix}1&0&0&0&0&0&0\\0.3&1&0&0&0&0&0\\0&0&1&0&0&0&0\\0.027&0.09&0.3&1&0&0&0\\0&0&0&0&1&0&0\\0&0&0&0&0.3&1&0\\0&0&0&0&0&0&1\end{pmatrix}\Rightarrow\boldsymbol{L}'_7=\begin{pmatrix}1&0&0&0&0&0&0\\0.3&1&0&0&0&0&0\\0&0&1&0&0&0&0\\0.027&0.09&0.3&1&0&0&0\\0&0&0&0&1&0&0\\0&0&0&0&0.3&1&0\\0&0&0&0&0&0&1.3\end{pmatrix}$$

通过计算可得 $\|\boldsymbol{L}_7\|_1=1.327$。若将第 7 行乘以 1.3，得到 $\boldsymbol{L}'_7$，$\boldsymbol{L}'_7$的列范数仍然为 1.327，在不改变策略矩阵的敏感度的同时，可将相应的还原矩阵 $\boldsymbol{B}$ 改变为 $\boldsymbol{B}'$。

$$\boldsymbol{B}_7=\begin{pmatrix}1&0&0&0&0&0&0\\0&1&0&0&0&0&0\\0&0.3&1&0&0&0&0\\0&0&0&1&0&0&0\\0&0&0&0.3&1&0&0\\0&0&0&0.09&0&1&0\\0&0&0&0.027&0&0.3&1\end{pmatrix}\Rightarrow\boldsymbol{B}'_7=\begin{pmatrix}1&0&0&0&0&0&0\\0&1&0&0&0&0&0\\0&0.3&1&0&0&0&0\\0&0&0&1&0&0&0\\0&0&0&0.3&1&0&0\\0&0&0&0.09&0&1&0\\0&0&0&0.027&0&0.3&0.769\end{pmatrix}$$

由式(6.4)得转换前的查询误差为

$$\text{error}_L(\boldsymbol{W})=\frac{2}{\varepsilon^2}\text{trace}(\boldsymbol{B}^{\mathrm{T}}\boldsymbol{B})\Delta_L^2=\frac{25.635}{\varepsilon^2}$$

在对第 7 行乘以 1.3 后，查询误差变为

$$\text{error}_L(\boldsymbol{W})=\frac{2}{\varepsilon^2}\text{trace}(\boldsymbol{B}^{\mathrm{T}}\boldsymbol{B})\Delta_L^2=\frac{24.196}{\varepsilon^2}$$

由此可发现，若对策略矩阵进行行变换，即对策略矩阵左乘一个对角矩阵，能够进一步提升 DM 算法的数据发布精度。以下给出对角矩阵的求解过程。

首先，设对角矩阵 $\boldsymbol{\Lambda}_N=\begin{pmatrix}\lambda_1&&&\\&\lambda_2&&\\&&\ddots&\\&&&\lambda_N\end{pmatrix}$ 表示一个 $N\times N$ 的对角矩阵，在引入该对角矩阵后，算法框架由式(6.4)修改为

$$A(\boldsymbol{W},\boldsymbol{D})_L=\boldsymbol{B}\boldsymbol{\Lambda}_N^{-1}\left(\boldsymbol{\Lambda}_N\boldsymbol{L}_N\boldsymbol{D}_N+\frac{\Delta_{\boldsymbol{\Lambda}_N\boldsymbol{L}_N}}{\varepsilon}\text{Lap}_N\right)\tag{6.16}$$

当 $\boldsymbol{\Lambda}_N=\boldsymbol{E}_N$ 时，式(6.16)即退化为式(6.4)，则误差期望公式转换为

$$\frac{2}{\varepsilon^2}\text{trace}(\boldsymbol{B}^{\mathrm{T}}\boldsymbol{B}\boldsymbol{\Lambda}_N^{-2})\Delta_{\boldsymbol{\Lambda}_N\boldsymbol{L}_N}^2\tag{6.17}$$

根据文献[12]中的结论，令 $\boldsymbol{B}'=\alpha\boldsymbol{B}$，$\boldsymbol{L}'=\alpha^{-1}\boldsymbol{L}_N$，有

$$\frac{2}{\varepsilon^2}\text{trace}(\boldsymbol{B}^{\mathrm{T}}\boldsymbol{B}'\boldsymbol{\Lambda}_N^{-2})\Delta_{\boldsymbol{\Lambda}_N\boldsymbol{L}'}^2=\frac{2}{\varepsilon^2}\text{trace}(\boldsymbol{B}^{\mathrm{T}}\boldsymbol{B}\boldsymbol{\Lambda}_N^{-2})\Delta_{\boldsymbol{\Lambda}_N\boldsymbol{L}_N}^2$$

因此，可约束 $|\boldsymbol{\Lambda}_N\boldsymbol{L}_N|_1\leqslant1$。综上，为使误差期望最小化，该优化问题将表示为如下形式：

$$\text{opt}:\min_{\boldsymbol{\Lambda}_N}f(\boldsymbol{\Lambda}_N)=\frac{2}{\varepsilon^2}\text{trace}(\boldsymbol{B}^{\mathrm{T}}\boldsymbol{B}\boldsymbol{\Lambda}_N^{-2})$$

$$\text{s.t.}\quad |\boldsymbol{\Lambda}_N\boldsymbol{L}_N|_1 \leqslant 1 \tag{6.18}$$

设列向量 $\boldsymbol{H}_N$ 由对角矩阵 $\boldsymbol{\Lambda}_N$ 的对角线元素构成，即 $\boldsymbol{H}_N=(\lambda_1\quad\lambda_2\quad\cdots\quad\lambda_1)^{\mathrm{T}}$。将式(6.18)转化为如下形式：

$$\begin{aligned}&\text{opt}:\min_{\boldsymbol{\Lambda}_N} f(\boldsymbol{H}_N)=\sum_{j=1}^{N}\frac{\boldsymbol{B}(:,j)^{\mathrm{T}}\boldsymbol{B}(:,j)}{\lambda_j^2}\\&\text{s.t.}\quad \boldsymbol{L}_N^{\mathrm{T}}\boldsymbol{H}_N\leqslant\boldsymbol{E}_{N\times1}\\&\lambda_i>0\quad(i=1,2,\cdots N)\end{aligned} \tag{6.19}$$

其中，$\boldsymbol{E}_{N\times1}$ 表示全为 1 的列向量。通过求解表达式(6.19)，即可根据求出的 $\lambda_1,\lambda_2,\cdots,\lambda_N$ 得到相应的对角矩阵(为书写简便，文中对所涉及的向量间比较运算进行了简写，如用“小于”表示向量中的每一元素均小于另一向量的对应元素，用 $\boldsymbol{B}(:,j)$ 表示还原矩阵的第 j 列向量)。

以下通过 3 个部分详细介绍优化表达式(6.19)的求解过程。

首先，将矩阵 $\boldsymbol{L}$ 展开，发现其具有如下递推关系：

$$\boldsymbol{L}_{2^m-1}=\begin{bmatrix}\boldsymbol{L}_{2^{m-1}-1} & \boldsymbol{O}_{(2^{m-1}-1)\times1} & \boldsymbol{O}_{(2^{m-1}-1)\times(2^{m-1}-1)}\\ \boldsymbol{P}_{1\times(2^{m-1}-1)} & 1 & \boldsymbol{O}_{1\times(2^{m-1}-1)}\\ \boldsymbol{O}_{(2^{m-1}-1)\times(2^{m-1}-1)} & \boldsymbol{O}_{(2^{m-1}-1)\times1} & \boldsymbol{L}_{2^{m-1}-1}\end{bmatrix} \tag{6.20}$$

其中，$\boldsymbol{P}_{(2^{m-1}-1)\times1}=\begin{bmatrix}p\\p^2\\\vdots\\p^{2^{m-1}-1}\end{bmatrix}$。

当 $N=2^m-1$ 时，可将 $\boldsymbol{H}_N$ 分解成 3 个部分，即

$$\boldsymbol{H}_{2^m-1}=(\boldsymbol{H}_{2^m-1}^{(1)\mathrm{T}}\lambda_{2^{m-1}}\quad\boldsymbol{H}_{2^m-1}^{(2)\mathrm{T}})^{\mathrm{T}} \tag{6.21}$$

其中，$\boldsymbol{H}_{2^m-1}^{(1)}=(\lambda_1\quad\lambda_2\quad\cdots\quad\lambda_{2^{m-1}-1})^{\mathrm{T}}$，$\boldsymbol{H}_{2^m-1}^{(2)}=(\lambda_{2^{m-1}+1}\quad\lambda_{2^{m-1}+2}\quad\cdots\quad\lambda_{2^m-1})^{\mathrm{T}}$

因此，误差期望公式 $f(\boldsymbol{H}_{2^m-1})$ 可分解为 3 部分：

$$f(\boldsymbol{H}_{2^m-1})=f^{(1)}(\boldsymbol{H}_{2^m-1}^{(1)})+f^{(2)}(\lambda_{2^{m-1}})+f^{(3)}(\boldsymbol{H}_{2^m-1}^{(2)}) \tag{6.22}$$

根据式(6.19)的约束条件，结合式(6.20)展开，得

$$\begin{bmatrix}\boldsymbol{L}_{2^{m-1}-1}^{\mathrm{T}}\boldsymbol{H}_{2^m-1}^{(1)}+\lambda_{2^{m-1}}\boldsymbol{P}_{(2^{m-1}-1)\times1}\\ \lambda_{2^{m-1}}\\ \boldsymbol{L}_{2^{m-1}-1}^{\mathrm{T}}\boldsymbol{H}_{2^m-1}^{(2)}\end{bmatrix}\leqslant\boldsymbol{E}_{(2^m-1)\times1} \tag{6.23}$$

为使问题可快速求解，需对解空间进行更严格的限制，用次优解代替最优解。因此，可利用 $\boldsymbol{P}_{(2^{m-1}-1)\times1}\leqslant\begin{bmatrix}p\\p\\\vdots\\p\end{bmatrix}$ 将式(6.19)转化为

$$\begin{cases}\boldsymbol{L}_{2^{m-1}-1}^{\mathrm{T}}\boldsymbol{H}_{2^{m-1}}^{(1)}\leqslant(1-\lambda_{2^{m-1}}p)\boldsymbol{E}_{(2^{m-1}-1)\times1}\\ \lambda_{2^{m-1}}\leqslant1\\ \boldsymbol{L}_{2^{m-1}-1}^{\mathrm{T}}\boldsymbol{H}_{2^{m-1}}^{(2)}\leqslant\boldsymbol{E}_{(2^{m-1}-1)\times1}\end{cases} \tag{6.24}$$

至此，将式(6.19)中的约束条件转换为式(6.24)中的 3 个约束条件。由式(6.24)知

$\lambda_{2^{m-1}}$ 取值影响 $\lambda_1 \sim \lambda_{2^{m-1}-1}$ 的取值。

令 $\lambda_{2^{m-1}}$ 为待定系数，设 $\lambda_{2^{m-1}}=\frac{1-\delta}{p}(1-p\leqslant\delta\leqslant1)$，代入式(6.19)得

$$\boldsymbol{L}_{2^{m-1}-1}^{\mathrm{T}} \times \boldsymbol{H}_{2^m-1}^{(1)} \leqslant \delta \boldsymbol{E}_{2^{m-1}\times 1} \Leftrightarrow \boldsymbol{L}_{2^{m-1}-1}^{\mathrm{T}}\left(\frac{1}{\delta}\boldsymbol{H}_{2^m-1}^{(1)}\right) \leqslant \boldsymbol{E}_{2^{m-1}\times 1}$$

令 $\mu_i=\frac{1}{\delta}\lambda_i$，$\boldsymbol{G}_N=\frac{1}{\delta}\boldsymbol{H}_N=(\mu_1 \quad \mu_2 \quad \cdots \quad \mu_N)$ 并将其代入式(6.19)后有

$$f^{(1)}(\boldsymbol{H}_{2^m-1}^{(1)}) = \frac{1}{\delta^2}\sum_{i=1}^{2^{m-1}-1}\frac{\boldsymbol{B}_{2^m-1}^{\mathrm{T}}(:,i)\boldsymbol{B}_{2^m-1}(:,i)}{\mu_i^2} = \frac{1}{\delta^2}f^{(1)}(\boldsymbol{G}_{2^m-1}^{(1)})$$

从而得到新的优化表达式：

$$\begin{aligned} &\text{opt}:\min \frac{1}{\delta^2}f^{(1)}(\boldsymbol{G}_{2^{m-1}}^{(1)}) \Leftrightarrow \min f^{(1)}(\boldsymbol{G}_{2^{m-1}}^{(1)}) \\ &\text{s.t.} \quad \boldsymbol{L}_{2^{m-1}-1}^{\mathrm{T}}\boldsymbol{G}_{2^m-1}^{(1)} \leqslant \boldsymbol{E}_{2^{m-1}\times 1} \end{aligned} \tag{6.25}$$

将 $\boldsymbol{H}_{2^{m-1}-1}$ 代入 $\boldsymbol{G}_{2^m-1}^{(1)}$，则问题等价于求解 $\boldsymbol{H}_{2^{m-1}-1}^*$，即 $\boldsymbol{\Lambda}_{2^{m-1}-1}^*$。由此可得

$$\boldsymbol{G}_{2^m-1}^{*(1)} = \boldsymbol{H}_{2^{m-1}-1}^* = \frac{1}{\delta}\boldsymbol{H}_{2^m-1}^{*(1)}$$

即

$$\boldsymbol{H}_{2^m-1}^{*(1)} = \delta\boldsymbol{H}_{2^{m-1}-1}^*$$

因此，最优对角矩阵可以表示如下：

$$\boldsymbol{\Lambda}_{2^m-1}^* = \begin{pmatrix} \delta_m\boldsymbol{\Lambda}_{2^{m-1}-1}^* & & \\ & \frac{(1-\delta_m)}{p} & \\ & & \boldsymbol{\Lambda}_{2^{m-1}-1}^* \end{pmatrix} \tag{6.26}$$

通过对式(6.25)的转换得到对角矩阵中的子结构性质，从而使用分治思想对其求解。

假设当 $N=2^{m-1}-1$ 时，发布数据的期望最小均方误差为 $\text{err}_{m-1}=\min\limits_{\boldsymbol{\Lambda}_{2^{m-1}-1}} f(\boldsymbol{\Lambda}_{2^{m-1}-1})$，可将上述问题转化为关于 δ 的最优化问题：

$$\begin{aligned} &\text{opt}:h(\delta) = \min\left(\frac{\text{err}_{m-1}}{\delta^2} + \frac{2^{m-1}\times p^2}{(1-\delta)^2}\right) + \text{err}_{m-1} \\ &\text{s.t.} \quad 1-p \leqslant \delta \leqslant 1 \end{aligned} \tag{6.27}$$

通过求导可得，当 $\delta=\frac{\sqrt[3]{\text{err}_{m-1}}}{\sqrt[3]{\text{err}_{m-1}}+\sqrt[3]{2^{m-1}\times p^2}}$ 时，$h(\delta)$ 取得最小值，最小值为

$$(\sqrt[3]{\text{err}_{m-1}} + \sqrt[3]{2^{m-1}\times p^2})^3 + \text{err}_{m-1}$$

因此将得到如下递归式：

$$\text{err}_m = \begin{cases} 1, & m=1 \\ (\sqrt[3]{\text{err}_{m-1}} + \sqrt[3]{2^{m-1}\times p^2})^3 + \text{err}_{m-1}, & m>1 \end{cases} \tag{6.28}$$

通过以上步骤的分析和推导，以误差最小为目标求出待定系数的解，从而得到相应的对角矩阵。利用对角矩阵的子结构性质可以在 $O(\log_2 N)$ 的时间内求出任意一个对角矩阵系数，从而形成如下的高效对角矩阵系数的求解算法。

算法 6.4　对角矩阵系数求解算法 getLamta

输入：时刻上限 T，下标 k，衰减因子 p

输出：对角阵系数 λ_k

1. 初始化 λ_k 为 1，根据式(6.28)计算出所需的系数 $\delta_1 \sim \delta_{\log_2 T+1}$
2. $\mathrm{kt} \leftarrow k, m \leftarrow \log_2 T+1, \mathrm{div} \leftarrow 2^{m-1}$；
3. while div≠kt
4.   if kt<div then $\lambda_k \leftarrow \lambda_k \times \delta_t$；
5.   if kt<div then kt←kt−div；
6. $\mathrm{div} \leftarrow \mathrm{div}/2, m \leftarrow m-1$；
7. wend
8. $\lambda_k \leftarrow \lambda_k \times (1-\delta_t)/p$；
9. 返回对角矩阵系数 λ_k

至此，即可提出完整的指数衰减模式下基于对角矩阵优化的差分隐私连续数据发布算法 DMFDA。

算法 6.5 指数衰减模式下的基于对角矩阵优化差分隐私连续数据发布算法 DMFDA
输入：预设时刻上限 T，下标 k，衰减因子 p
输出：每一次的发布结果 s_t

1. for $t=1$ to T do   //遍历每一次发布过程
2.   更新实际统计量 $\phi_{\mathrm{lowbit}(t)}$
3. $\lambda_t \leftarrow \mathrm{getLamta}(T,t,p)$；
4. $\tilde{\phi}_{\mathrm{lowbit}(t)} \leftarrow \lambda_t \times \phi_{\mathrm{lowbit}(t)} + \frac{\Delta L}{\varepsilon}$；//添加噪声
5. $k \leftarrow t, \tilde{s}_t \leftarrow 0$；   //初始化发布值
6. while $k>0$
7. $s_t \leftarrow s_t + (\phi_{\mathrm{lowbit}(k)} \times p^{t-k})/\lambda_k$；
8.   发布隐私数据 $\tilde{s}_t$
9. $k \leftarrow k - \mathrm{lowbit}(k)$；
10.   wend
11. end for

当数据规模为 N 时，通过算法 6.4 的步骤 6 可知，每计算一个对角矩阵元素，数据规模都会除以 2，因此对角矩阵优化算法的时间复杂度为 $O(N\log_2 N)$。构造负载矩阵分解算法的时间复杂度为 $O(N\log_2 N)$。因此，DMFDA 算法整体时间复杂度为 $O(N\log_2 N)$，与 DM 算法同阶。

6.3.3 实验结果与分析

1. 实验数据与环境

为方便对比与分析，本节采用了文献[13]中的数据集 Search Logs、Nettrace 以及文献[14]中使用的 WorldCup98 数据集进行对比实验。Search Logs 对在 2004 年 1 月至 2009 年 8 月期间某网站对关键词 Obama 的搜索次数进行了统计，Nettrace 数据集包含了某单位在特定时间段内对特定 IP 段的数据包请求次数，WorldCup98 为 1998 年 4 月至 1998 年 7 月期间世界杯官网的访问量的统计记录。这 3 个数据集的数据规模如表 6.1 所示。

表 6.1　数据集的数据规模

数据集	Search Logs	Nettrace	WorldCup98
数据规模	32 768	65 536	7 518 579

在实验中，采用均方误差衡量算法发布数据的查询误差：

$$\text{Error}(Q)=\sum_{q\in Q}(q(T)-q(T'))^2 \tag{6.29}$$

其中，Q 为查询集合的大小，$q(T)$ 为连续统计查询的真实计数值，$q(T')$ 为连续统计查询的加噪发布计数值。

实验环境为：Intel Core i5 4570 3.2GHz 处理器，8GB 内存，Windows 7 操作系统；算法用 C++ 语言实现；由 Matlab 生成实验图表。

2. 查询误差的对比分析

在 Search Logs、Nettrace 及 WorldCup98 上进行对比实验，着重关注在单条流数据下的连续统计发布问题，通过 3 个算法的比较来说明 DMFDA 算法的有效性。其中，DM 算法为仅构造策略矩阵，未加入对角阵优化算法的方法；EX 算法为文献[9]所提出的利用区间树进行指数衰减模式下的流数据发布算法；DMFDA 为本章加入对角矩阵优化策略后的算法。实验设置了不同的隐私预算参数 1.0、0.1、0.01，为了排除随机参数对实验的影响，将每组实验运行 100 次的结果取平均值，作为最终实验对比数据。

1）在不同时刻下的查询误差对比

本实验通过选取特定位置的时刻观测点，对比分析连续统计查询的发布误差。观测点位置分别选取 $2^0, 2^1, \cdots, 2^{13}, \cdots$。查询使用的衰减因子 p 设置为 0.3。横坐标表示时间，纵坐标表示连续统计发布的均方误差，并以 10 为底取对数。实验结果如图 6.2 至图 6.4 所示。

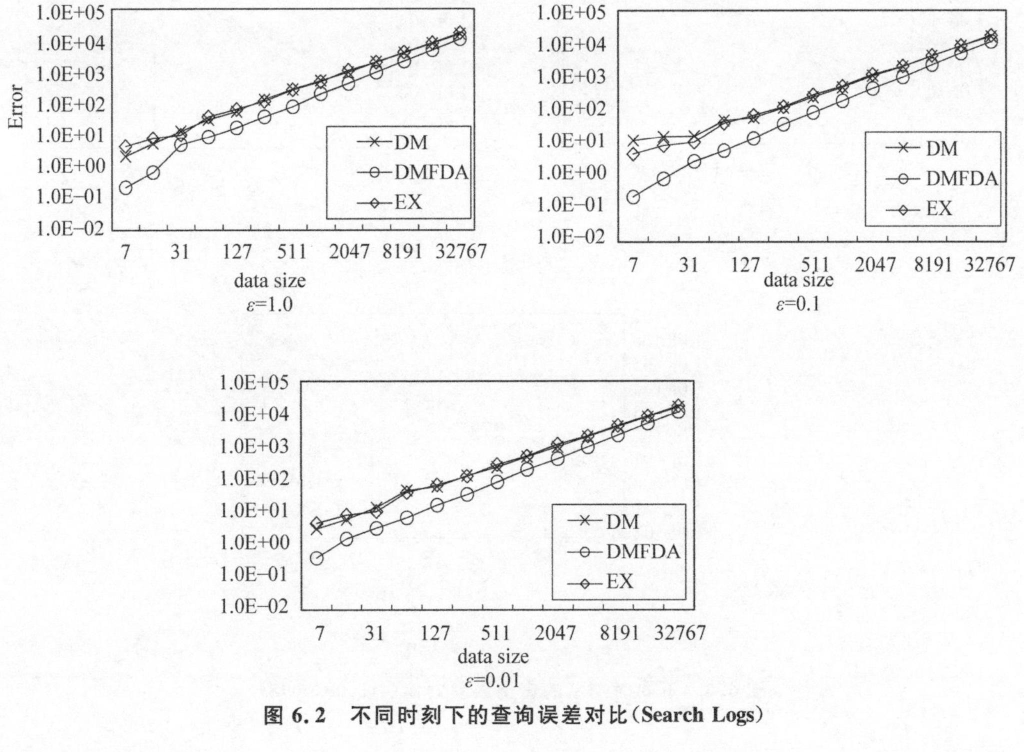

图 6.2　不同时刻下的查询误差对比(Search Logs)

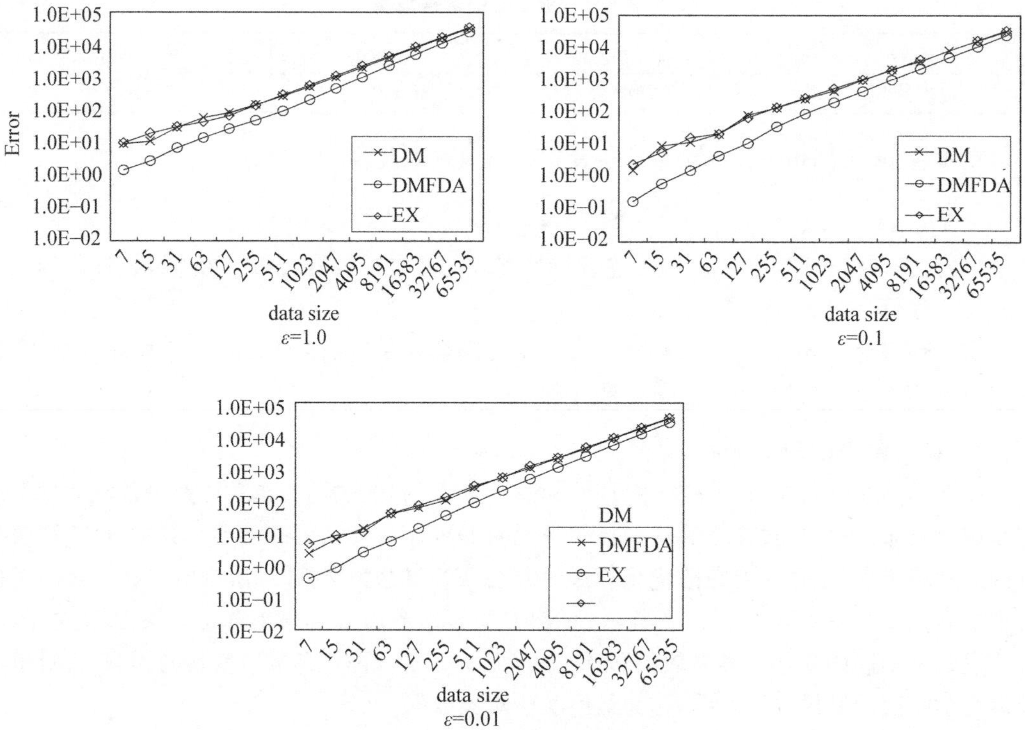

图 6.3　不同时刻下的查询误差对比(Nettrace)

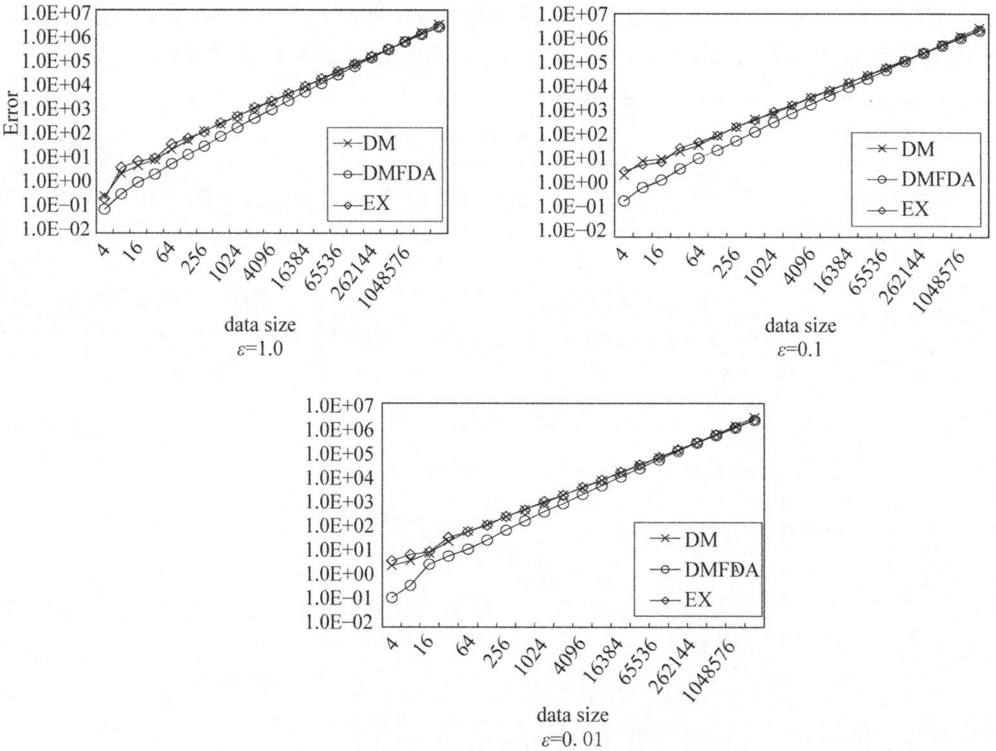

图 6.4　不同时刻下的查询误差对比(WorldCup98)

通过实验结果对比可以发现，随着时间的增长，3 种算法的均方误差以 10^2 的数量级增长。同时，相比于 DM 和 EX，DMFDA 拥有更高的数据发布精度，这是由于 DMFDA 使用了快速对角矩阵优化算法，在不改变策略矩阵的 1-范数的前提下，使得策略矩阵变得更密集，还原矩阵更稀疏，从而降低了还原矩阵对误差造成的影响，减小了发布误差。在同一算法中，随着 ε 的减小，连续统计发布误差增加，这是因为添加的 Laplace 噪声的规模随着隐私预算的减小而增加。

2) 不同衰减因子下的误差对比

本实验以衰减因子作为自变量，对比分析查询误差。衰减因子大小分别取 0.1，0.2，…，0.9。对比结果如图 6.5 至图 6.7 所示。

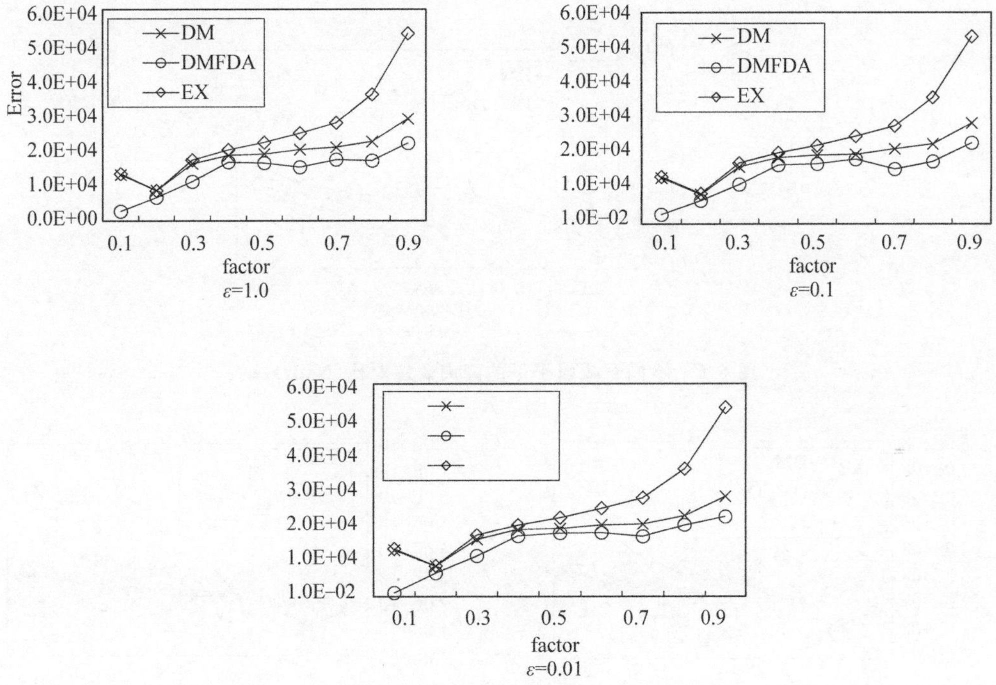

图 6.5　不同衰减因子下的查询误差对比(Search Logs)

通过对比实验可见，均方误差随着衰减因子的增加而增加，这是因为衰减因子越大，还原矩阵就越密集，产生的均方误差也越大。EX 算法通过预先设置的衰减因子计算出相应噪声规模的极限值，因此在衰减因子接近 1 时，EX 算法造成的均方误差较大。

综合以上实验结果可以得出以下结论：DMFDA 算法能够有效适应各种衰减因子与隐私预算的应用场景，使得查询误差更小。

3. 算法运行效率的对比分析

本实验设置隐私参数为 1.0，对衰减因子取[0.1，0.9]，对每个衰减因子运行 20 次后，对得到的运行时间取平均值，对比各个算法的运行效率，其实验结果如图 6.8 所示。

从图 6.8 可以看出，DM 算法具有比 DMFDA 算法更优的执行效率，这是因为 DMFDA 算法在 DM 算法的基础上增加了对角矩阵优化，使算法时间复杂度的系数变大。尽管如此，DMFDA 算法的时间复杂度仍为 $O(N\log_2(N))$，因此带来的算法效率降低仍在可接受范围内。

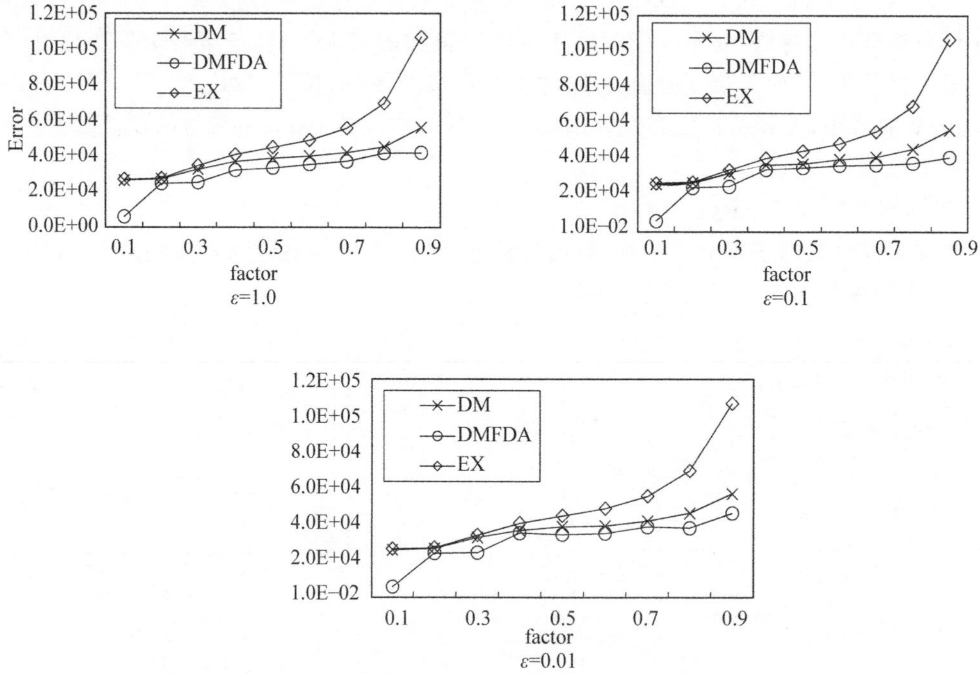

图 6.6　不同衰减因子下的查询误差对比(Nettrace)

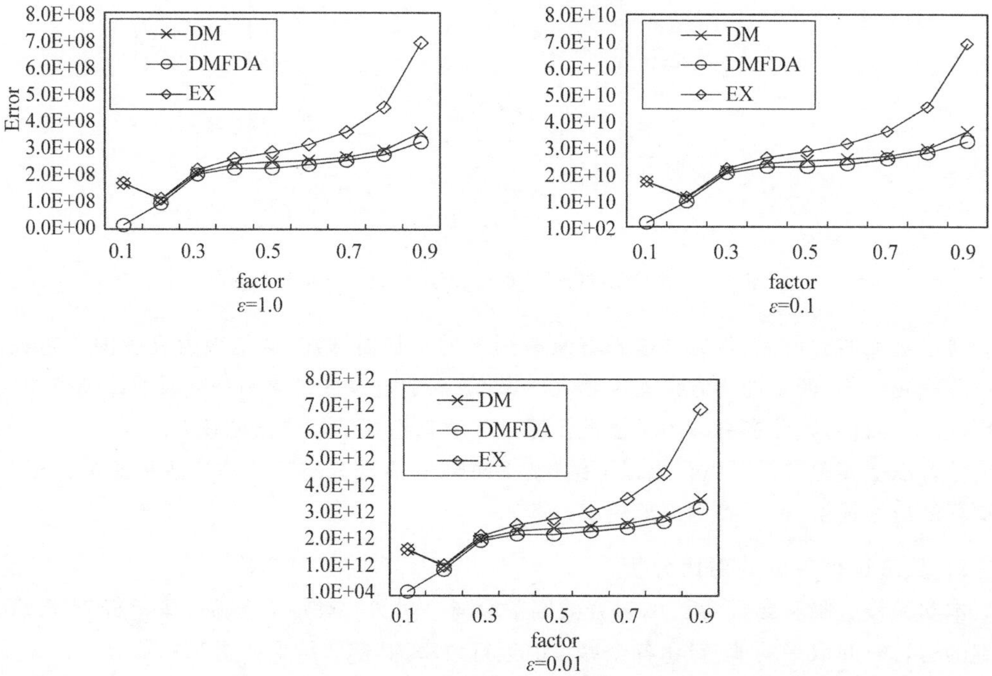

图 6.7　不同衰减因子下的查询误差对比(WorldCup98)

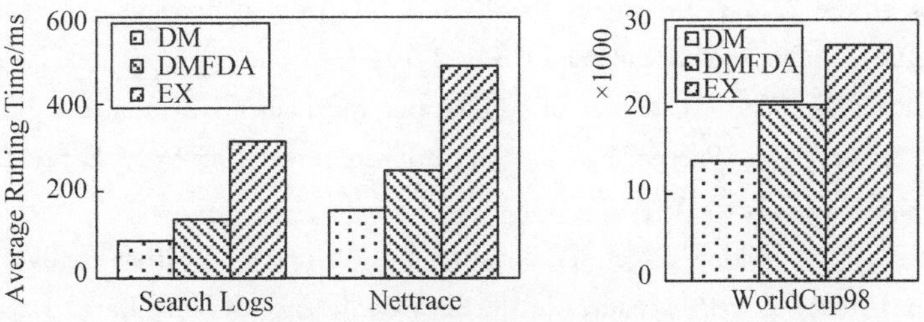

图 6.8 3 种算法运行效率对比

综合以上对比实验可以得出,DMFDA 算法具有更高的数据发布精度,同时时间复杂度也能适应流数据高效发布的需求。

6.4 本章小结

本章针对指数衰减下差分隐私连续数据发布问题,提出了基于矩阵机制的差分隐私连续数据发布算法,并提出快速对角矩阵优化算法,以有效应对大规模流数据发布问题。本章通过实验对 DMFDA 算法所发布数据的精度与同类流数据指数衰减算法进行了比较分析,实验结果表明,DMFDA 算法是有效的和可行的。在今后的研究应用中,将考虑把矩阵机制用于其他衰减模式下的流数据发布,以提升数据的发布质量。

参考文献

[1] Fung B, Wang Ke, Chen Rui, et al. Privacy-preserving Data Publishing: A Survey of Recent Developments[J]. ACM Computing Surveys, 2010, 42(4): 2623-2627.

[2] Dwork C. Differential Privacy[C]. Proc of the 33rd Int Colloquium on Automata, Languages and Programming. Berlin: Springer, 2006: 1-12.

[3] 周水庚, 李丰, 陶宇飞. 面向数据库应用的隐私保护研究综述[J]. 计算机学报, 2009, 21(5): 847-861.

[4] 熊平,朱天清,王晓峰. 差分隐私保护及其应用[J]. 计算机学报, 2014, 37(1): 101-122.

[5] 张啸剑,孟小峰. 面向数据发布和分析的差分隐私保护[J]. 计算机学报, 2014, 37(4): 927-949.

[6] Dwork C, Naor M, Pitassi T, et al. Differential Privacy under Continual Observation[C]. Proc of the 42nd ACM Symp on Theory of Computing. New York: ACM, 2010: 715-724

[7] Chan T H H, Shi E, Song D. Private and Continual Release of Statistics[J]. ACM Trans on Information and System Security, 2011, 14(3): 26-38.

[8] Cao J N, Xiao Q, Ghinita G, et al. Efficient and Accurate Strategies for Differentially-private Sliding Window Queries[C]. Proc of the 16th Int Conf on Extending Database Technology. New York: ACM, 2013: 191-202.

[9] 张啸剑, 孟小峰. 基于差分隐私的流式直方图发布方法[J]. 软件学报, 2016(2): 381-393.

[10] Bolot J, Fawaz N, Muthukrishnan S, et al. Private Decayed Predicate Sums on Streams[C]. Proc of the 16th Int Conf on Extending Database Technology. New York: ACM, 2013: 284-295.

[11] Li C, Hay M, Rastogi V, et al. Optimizing Linear Counting Queries under Differential Privacy[C].

Proceedings of the 29th ACM SIGMOD-SIGACT-SIGART symposium on Principles of database systems(PODS), Indianapolis, Indiana, USA, 2010: 123-134.

[12] Yuan G, Zhang Z, Winslett M, et al. Low-rank Mechanism: Optimizing Batch Queries under Differential privacy[C]. Proceedings of the 38th Conference of Very Large Database (VLDB), Istanbul, Turkey, 2012, 5(11): 1352-1363.

[13] Hay M, Rastogi V, Miklau G, et al. Boosting the Accuracy of Differentially Private Histograms Through Consistency[C]. Proceedings of the 36th Conference of Very Large Databases, Singapore, 2010, 3(1-2): 1021-1032.

[14] Kellaris G, Papadopoulos S, Xiao X, et al. Differentially Private Event Sequences over Infinite Streams[J]. Proceedings of the VLDB Endowment, 2014, 7(12): 1155-1166.

第7章 基于矩阵机制的差分隐私流数据实时发布

7.1 引言

当前，许多应用受益于流数据的连续统计监测，如基于位置的服务通过实时的统计信息向用户推荐商店，社交网络通过实时的统计信息来获得热门话题，这些应用均需用到流数据的实时统计值。然而，这类数据的发布在为用户带来便利的同时，还可能伴随着泄露用户敏感隐私信息的风险[1]。

以往针对差分隐私流数据发布的研究工作主要聚焦在如何提高发布流数据的查询精度，而许多实际应用的发布过程需要进行大量的实时查询，如购物网站在推荐商品时，需要获取商品在不同时段的实时销售额，从而进行有效推荐，这类应用对算法的查询效率有着较高的要求。本章首先介绍基于滑动窗口的树结构模型，其次介绍指数衰减模式下的实时发布模型，最后利用历史查询信息优化查询结果。

7.2 基础知识与问题提出

定义 7.1（流数据） 流数据是一组顺序、大量、快速、连续到达的数据序列，一般情况下，流数据可被视为一个随时间延续而无限增长的动态数据集合。

定义 7.2（流数据线性计数查询） 对于给定的流数据 $S=\{D_1,D_2,\cdots,D_t\}$，设当前时刻为 t，定义查询 $q\in Q$ 的查询范围为 $[l_q,r_q]$（$l_q\leqslant r_q\leqslant t$），则针对该次查询的数据发布值为

$$\text{result}(q)=\sum_{i=l_q}^{r_q} \tag{7.1}$$

用户的查询范围为 $[l,r]$（$1\leqslant l\leqslant r\leqslant t$），随着数据不断到来，需要不断为每个节点添加噪声以发布数据，当数据到达一定量级时会造成大量噪声的累加，使得数据可用性大幅度降低。数据发布模型如图 7.1 所示。

在图 7.1 中，当 QuerySum 的值过大时，由于噪声的累加，数据的可用性将大幅降低。利用区间树可以有效降低数据的查询误差，但是在流数据的背景下，随着数据的逐渐增加，

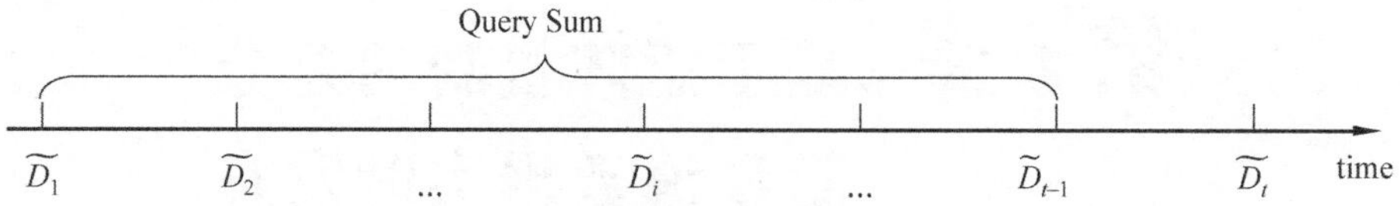

图 7.1　差分隐私流数据发布

树高的增加仍会使得隐私预算耗尽，降低数据的隐私保护程度。Chan 等人[2]根据实际应用背景，利用滑动窗口机制来发布流数据，避免了隐私预算耗尽的问题。

定义 7.3(滑动窗口)　将流数据按照时间顺序排列，从当前时刻开始截取的最近一段固定长度的流数据称为滑动窗口。随着时间变化，不断有数据流进、流出滑动窗口，对于流出滑动窗口的数据，将不再做处理。

定义 7.4(滑动窗口下的流数据区间统计查询)　设数据序列为 $S=\{D_1,D_2,\cdots,D_t\}$，当前时刻为 t 时，在滑动窗口内的某段连续统计计数值的累加和查询 q 称为滑动窗口下的流数据区间统计查询。q 的查询范围为$[l_q,r_q](t-W<l_q\leqslant r_q\leqslant t)$，而相应的查询结果可由如下公式表示：

$$\text{result}(l_q,r_q)=\sum_{i=l_q}^{r_q}D_i \tag{7.2}$$

滑动窗口下的流数据发布过程如图 7.2 所示。

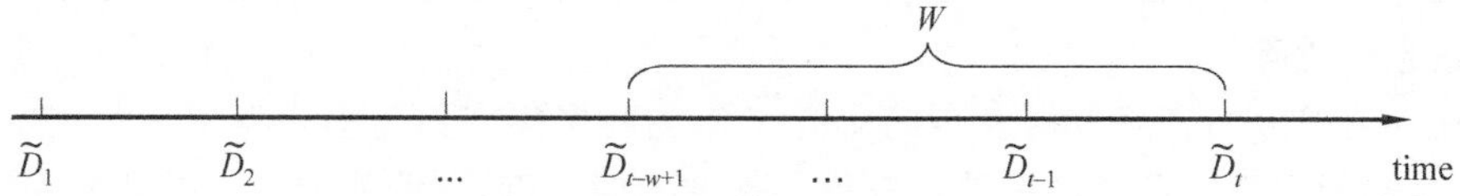

图 7.2　滑动窗口下的流数据发布

在文献[2]中，通过完全二叉树的结构来组织、表示与发布数据，构建差分隐私发布模型，从而提高数据发布的效率，满足流数据的实效性要求。其具体表示形式如图 7.3 所示。

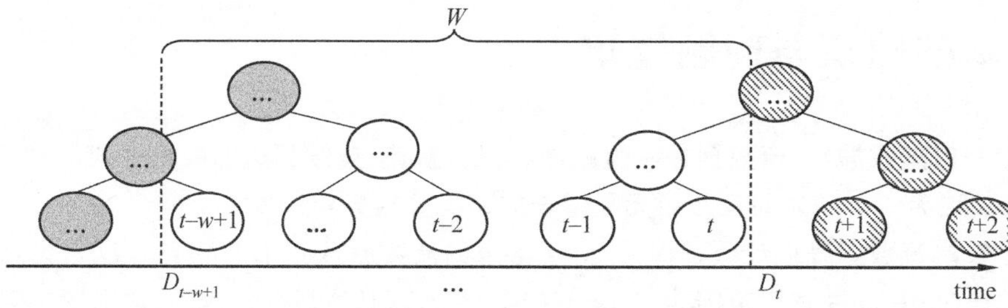

图 7.3　滑动窗口下的区间树构建过程

设滑动窗口大小为$|W|$，当前时刻为 t。如图 7.3 中所示，滑动窗口内包含两棵二叉树的一部分。其中，灰色节点已滑出滑动窗口，在以后的查询发布中不再涉及这些节点，而条纹节点为即将使用的节点，在树中第一个节点进入滑动窗口时，整棵二叉树中的所有节点已经预先建立，随着滑动窗口的移动，这些节点将相应地被激活。

在完全二叉树的构建方法中，对于单次查询而言，其查询时间复杂度为 $O(\log_2 W)$，与树的高度相关，当滑动窗口较大且每一个时刻需要大量查询时，查询耗时较多。虽然可以通过对频繁查询的区间进行存储，但是这在提升效率的同时将造成大量的内存开销。因此，如何设计新的树形模型，实现针对查询效率的实时发布算法，并在保证查询效率的同时使查询精度不明显降低，是一个亟待解决的问题。

7.3 差分隐私流数据实时发布

本节主要介绍基于滑动窗口的树结构模型构建，并给出复杂度为 $O(N)$ 的实时发布方法，同时在此框架下利用矩阵机制提高发布数据的查询精度而不降低查询效率。

7.3.1 树模型构建

本节首先通过去除完全二叉树中的部分节点实现连续统计发布，并通过连续统计的发布值得到滑动窗口内任意区间查询的计数值，使其单次查询的时间复杂度降为 $O(1)$。其表示如图 7.4 所示。

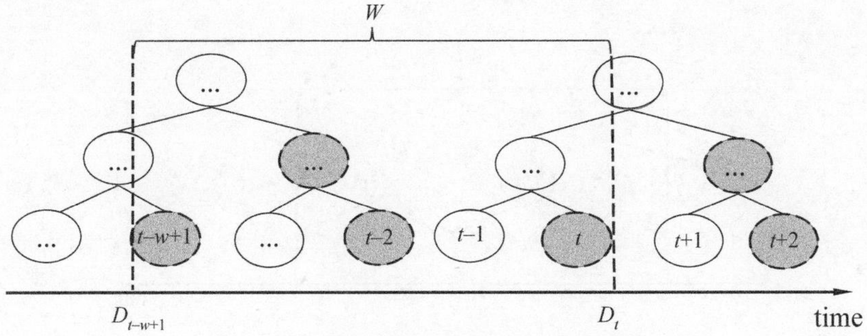

图 7.4 滑动窗口中的区间树动态构建过程

通过图 7.4 中的二叉树节点，可以提供任意区间的查询统计值。而在连续统计的应用背景下，树中的虚线节点是非必要节点，树中每个右子节点的信息保存在其父节点中即可。因此，假设滑动窗口的大小为 W，则树中需要保存的节点也为 W，据此，根据树中的节点关系，即可在 $O(1)$时间内计算出当前连续统计过程中涉及的最新节点。本节通过树状数组的构建来实现上述二叉树结构，在添加上虚节点后，树状数组可以表示为图 7.4 的形式。因此，本节结合树状数组实现图 7.4 中二叉树模型的构建过程，实现滑动窗口下的流数据实时发布。

树状数组是查询和修改的时间复杂度均为 $O(\log_2 N)$的数据结构，对于给定的 r，可以快速求得区间$[1,r]$的和值。设区间$[1,r]$的和为 $\mathrm{Sum}(r)$，即 $\mathrm{Sum}(r)=\sum_{j=1}^{r}D_j$。

树状数组在计算过程中生成了中间统计量 $S_i(i\in[1,r])$，如下：

$$S_i=\sum_{j=i-\mathrm{lowbit}(i)+1}^{i}D_j \quad (i=1,2,\cdots,r) \tag{7.3}$$

其中，D_j 表示第 j 个数的值，$\mathrm{lowbit}(x)$将 x 表示为二进制数后，只保留其最低位的 1，将其余的位均置为 0。以 $x=12$ 为例，$(12)_{10}=(1100)_2$，最低位的 1 为右数第三位，则 $\mathrm{lowbit}(x)=(0100)_2=(4)_{10}$。通过补码性质可知，$\mathrm{lowbit}(x)=x\&(-x)$。然后，树状数组通过中间统计

量 S_i 得到区间和值如下：

$$\text{Sum}(r) = \sum_{i=\lfloor \log_2(\text{lowbit}(r)) \rfloor}^{\lfloor \log_2 r \rfloor} S_{r-r\bmod i} \tag{7.4}$$

按照时序对当前时刻涉及的节点进行编号，可将图 7.5 中的实线节点表示为树状数组，如图 7.5 所示，其中①～④为一棵树，⑤～⑦为另一棵树，树的大小不应超过滑动窗口大小，否则会导致存储冗余节点。实节点左边的数字为其节点编号，其中节点①的值为 t_1 时刻的统计值，节点②的值为 t_1 与 t_2 时刻的统计值的和，节点③的值为 t_3 时刻的统计值，节点④的值为 $t_1 \sim t_4$ 时刻的统计值的和。由于父节点的值为其所有子节点的累加和（对于给定的 x，如果 $x+\text{lowbit}(x)$ 等于 y，则编号为 x 的节点称为编号为 y 的节点的子节点，编号为 y 的节点称为编号为 x 的节点的父节点），由于每个节点的父节点是唯一的，因此每个节点只会参与一次累加过程，即对于节点④而言，其值为节点②的值、节点③的值与 t_4 时刻的实际统计值之和，同时节点②与节点③的值只会在节点④的计算过程中使用到，可以在计算节点②时，为节点④预先开辟空间，再将节点②的值累加到节点④上。而节点⑤～⑦在另一棵树中，其计算过程与节点①～④的计算过程相同。因此，在建树过程中，时间复杂度是线性的。

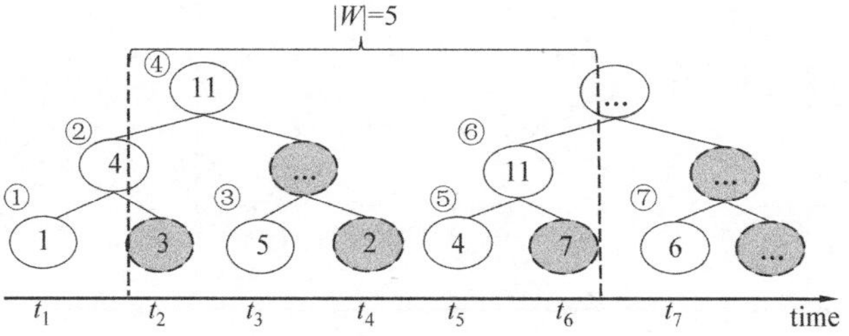

图 7.5　树状数组建树过程

连续统计发布过程中可使用如图 7.5 所示的树结构，区间[1,1]的值为节点①的值，区间[1,2]的值为节点②的值，区间[1,3]的值为节点②与节点③的值的和，区间[1,5]的值由于横跨两棵树，其值为节点④与节点⑤的值的和，其余节点与上述节点计算过程相同。在同一棵树中的发布过程中，对于时刻 t_7 而言，将 7 表示为二进制 111，则时刻 t_7 的发布值为节点⑦、节点⑥与节点④的值的和，而时刻 t_6 的发布值为节点⑥与节点④的值的和，因此 t_7 时刻的发布值可以表示为时刻 t_6 的发布值与节点⑦的值的和。因此，对于单次查询而言，其时间复杂度为 $O(1)$。

通过树状数组的构建，能够对数据进行有效的组织并提供查询。然而在流数据的背景下，随着数据的逐渐增加，树高的增加仍会使得隐私预算耗尽，降低数据的隐私保护程度。因此本节结合滑动窗口，设计基于树状数组的区间树动态构建模型。滑动窗口的移动过程如图 7.6 所示。首先根据预先设置的滑动窗口大小，选择合适的树高，使得树高不会超出滑动窗口大小。图 7.6 中滑动窗口大小为 5，因此可以预先定义树高为 3。在图 7.6 中，移出滑动窗口的过期节点将不再使用而被回收，减少了存储开销。同时在完成一棵树之后，新到达的节点会根据设置好的树高构建一棵新的待完成的树。

对于给定的滑动窗口大小 W，其树高也随之确定，假设其为 H，可得其敏感度为 H，因

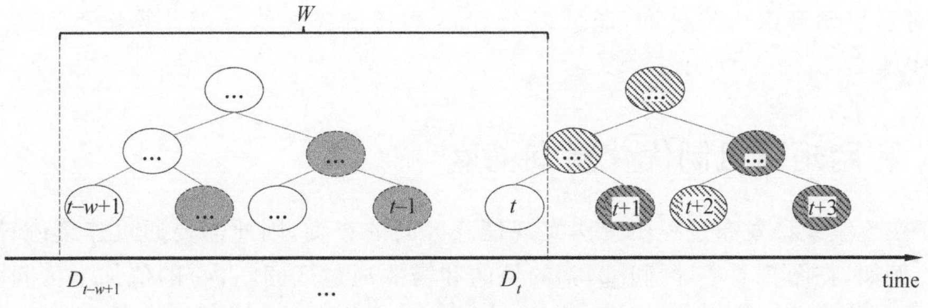

图 7.6　节点插入，建立新树

此对于树中的每一个节点添加噪声规模为 H/ε 的 Laplace 噪声[5,6]，可以使得算法满足 ε-差分隐私。

具体算法过程如下。

首先给出当有新数据到来时动态构建过程中的节点插入算法。

算法 7.1　插入算法 Insert

输入：树高 H，树状数组 S，隐私预算 ε

输出：更新后的树状数组

1. 更新当前时序对应的节点 i 的值，同时更新节点 i 的父节点的值：
   $L=2^{H-1}$；id=$(i-1)\%L+1$；
   S[id]=S[id]+x；　　　　　　　　//S 记录树状数组的值，x 为当前的统计值
   if(id+lowbit[id]<=L)
   S[id+lowbit[id]]= S[id+lowbit[id]]+S[id]；
2. S[id]=S[id]+Lap(H/ε)；　　　　//为树中的对应节点添加噪声
3. 计算当前时刻的连续统计值，用于查询时的数据发布
Sum[id]=Sum[id−lowbit(id)]+S[id]；
4. 返回更新后的树状数组

通过节点插入算法，结合树状数组的更替过程，最终实现滑动窗口下的任意区间查询实时发布算法 RTP(Real-Time Publishing)。

算法 7.2　滑动窗口下的任意区间查询实时发布算法 RTP

输入：原始数据流，滑动窗口大小$|W|$

输出：每次查询的结果

1. 根据滑动窗口大小初始化树高 H，树状数组 S(大小为 $L=2^{H-1}$)，Sum 数组(表示连续统计值，大小为 L)
2. 调用节点插入算法 Insert 动态插入节点，将滑出滑动窗口的 Sum 数组中的节点删除，并移至回收池
3. 考虑当前时序编号 i：
   if(i%L==0) 转到步骤 4；
   else 转到步骤 5；
4. 将 S 数组初始化，创建新的 Sum 数组，旧的 Sum 数组值保留

5. 对于滑动窗口内的查询，通过多个 Sum 数组的连续统计值计算出查询结果，转到步骤 2

7.3.2 利用矩阵机制优化查询精度

由于在连续统计发布过程中无法实现任意区间的查询，因此需要通过连续统计发布值来获得。例如，在图 7.5 中，区间[2,5]的值的和需要通过区间[1,4]的值加上区间[4,5]的值再减去区间[1,2]的值来得到，因此会涉及已发布结果中的多个统计值，造成噪声的累加，使得查询精度下降。连续统计发布过程设定了特殊的查询区间[1,t]，因此可以通过查询区间的关联性来降低误差，并且不影响其查询效率。

树状数组生成中间变量的过程可以通过矩阵与向量相乘的形式表示，当 $r=7$ 时，其表示形式如下：

$$\boldsymbol{S}=\boldsymbol{L}\times\boldsymbol{D}=\begin{pmatrix}1&0&0&0&0&0&0\\1&1&0&0&0&0&0\\0&0&1&0&0&0&0\\1&1&1&1&0&0&0\\0&0&0&0&1&0&0\\0&0&0&0&1&1&0\\0&0&0&0&0&0&1\end{pmatrix}\times\begin{pmatrix}1\\3\\5\\2\\4\\7\\6\end{pmatrix}=\begin{pmatrix}1\\4\\5\\11\\4\\11\\6\end{pmatrix}\tag{7.5}$$

其中，$\boldsymbol{L}$ 表示策略矩阵，$\boldsymbol{D}$ 表示原始数据集，$\boldsymbol{S}$ 表示中间变量向量，即通过策略矩阵将数据表示为中间变量的形式，添加噪声后再利用矩阵将其还原为查询结果。

当树结构确定后，即可通过式(7.5)将其还原为需要的连续统计发布值，当 $r=7$ 时，用矩阵表示其形式如下：

$$\boldsymbol{WD}=\boldsymbol{B}\times\boldsymbol{S}=\begin{pmatrix}1&0&0&0&0&0&0\\0&1&0&0&0&0&0\\0&1&1&0&0&0&0\\0&0&0&1&0&0&0\\0&0&0&1&1&0&0\\0&0&0&1&0&1&0\\0&0&0&1&0&1&1\end{pmatrix}\times\begin{pmatrix}1\\4\\5\\11\\4\\11\\6\end{pmatrix}=\begin{pmatrix}1\\4\\9\\11\\15\\22\\28\end{pmatrix}\tag{7.6}$$

其中 $\boldsymbol{W}$ 表示查询的负载矩阵。在连续统计发布背景中，其形式如下：

$$\boldsymbol{W}=\begin{pmatrix}1&0&0&0\\1&1&0&0\\1&1&1&0\\\vdots&\vdots&\vdots&\vdots\end{pmatrix}$$

即连续统计发布结果可以表示为 $\boldsymbol{WD}=\boldsymbol{BLD}$，且 $\boldsymbol{W}=\boldsymbol{BL}$。

在将树结构转换为矩阵形式后，本节的方法可以作为矩阵机制的一种特殊分解策略。矩阵机制通过将负载矩阵 $\boldsymbol{W}$ 进行矩阵分解得到一种最优的分解策略，以提高数据的发布精度。本节则设计一种特殊形式的矩阵分解策略，误差高于矩阵机制中的最优分解策略，但是

本节的矩阵分解策略可以通过树状数组的方式快速求解，从而满足流数据的实时性要求。根据文献[3]的结论，其均方误差为

$$\text{error}_L(\boldsymbol{W}) = \frac{2}{\varepsilon^2}\text{trace}(\boldsymbol{B}^{\mathrm{T}}\boldsymbol{B})\Delta_L^2 \tag{7.7}$$

假设数据规模为 N，根据式(7.2)可得到还原矩阵 $\boldsymbol{B}$ 中每一行的非零元素个数不大于 $\log_2 N$，而推出矩阵 $\boldsymbol{B}$ 的非零元素个数不大于 $N\log_2 N$。由于矩阵 $\boldsymbol{B}$ 中的非零元素只有 1，因此 $\text{trace}(\boldsymbol{B}^{\mathrm{T}}\boldsymbol{B}) \leqslant N\log_2 N$。根据式(7.4)可得 Δ_L 与树高 H 相同，因此 $\Delta_L = \log_2 N+1$，从而得到 n 次查询的误差 $\text{error}_L(\boldsymbol{W}) = O(N\log_2^3 N)$，平均单次查询误差为 $O(\log_2^3 N)$。

同时，转换为矩阵机制后，本节将通过文献[57]的结论提高其发布精度。根据其结论，存在一个对角矩阵$\boldsymbol{\Lambda}$，从而使得 $\boldsymbol{W}=\boldsymbol{BL} \Rightarrow \boldsymbol{W}=\boldsymbol{B\Lambda}^{-1}\boldsymbol{\Lambda L}$，通过选取合适的对角矩阵，可以提高数据的发布精度。

其相应的均方误差变为

$$\text{error}_L(\boldsymbol{W}) = \frac{2}{\varepsilon^2}\text{trace}(\boldsymbol{\Lambda}^{-1}\boldsymbol{B}^T\boldsymbol{B}\boldsymbol{\Lambda}^{-1})\Delta_{\Lambda L}^2 \tag{7.8}$$

通过调整对角矩阵可以使得误差进一步降低，文献[57]给出了具体求解方法，其过程如算法 7.3 所示。

但是添加对角矩阵后$\boldsymbol{\Lambda}$会使得原本的敏感度发生改变。通过将算法表示为矩阵后，可以在矩阵机制的框架下对其求解。根据文献[25]，矩阵机制表示如下：

$$A(\boldsymbol{W},\boldsymbol{D}) = \boldsymbol{B}\left(\boldsymbol{LD} + \text{Lap}\left(\frac{\Delta_L}{\varepsilon}\right)\right) \tag{7.9}$$

增加对角矩阵之后，式(7.9)变更为

$$A(\boldsymbol{W},\boldsymbol{D}) = \boldsymbol{B\Lambda}^{-1}\left(\boldsymbol{\Lambda LD} + \text{Lap}\left(\frac{\Delta_{\Lambda L}}{\varepsilon}\right)\right) \tag{7.10}$$

文献[3]中求解对角矩阵的方法的时间复杂度为 $O(\log_2 N)$，且在无滑动窗口约束的前提下，随着时间的推移，N 的值会越来越大，使查询精度下降，同时降低了发布效率。在滑动窗口背景中，由于滑动窗口大小是事先给定的，二叉树的大小随之确定，因此对角矩阵系数的计算可以作为预处理的部分，在实时发布过程中直接调用预先计算好的对角矩阵系数值，当滑动窗口大小$|W|$远小于数据流长度 N 时，不影响实时发布的查询效率。

7.3.3 算法描述

通过 7.3.2 节的分析，RTP_MM 算法可分为 3 部分：①对角矩阵系数求解过程；②结合对角矩阵系数，实现动态节点插入算法，完成动态构建过程中的树状数组更新和噪声添加；③以动态节点插入算法为基础，加入树状数组更替过程，实现针对任意区间查询的差分隐私流数据实时发布算法。

首先给出利用对角矩阵系数优化方法的系数求解过程。

算法 7.3　对角矩阵系数求解算法 getLambda

输入：数组大小 N，下标 k

输出：对角矩阵系数 λ_k

1. 初始化 λ_k 为 1，计算出所需的系数 $\delta_1 \sim \delta_{\log_2 T+1}$
2. kt←k，m←$\log_2 T+1$，div←2^{m-1}；
3. while div≠kt
4.   if kt<div then $\lambda_k \leftarrow \lambda_k \times \delta_t$；
5.   if kt>div then kt←kt−div；
6.   div←div/2，$m \leftarrow m-1$ ；
7. wend
8. $\lambda_k \leftarrow \lambda_k \times (1-\delta_t)$；
9. 返回对角矩阵系数 λ_k

其次，给出当有新数据到来时动态构建过程中的节点插入算法，结合对角矩阵系数求解算法 7.3 实现动态构建过程的添加噪声步骤，使算法满足 ε-差分隐私。

算法 7.4　节点插入算法 Insert2

输入：树高 H，树状数组 S，隐私预算 ε

输出：更新后的树状数组

1. 更新当前时序对应的节点 i 的值，同时更新节点 i 的父节点的值：
   $L=2^{H-1}$；id$=(i-1)\%L+1$；
   S[id]$=S$[id]$+x$；　　　　　　　　//S 记录树状数组的值，x 为当前的统计值
   if(id+lowbit[id]<=L)
   S[id+lowbit[id]]= S[id+lowbit[id]]+S[id]；
2. S[id]$=S$[id]+Lap(H/ε)/DM[id]；　　　　//为树中的对应节点添加噪声
3. Sum[id]=Sum[id−lowbit(id)] +S[id]；
   　　　　　　　　//计算当前时刻的连续统计值，用于查询时的数据发布
4. 返回更新后的树状数组

通过节点插入算法，结合树状数组的更替过程，最终实现滑动窗口下的任意区间查询实时发布算法 RTP_MM（Real-Time Publishing algorithm based on Matrix analysis Methods）。

算法 7.5　基于快速对角矩阵的滑动窗口下的任意区间查询实时发布算法 RTP_MM

输入：原始数据流，滑动窗口大小$|W|$

输出：每次查询的结果

1. 根据滑动窗口大小初始化树高 H、树状数组 S(大小为 $L= 2^{H-1}$)和 Sum 数组(表示连续统计值，大小为 L)，利用算法 7.3，求得对应 L 的对角矩阵系数 DM 数组
2. 调用节点插入算法 Insert2 动态插入节点，将滑出滑动窗口的 Sum 数组中的节点删除，并移至回收池
3. 考虑当前时序编号 i
   if($i\%L$==0) 转到步骤 4；

else 转到步骤 5;

4. 将 S 数组初始化,创建新的 Sum 数组,旧的 Sum 数组值保留

5. 对于滑动窗口内的给定查询,通过多个 Sum 数组的连续统计值计算出查询结果,转到步骤 2

7.3.4 算法分析

结论 7.1 RTP_MM、RTP 算法满足 ε-差分隐私。

证明:在算法 RTP_MM 中,通过矩阵分解策略将查询矩阵 $\boldsymbol{W}$ 分解为 $\boldsymbol{W}=\boldsymbol{B}\boldsymbol{\Lambda}^{-1}\boldsymbol{\Lambda}\boldsymbol{L}$,对应的加噪算法为 $A(\boldsymbol{W},\boldsymbol{D})=\boldsymbol{B}\boldsymbol{\Lambda}^{-1}\left(\boldsymbol{\Lambda}\boldsymbol{L}\boldsymbol{D}+\mathrm{Lap}\left(\frac{\Delta_{\Lambda L}}{\varepsilon}\right)\right)$,查询结果通过发布 $\boldsymbol{\Lambda}\boldsymbol{L}\boldsymbol{D}$ 的值来获得,可以将 $\boldsymbol{\Lambda}\boldsymbol{L}$ 当作查询集 Q,根据定义 7.3 计算其查询敏感度为 $\Delta_{\Lambda L}$,因此对需要发布的树中的每个节点值添加噪声 $\mathrm{Lap}(\Delta_{\Lambda L}/\varepsilon)$,根据式(7.2)可知 $\Delta_{\Lambda L}$ 等于树状数组模型的树高 H。算法 7.2 的步骤 2 中对树中每个节点添加噪声 $\mathrm{Lap}(H/\varepsilon)$,同时结合定义 7.5 可知,该方法符合 Laplace 机制的定义,因此 RTP_MM 算法满足 ε-差分隐私,同理可得 RTP 算法满足 ε-差分隐私。

结论 7.2 RTP_MM 算法发布效率为 $O(N)$,单次查询效率为 $O(1)$。

证明:在 RTP_MM 算法中,算法 7.4 的步骤 1~4 均只要 $O(1)$时间即可完成操作,由此可知插入算法 7.4 的整体时间复杂度为 $O(1)$。在算法 7.5 中,步骤 2 到步骤 5 循环执行,每当有新节点插入树时,执行算法 7.4 一次。当流数据规模为 N 时,整体的数据更新过程的时间复杂度为 $O(N)$。设 L 为树状数组的长度,在算法 7.5 中的步骤 4 创建新的 Sum 数组与初始化 S 数组的时间复杂度为 $O(L)$,只有 $i\%L==0$ 时才会执行,即每输入 L 个数据时才会执行一次步骤 4,因此当 $N\gg L$ 时,其时间复杂度为 $O(N)$。设滑动窗口大小为 $|W|$,由算法 7.5 可知,步骤 1 只有在模型初始化的时候执行一次,由于其需要执行对角矩阵系数求解算法,因此该步骤的时间复杂度为 $O(|W|\log_2|W|)$,因此算法 7.5 的运行效率为 $O(|W|\log_2|W|+N)$,当 $N\gg|W|$时,算法的发布效率为 $O(N)$。在算法运行过程中,每当有区间查询$[l,r]$时,通过 $\mathrm{Sum}[r]-\mathrm{Sum}[l]$即可获得结果,因此单次查询效率为 $O(1)$。

7.3.5 实验结果与分析

本节从查询效率和查询精度两个方面对 5 个算法进行实验比较和分析来说明本节算法的有效性,其中 FDA 为文献[3]提出在无滑动窗口下利用矩阵机制的连续统计发布算法,RTP 为本节仅利用树状数组而未利用矩阵机制进行优化的算法,HQ_DPSAP 为文献[2]提出的基于二叉树结构利用历史查询优化的流数据发布方法,RTP_MM 为本节提出的利用树状数组并经对角矩阵优化的算法。LP 为 Dwork[1] 提出的直接在每个事件统计值上添加 Laplace 噪声的方法。为了排除随机参数对实验结果的影响,每组实验运行 30 次,取其平均值作为实验对比数据。

1. 实验数据与环境

本节采用了文献[4]中的数据集 Search Logs、Nettrace 和文献[5]中的数据集 WorldCup98 进行对比实验。这 3 个数据集的数据规模如表 7.1 所示。

表 7.1　3 个数据集的数据规模

数据集	Search Logs	Nettrace	WorldCup98
数据规模	35 768	65 536	7 518 579

在实验中，采用均方误差衡量算法发布数据的查询精度，误差公式如下：

$$\mathrm{Error}(Q)=\frac{\sum_{q\in Q}(q(\boldsymbol{D})-q(\boldsymbol{D}'))}{|Q|} \tag{7.11}$$

其中，$|Q|$为查询的数量，$\boldsymbol{D}$为原始数据集，$\boldsymbol{D}'$为添加噪声后的发布结果，q表示一次查询。

实验环境为：Intel Core i5 4570 3.2GHz 处理器，8GB 内存，Windows 7 操作系统；算法用 C++ 语言实现；由 Excel 生成实验图表。

2. 查询效率的对比分析

1）查询次数对查询效率的影响

本实验每隔一段固定时间设置不同的查询次数来比较 4 个算法的查询效率。由于在小数据集上查询效率变化不明显，因此本实验只使用 WorldCup98 数据集来考察查询效率，其中查询区间大小均设为 32 768，涉及滑动窗口的算法的窗口大小固定为 65 536。实验结果如图 7.7 所示。

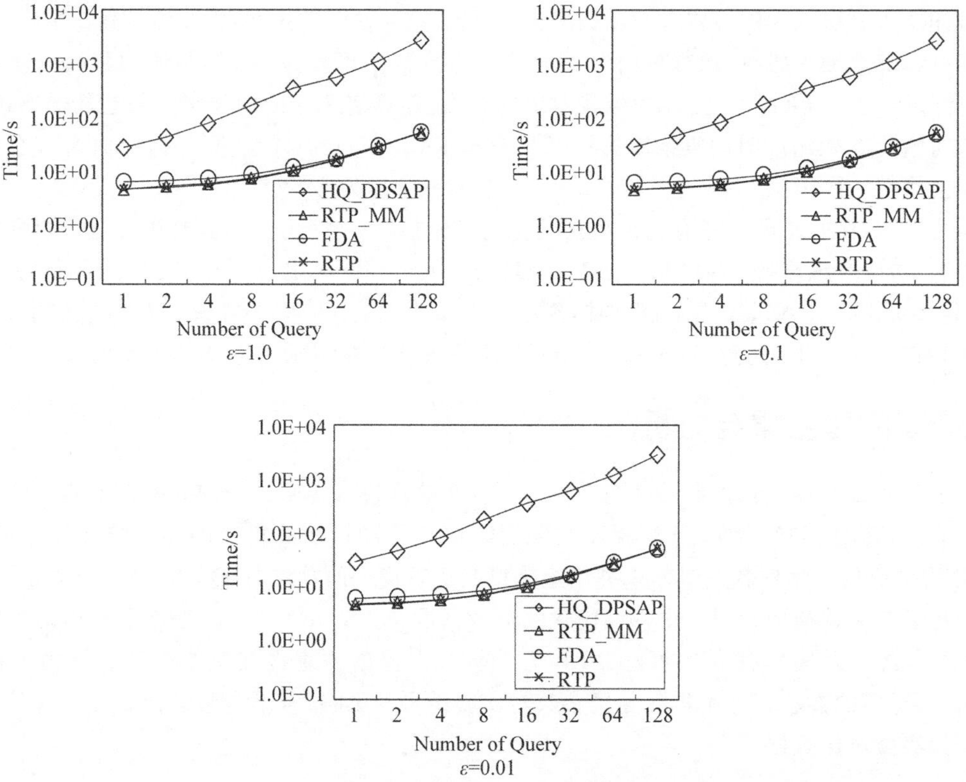

图 7.7　每隔一段固定时间不同查询次数下的查询效率比较（WorldCup98）

从图 7.7 可以看出，除了 HQ_DPSAP 外，利用连续统计发布获得滑动窗口内任意区间

查询值的算法的查询效率基本一致，只有在查询次数较少时有所差异，这是因为在查询次数较少时，影响查询效率的主要因素是模型构建所花费的时间。RTP 与 RTP_MM 算法在模型构建上的时间复杂度均为 $O(N)$，因此在图 7.7 中两条曲线基本重合；而 FDA 算法的模型构建时间复杂度[3]为 $O(N\log_2 N)$，因此其查询效率略低。当查询次数增加时，影响查询效率的主要因素是查询时所花费的时间，该时间随查询次数的增加而增加。利用连续统计发布结果获得任意区间查询结果的算法的查询效率为 $O(1)$，而 HQ_DPSAP 通过构建区间树来实现滑动窗口内任意区间查询，虽可使查询所涉及的树中节点个数较少，但由于每次查询均要重新遍历树高，因此对于单次查询而言，其时间复杂度为 $O(\log_2|W|)$，与其滑动窗口大小相关，故查询效率较低。

2）滑动窗口大小对查询效率的影响

本实验设置不同的滑动窗口大小来比较 4 个算法的查询效率。由于在小数据集上查询效率变化不明显，因此本实验只使用 WorldCup98 数据集来考察查询效率。滑动窗口大小分别设置为 $2^{15}, 2^{16}, \cdots, 2^{21}$，查询区间大小设为滑动窗口大小的一半，以使得查询区间大小随滑动窗口增加而增加。查询次数设为每隔一段固定时间查询一次。实验结果如图 7.8 所示。

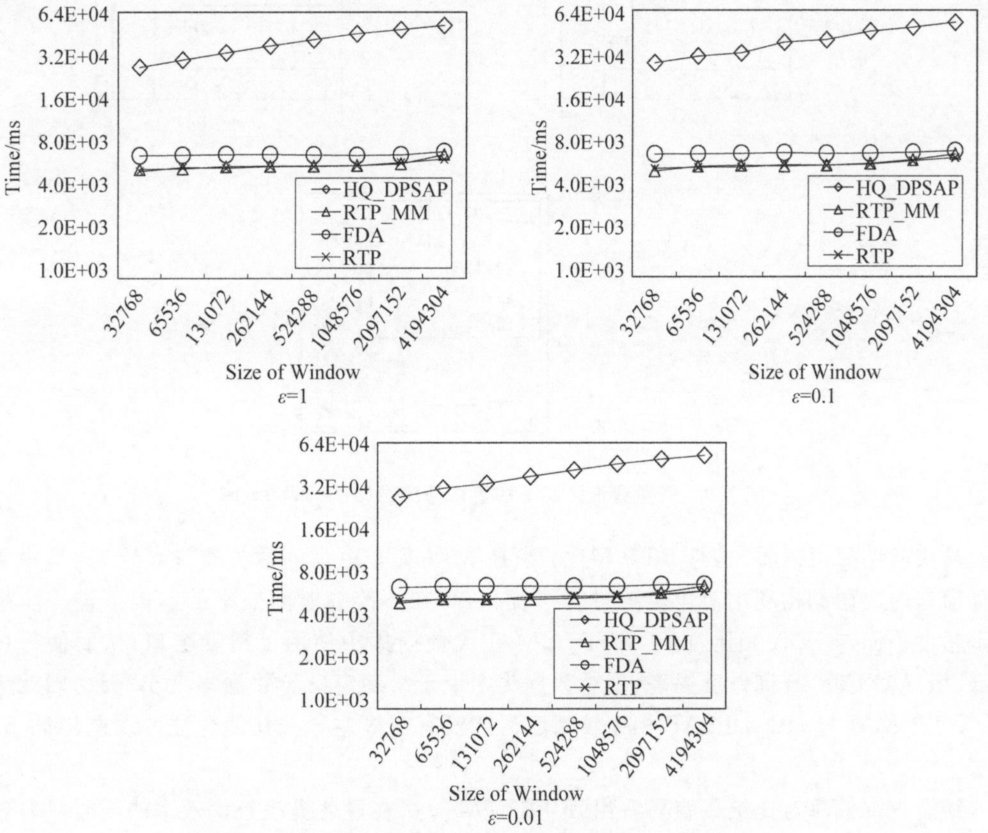

图 7.8　不同滑动窗口大小下的查询效率对比（WorldCup98）

从图 7.8 可以看出，随着滑动窗口大小的增加，RTP、FDA 算法的查询效率变化最小。滑动窗口只影响 RTP 算法的空间大小；而对于 FDA 算法而言，查询效率只与流数据的预设

大小相关，与滑动窗口大小无关。对于 RTP_MM 算法而言，滑动窗口会影响其预处理的时间，而与查询无关，HQ_DPSAP 算法的查询效率是 $O(\log_2|W|)$，因此随着滑动窗口大小的增加，其查询时间会逐步增加，因此 RTP、FDA、RTP_MM 算法的时间曲线均位于其下方。

3. 查询精度的对比分析

本实验将在 Search Logs、Nettrace、WorldCup98 这 3 个数据集上进行滑动窗口下的任意区间查询的查询精度比较。由于 Search Logs、Nettrace 的数据规模较小，因此将滑动窗口的长度设为数据集的大小；为了便于比较，将 WorldCup98 数据集的滑动窗口大小设为 65 536。

本实验每隔一段固定时间生成一次滑动窗口内的任意大小的随机区间查询，对比分析平均查询误差。实验结果如图 7.9 至图 7.11 所示。

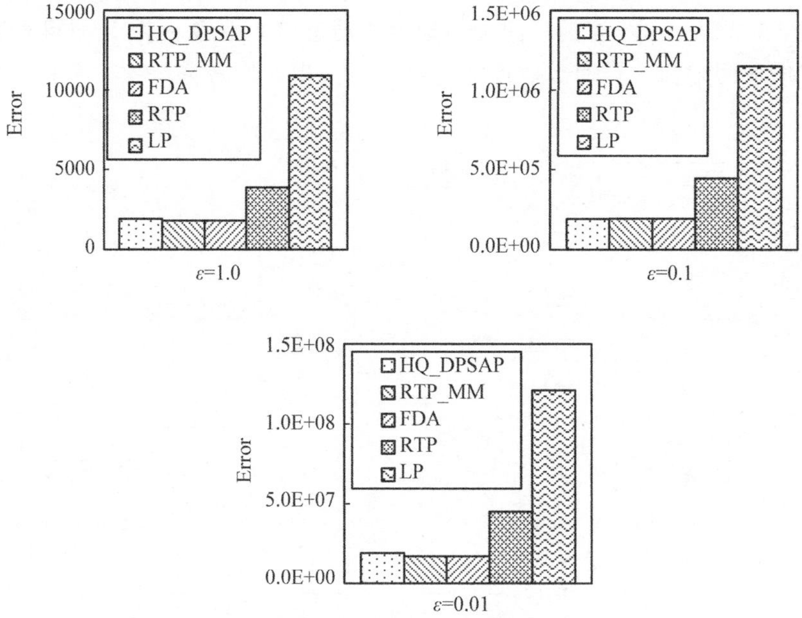

图 7.9　任意查询区间下的查询精度对比(Search Logs)

从实验结果可以看出，与 RTP 相比，RTP_MM 具有更高的数据查询精度，这是由于对滑动窗口内的树结构利用对角矩阵进行了优化，可在不改变时间效率的前提下进一步提高查询精度。而与 FDA 相比，由于 RTP_MM 在大数据集中使用了滑动窗口，从而使得树高降低，敏感度下降，查询精度提高；在小数据集中由于滑动窗口与数据集大小一致，因此无差异。RTP_MM 与 HQ_DPSAP 相比较精度误差没有明显差异。其他算法的误差均低于 LP 方法。

结合查询效率对比结果容易看出，RTP_MM 算法在显著提高查询效率的同时具有较优的查询精度。

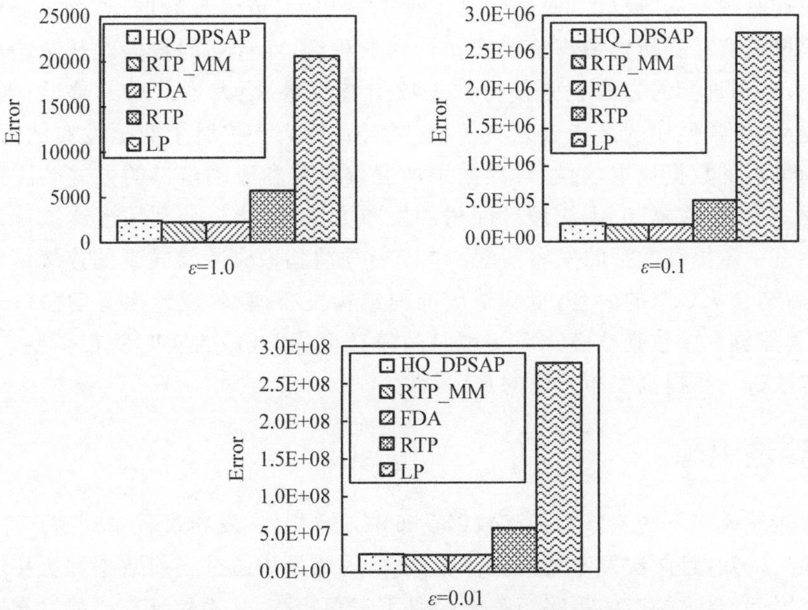

图 7.10　任意查询区间下的查询精度对比(Nettrace)

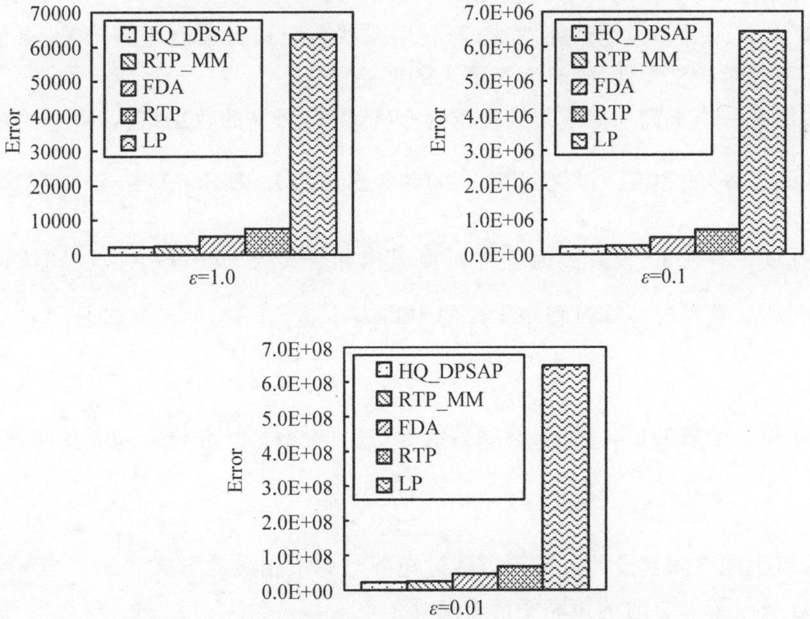

图 7.11　任意查询区间下的查询精度对比(WorldCup98)

7.4　指数衰减模式下的差分隐私流数据发布

在实际中,一些应用通常更注重对近期数据的统计发布,而对历史数据的关注度较低。监视应用程序更重视最近的数据,因为最近的事件与统计数据更为相关。例如,监视应用程序通常考虑连续观测的"窗口",如最后的 T 个时间单元,或者最后的 W 个更新值。在商品打折中会根据该商品的历史销售情况选择让利的程度,而近期的数据对其影响更大。为解决该类问题,一种直接的方法就是使得数据项带有权重,距离当前时刻越近,则权重越大。在上述问题中,经常使用的是指数衰减模型。Bolot 等人[6]扩展了数据发布的形式,将重点放在离当前最近的数据流中,通过对数据添加衰减权重和滑动窗口的方式解决带权的流数据发布问题。然而,文献[6]中使用区间树的发布方法,未能充分利用连续统计发布中查询间的关联性进一步提高数据的发布精度。本节首先将指数衰减模式下的连续统计发布用矩阵表示,之后结合 7.3 节的内容,得到对应的树结构发布模型,设计出滑动窗口下的动态构建方法,使其能够在指数衰减模式下实现时间复杂度为 $O(1)$ 的实时发布模型,并利用对角矩阵优化方法进一步提高发布方法的查询精度。

7.4.1 算法思想

在指数衰减模式下的差分隐私流数据发布中,数据是在发布过程中动态产生的,未来的数据无法预先得知,且两次发布之间存在相关性,因此只能通过当前数据和历史数据来优化查询结果。因此,要求构造的策略矩阵 $\boldsymbol{L}$ 应是下三角矩阵,从而保证与当前发布时刻相关的数据只有历史数据及当前的数据。同时,为使发布数据更具可用性,应将误差期望控制在一定范围内,可借鉴 Boost[4] 的均方误差期望 $O(\log_2^3 N)$,构造的策略矩阵应使得噪声带来的均方误差不高于 $O(\log_2^3 N)$。经研究发现,若利用树状数组进行策略矩阵构造,可使构造的策略矩阵满足下三角满秩特性,同时满足要求的误差期望。

树状数组是一个查询和修改复杂度都为 $O(\log_2 N)$级别的数据结构,对于给定的 r,可以快速求得区间[1,r]的和值。设区间[1,r]的和为 $\mathrm{Sum}(r)$, 即 $\mathrm{Sum}(r)=\sum_{j=1}^{r} D_j$。在指数衰减模式下,数据项带有权重。设衰减因子为 p,则其求和公式为 $\mathrm{Sum}(r)=\sum_{j=1}^{r} p^{r-j}D_j$。在指数衰减模式下,在树状数组的计算过程中生成的中间统计量 $S_i(i\in[1,r])$ 如下:

$$S_i=\sum_{j=i-\mathrm{lowbit}(i)+1}^{i} p^{i-j} D_j \quad (i=1,2,\cdots,r) \tag{7.12}$$

其中 D_j 表示第 j 个数的值。然后,树状数组通过中间统计量 S_i 得到如下区间和值:

$$\mathrm{Sum}(r)=\sum_{i=\lfloor \log_2 \mathrm{lowbit}(r)\rfloor}^{\lfloor \log_2 r\rfloor} p^{r \bmod i} S_{r-r \bmod i} \tag{7.13}$$

树状数组生成中间变量的过程可以通过矩阵与向量相乘的形式表示。当 $r=7$ 时,根据式(7.12),衰减因子为 p 时的策略矩阵 $\boldsymbol{L}$ 如下:

$$\boldsymbol{L}=\begin{bmatrix} 1 & 0 & 0 & 0 & 0 & 0 & 0 \\ p & 1 & 0 & 0 & 0 & 0 & 0 \\ 0 & 0 & 1 & 0 & 0 & 0 & 0 \\ p^3 & p^2 & p & 1 & 0 & 0 & 0 \\ 0 & 0 & 0 & 0 & 1 & 0 & 0 \\ 0 & 0 & 0 & 0 & p & 1 & 0 \\ 0 & 0 & 0 & 0 & 0 & 0 & 1 \end{bmatrix} \tag{7.14}$$

即通过策略矩阵将数据表示为中间变量的形式，添加噪声后，再利用矩阵将其还原为查询结果。

由于 $\boldsymbol{W}=\boldsymbol{BL}$，$\boldsymbol{L}$ 和 $\boldsymbol{W}$ 均已知且为可逆矩阵，因此还原矩阵 $\boldsymbol{B}$ 可以表示为 $\boldsymbol{B}=\boldsymbol{WL}^{-1}$。但矩阵求逆运算的时间复杂度为 $O(N^3)$，无法满足流数据发布的实时性要求，因此矩阵 $\boldsymbol{B}$ 不能直接计算得到，而需通过构造得到。为此，可利用式(7.13)对矩阵 $\boldsymbol{B}$ 进行构造，当 $r=7$，衰减因子为 p 时的还原矩阵如下：

$$\boldsymbol{B}=\begin{pmatrix}1&0&0&0&0&0&0\\0&1&0&0&0&0&0\\0&p&1&0&0&0&0\\0&0&0&1&0&0&0\\0&0&0&p&1&0&0\\0&0&0&p^2&0&1&0\\0&0&0&p^3&0&p&1\end{pmatrix}\tag{7.15}$$

通过式(7.12)、式(7.13)的计算过程和对式(7.14)、式(7.15)的观察可以发现，$\boldsymbol{L}$ 矩阵与 $\boldsymbol{B}$ 矩阵均为稀疏矩阵，因此在计算矩阵乘法的过程中，无须直接进行矩阵运算，只要计算非零元素即可。

设流数据规模为 N，在矩阵 $\boldsymbol{B}$ 中的非零元素个数为 $O(N\log_2 N)$，且均小于或等于 1，因此 $\mathrm{trace}(\boldsymbol{B}^{\mathrm{T}}\boldsymbol{B})$ 的大小为 $O(N\log_2 N)$。同样，在矩阵 $\boldsymbol{L}$ 中，每一列非零元素个数为 $O(\log_2 N)$，且均小于或等于 1，因此其 1-范数为 $O(\log_2 N)$，可得总体均方误差为 $O(\log_2^3 N)$，对于每条查询的均方误差为 $O(\log_2^3 N)$。因此，利用树状数组构造策略矩阵是符合均方误差复杂度要求的。至此，就完成了完整的策略矩阵构造过程。然而，通过预先构造 $\boldsymbol{L}$ 和 $\boldsymbol{B}$ 来进行发布，无法满足流数据的实时性要求。因此，在实际数据发布过程中，结合 7.3 节的内容，将矩阵的构造过程转换为树状数组中的树模型构建过程，可以在 $O(1)$ 的时间复杂度下发布一次数据。指数衰减模式下的树节点计算过程如图 7.12 所示。

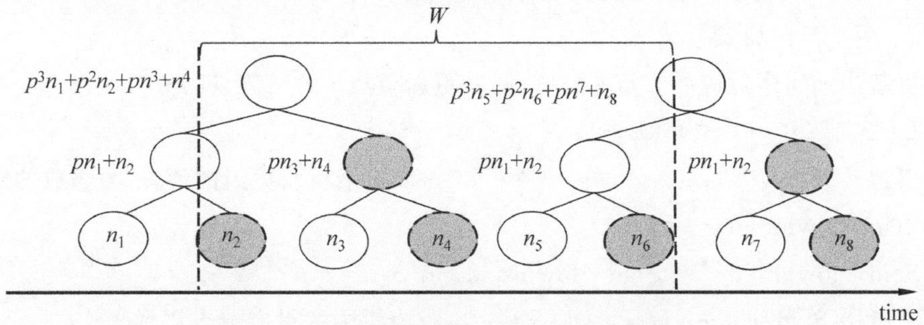

图 7.12　指数衰减模式下的树节点计算过程

同时根据树状数组的分解过程，可利用指数衰减模式下的对角矩阵优化策略，在此基础上提高数据的发布精度，据此设计出指数衰减模式下的流数据实时发布方法。

7.4.2　算法描述

通过 7.4.1 节的分析，本节算法分为 3 部分：①指数衰减模式下的对角矩阵系数求解；

②结合对角矩阵系数，实现动态节点插入算法，完成动态构建过程中的树状数组更新和噪声添加；③以动态节点插入算法为基础，加入树状数组更替过程，实现针对任意区间查询的差分隐私流数据实时发布算法。

首先将查询转换为矩阵表示，结合矩阵机制，给出利用对角矩阵系数优化方法的系数求解过程。

算法 7.6 对角矩阵系数求解算法 getLambda

输入：时刻上限 T，下标 k，衰减因子 p

输出：对角矩阵系数 λ_k

1. 初始化 λ_k 为 1，计算出所需的系数 $\delta_1 \sim \delta_{\log_2 T+1}$
2. $\mathrm{kt} \leftarrow k, m \leftarrow \log_2 T+1, \mathrm{div} \leftarrow 2^{m-1}$;
3. while $\mathrm{div} \neq \mathrm{kt}$
4.   if $\mathrm{kt} < \mathrm{div}$ then $\lambda_k \leftarrow \lambda_k \times \delta_t$;
5.   if $\mathrm{kt} > \mathrm{div}$ then $\mathrm{kt} \leftarrow \mathrm{kt} - \mathrm{div}$;
6. $\mathrm{div} \leftarrow \mathrm{div}/2, m \leftarrow m-1$;
7. wend
8. $\lambda_k \leftarrow \lambda_k \times (1-\delta_t)/p$;
9. 返回对角矩阵系数 λ_k

其次，根据矩阵的分解策略，应用树状数组模型动态构建过程。给出当有新数据到来时动态构建过程中的节点插入算法，结合对角矩阵系数求解算法 7.3 实现动态构建过程的添加噪声步骤，使算法满足 ε-差分隐私。

算法 7.7 节点插入算法 Insert

输入：树高 H，树状数组 S，隐私预算 ε，衰减因子 p

输出：更新后的树状数组

1. 更新当前时序对应的节点 i 的值，同时更新节点 i 的父节点的值
   $L=2^{H-1}$; $\mathrm{id}=(i-1)\%L+1$;
   $S[\mathrm{id}]=S[\mathrm{id}]+x$;   //$S$ 记录树状数组的值，x 为当前的统计值
   if($\mathrm{id}+\mathrm{lowbit}[\mathrm{id}] <= L$)
   $S[\mathrm{id}+\mathrm{lowbit}[\mathrm{id}]] = S[\mathrm{id}+\mathrm{lowbit}[\mathrm{id}]] + S[\mathrm{id}] \times p^{\mathrm{lowbit}[\mathrm{id}]}$;
2. $\mathrm{S}[\mathrm{id}]=\mathrm{S}[\mathrm{id}]+\mathrm{Lap}(H/\varepsilon)/\mathrm{DM}[\mathrm{id}]$;   //为树中的对应节点添加噪声
3. $\mathrm{Sum}[\mathrm{id}]=\mathrm{Sum}[\mathrm{id}-\mathrm{lowbit}(\mathrm{id})] \times p^{\mathrm{lowbit}[\mathrm{id}]} + S[\mathrm{id}]$;
   //计算当前时刻的连续统计值，用于查询时的数据发布
4. 返回更新后的树状数组

通过节点插入算法，结合树状数组的更替过程，最终形成滑动窗口下基于指数衰减模式的任意区间查询实时发布算法 RTP_DMM(Real-Time Publishing algorithm under Decay Mode based on Matrix analysis methods)。

算法 7.8　滑动窗口下基于指数衰减模式的任意区间查询实时发布算法 RTP_DMM

输入：原始数据流，滑动窗口大小$|W|$

输出：每次查询的结果

1. 根据滑动窗口大小初始化树高 H、树状数组 S(大小为 $L=2^{H-1}$)和 Sum 数组(表示连续统计值，大小为 L)，利用算法 7.3，求得对应 L 的对角矩阵系数 DM 数组
2. 调用节点插入算法 Insert 动态插入节点，将滑出滑动窗口的 Sum 数组中的节点删除，并移至回收池
3. 考虑当前时序编号 i
   if($i\%L==0$) 转到步骤 4；
   else 转到步骤 5；
4. 将 S 数组初始化，创建新的 Sum 数组，旧的 Sum 数组值保留
5. 对于滑动窗口内的给定查询，通过多个 Sum 数组的连续统计值计算出查询结果，转到步骤 2

7.4.3 算法分析

结论 7.3　RTP_DMM 算法满足 ε-差分隐私。

证明：在算法 RTP_DMM 中，通过矩阵分解策略将查询矩阵 $\boldsymbol{W}$ 分解为 $\boldsymbol{W}=\boldsymbol{B\Lambda}^{-1}\boldsymbol{\Lambda L}$，对应的加噪算法为 $A(\boldsymbol{W},\boldsymbol{D})=\boldsymbol{B\Lambda}^{-1}(\boldsymbol{\Lambda LD}+\mathrm{Lap}(\Delta_{\Lambda L}/\varepsilon)$，查询结果通过发布$\boldsymbol{\Lambda LD}$ 的值来获得，可以将$\boldsymbol{\Lambda}_N\boldsymbol{L}_N$当作查询集 Q，根据定义 2.3 计算其查询敏感度为 $\Delta\,\boldsymbol{\Lambda}_N\boldsymbol{L}_N$，由此对需要发布的树中的每个节点值添加噪声 $\mathrm{Lap}(\Delta_{\Lambda L}/\varepsilon)$。根据式(4.7)可知 $\Delta_{\Lambda L}=1+p^2+p^4+\cdots+p^{2H}$，当 $p\leqslant 0$ 时 $\Delta_{\Lambda L}$ 小于或等于树状数组模型的树高 H。算法 7.1 的步骤 2 中对树中每个节点添加噪声 $\mathrm{Lap}(H/\varepsilon)$，同时结合定义 2.5 可知，该方法符合 Laplace 机制的定义，因此 RTP_DMM 算法满足 ε-差分隐私。

结论 7.4　RTP_DMM 算法发布效率为 $O(n)$，单次查询效率为 $O(1)$。

证明：在 RTP_DMM 算法中，算法 7.7 的步骤 1～4 均只要 $O(1)$时间即可完成操作，由此可知算法 7.7 的整体时间复杂度为 $O(1)$。在算法 7.8 中步骤 2～5 循环执行，每当有新节点插入树时，执行算法 7.7 一次。当流数据规模为 N 时，整体的数据更新过程的时间复杂度为 $O(N)$。设 L 为树状数组的长度，算法 7.8 中的步骤 4 创建新的 Sum 数组与初始化 S 数组的时间复杂度为 $O(L)$，只有 $i\%L==0$ 时才会执行，即每输入 L 个数据时才会执行一次步骤 4，因此当 $N\gg L$ 时，其时间复杂度为 $O(N)$。设滑动窗口大小为$|W|$，由算法 7.8 可知，步骤 1 只有在模型初始化的时候执行一次，由于其需要执行对角矩阵系数求解算法，因此该步骤时间复杂度为 $O(|W|\log_2|W|)$，因此算法 7.8 的运行效率为 $O(|W|\log_2|W|+N)$，当 $N\gg W$ 时，算法的发布效率为 $O(N)$。在算法运行过程中，每当有区间查询$[l,r]$时，通过 $\mathrm{Sum}[r]-\mathrm{Sum}[l]$即可获得结果，因此单次查询效率为 $O(1)$。

7.4.4 实验结果与分析

本节从查询效率和查询精度两个方面对 3 个算法进行比较以说明算法的有效性。其中，RTP_DMM 算法为本节提出的将指数衰减模式下的连续统计发布的矩阵进行分解后，

结合第 3 章的结果得到的指数衰减模式下基于滑动窗口的实时发布算法;EX 算法为文献[6]提出的利用区间树进行指数衰减模式下基于滑动窗口的流数据发布的算法,LP 为 Dwork 提出的直接添加噪声的流数据发布算法,它直接对每个发布的节点值乘以权重函数以产生对应的查询值,因此对发布算法本身不需要做额外的处理。本实验设置了不同的隐私预算参数: 1.0、0.1、0.01,为了排除随机参数对实验结果的影响,每组实验运行 30 次,取其平均值用作实验对比数据。

1. 实验数据与环境

为便于对比与分析,实验数据沿用 7.3.5 节的数据集。

实验环境为: Intel Core i5 4570 3.2GHz 处理器,8GB 内存,Windows 7 操作系统;算法用 C++ 语言实现;由 Excel 生成实验图表。

2. 查询效率的对比分析

1) 查询次数对查询效率的影响

本实验每隔一段固定时间设置不同的查询次数来比较 3 个算法的查询效率。由于在小数据集上查询效率变化不明显,因此本实验只使用 WorldCup98 数据集来考察查询效率,其中查询区间大小均设为 32 768,涉及滑动窗口的算法的窗口大小固定为 65 536,衰减因子 p 设为0.9995。实验结果如图 7.13 所示。

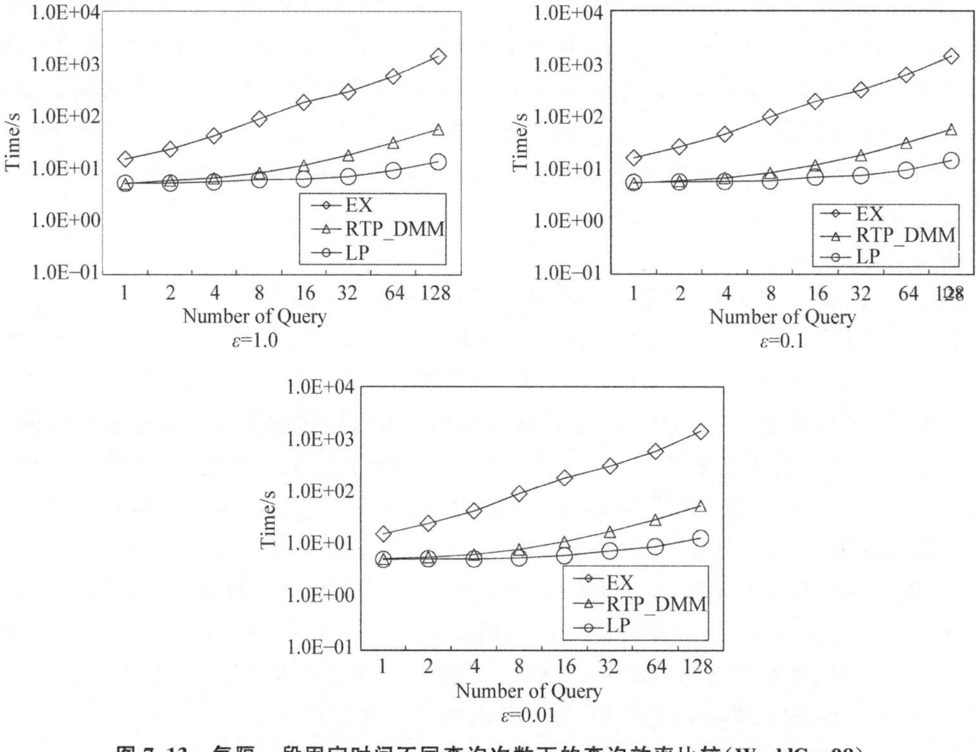

图 7.13 每隔一段固定时间不同查询次数下的查询效率比较(WorldCup98)

从图 7.13 中可以看出,随着查询次数的增加,其运行时间差异越来越明显。这是因为,在查询次数较少时,影响查询效率的主要因素是模型构建所花费的时间;当查询次数增加时,影响查询效率的主要因素是查询时所花费的时间,它随查询次数的增加而增加。和 LP

算法、RTP_DMM算法相比，EX算法随着查询次数的增加，其查询时间增加幅度较大。这是由于EX算法通过构建区间树来实现滑动窗口内任意区间查询，虽可使查询所涉及的树中节点个数较少，但由于每次查询均要重新遍历树高，因此对于单次查询而言，其时间复杂度为$O(\log_2|W|)$，与滑动窗口大小相关，在滑动窗口较大时查询效率较低。而RTP_DMM算法利用连续统计发布结果来获得任意区间查询结果，其查询效率为$O(1)$。LP算法对每一个节点值添加噪声，然后后计算$[1,r]$的和，通过$\mathrm{Sum}(r)-\mathrm{Sum}(l-1)\times p^{r-l+1}$计算出所需的区间查询的和值，其查询效率为$O(1)$。但是LP算法在计算和值时涉及的节点较多，会带来较大的误差。与LP算法相比，RTP_DMM算法为了减少误差，需要更复杂的计算，其时间复杂度中的常数较大。因此在图7.13中，随着查询次数的增加，其运行时间比LP算法略有增加。

2）滑动窗口大小对查询效率的影响

本实验设置不同的滑动窗口大小来比较3个算法的查询效率。由于在小数据集上查询效率变化不明显，因此本实验只使用WorldCup98数据集来考察查询效率，滑动窗口大小分别设置为$2^{15},2^{16},\cdots,2^{21}$，查询区间大小设为滑动窗口大小的一半，以使得查询区间大小随滑动窗口的增加而增加，查询次数设为每时刻查询一次。实验结果如图7.14所示。

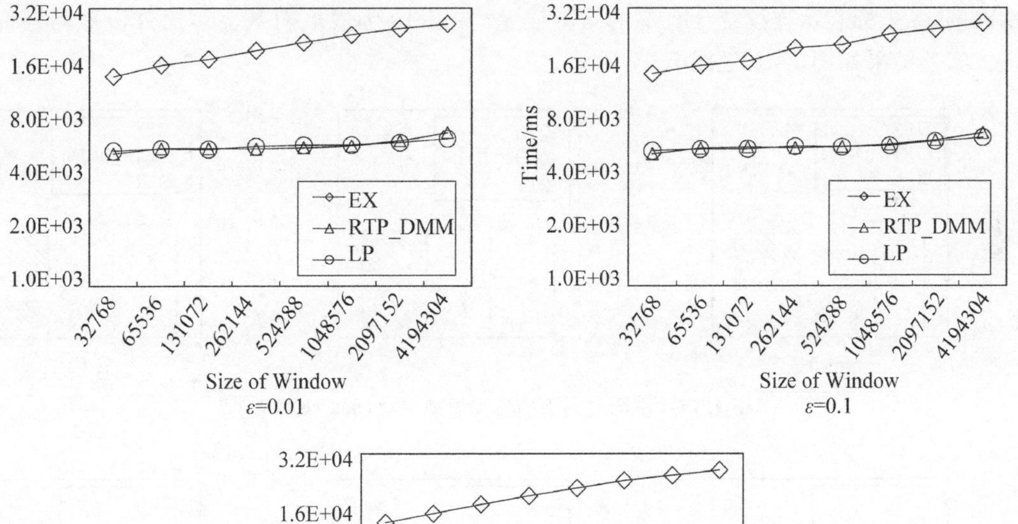

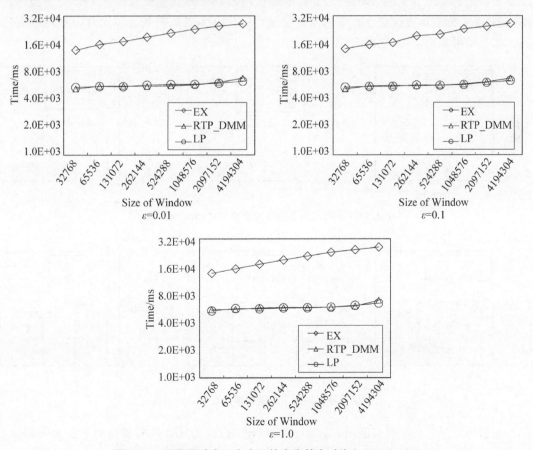

图7.14　不同滑动窗口大小下的查询效率对比（WorldCup98）

从图7.14可以看出，滑动窗口大小对RTP_DMM、LP算法的影响最小，滑动窗口只影响 RTP_DMM 算法的空间大小和预处理时间。对于 LP 算法而言，查询效率与滑动窗口大小无关。对于 RTP_DMM 算法而言，滑动窗口会影响其预处理的时间，而与查询无关。EX 算法的查询效率是 $O(\log_2 W)$，随着滑动窗口大小的增加，其查询时间会逐步增加，因此 LP、RTP_DMM 算法的时间曲线均位于其下方。LP 与 RTP_DMM 算法因为其查询效率均是 $O(1)$，随着滑动窗口大小的增加，两者的查询效率的变化几乎相同。

3. 查询误差的对比分析

实验将在 Search Logs、Nettrace、WorldCup98 这 3 个数据集上进行滑动窗口下的任意区间查询的查询精度比较，并考察衰减因子的改变对查询误差的影响。由于 Search Logs 和 Nettrace 的数据规模较小，因此将滑动窗口的长度设为数据集的大小。而在 WorldCup98 数据集中，为了便于比较，将滑动窗口的大小设为 65 536。

1）任意查询区间的查询误差对比

本实验每隔一段固定时间生成一次滑动窗口内的任意大小的随机区间查询。在指数衰减模式中，如果衰减因子设置较小，会使得衰减速度过快，计算区间和值时，只会涉及几个节点。例如，设置 p 为 0.1 时，$p^5=10^{-5}$，不论查询区间长度为多少，长度超过 5 以后，其值将基本由最近的 5 个节点的值确定，因此将查询使用的衰减因子 p 设置为 0.9995。横坐标表示时间，纵坐标表示连续统计查询的均方误差，并以 10 为底取对数。对比分析平均查询误差。实验结果如图 7.15 至图 7.17 所示。

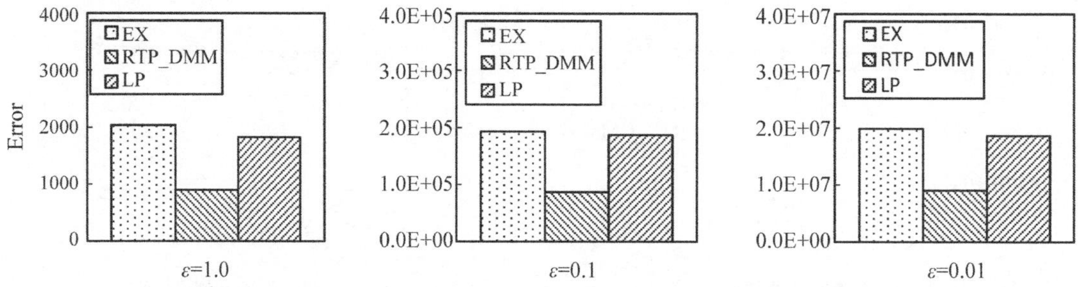

图 7.15　不同时刻下的查询误差对比（Search Logs）

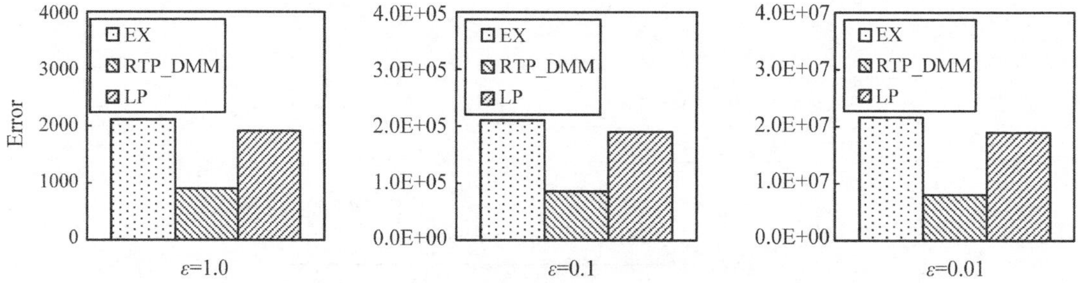

图 7.16　不同时刻下的查询误差对比（Nettrace）

从实验结果对比中可以看出，与 LP、EX 相比，RTP_DMM 具有更高的数据发布精度，这是由于 RTP_DMM 算法通过将连续统计查询转换为矩阵表示，并使用对角矩阵算法优化精度。在同一算法中，随着 ε 的减小，连续统计发布误差增加，这是因为添加的 Laplace 噪声的规模随着隐私预算的减小而增加。

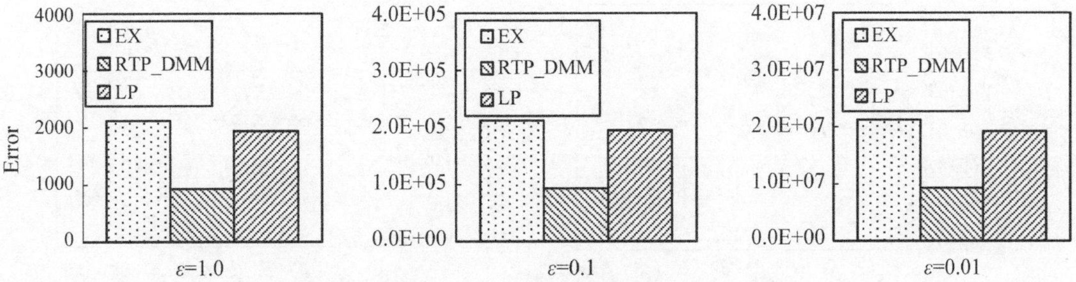

图 7.17 不同时刻下的查询误差对比(WorldCup98)

2) 不同衰减因子下的误差对比

在本实验中,设置不同的衰减因子,以比较衰减因子对查询误差的影响,衰减因子分别取 0.9991,0.9992,…,0.9999。对比结果如图 7.18 至图 7.20 所示。

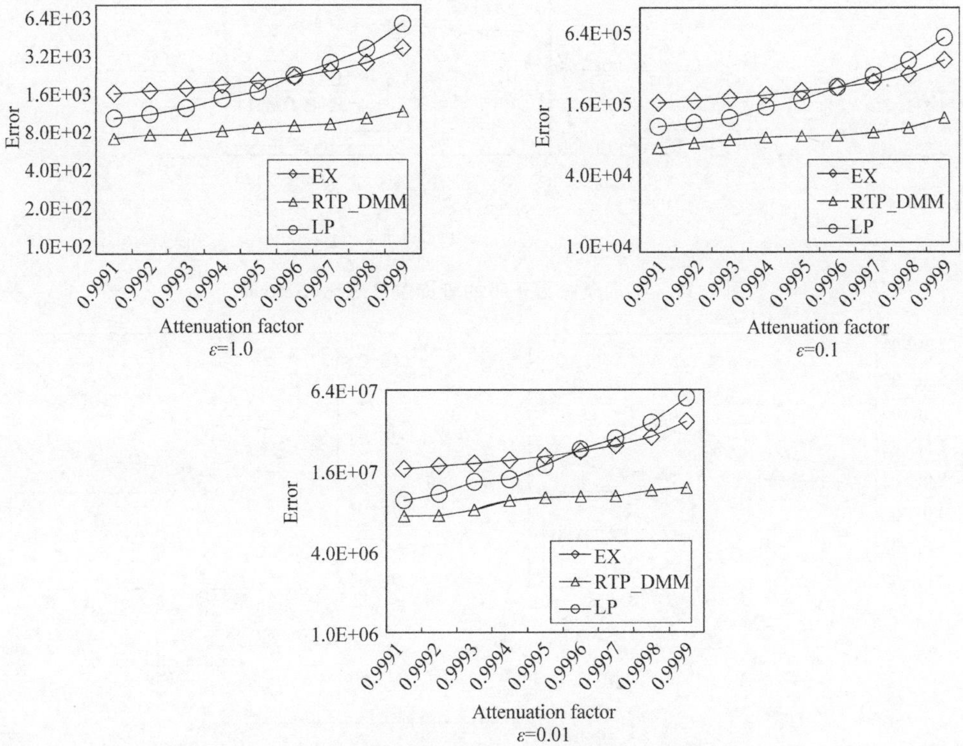

图 7.18 不同衰减因子下的查询误差对比(Search Logs)

在图 7.18 至图 7.20 的对比实验中,查询误差与衰减因子大小成正相关,这是因为衰减因子的增加会改变查询的敏感度,从而影响添加的噪声规模。EX 算法通过预先设置的衰减因子计算出相应噪声规模的极限值,因此在衰减因子接近 1 时,EX 算法造成的均方误差较大。LP 算法在衰减因子较小时,由于距离较远的节点其权重趋于 0,涉及的节点较少,因此其误差更小;随着衰减因子的增加,涉及的节点增加,会造成较大的误差。

综合以上实验结果可以得出,RTP_DMM 算法能够有效适应各种衰减因子与隐私预算的应用场景,使得查询误差更小,并可实现滑动窗口下的实时发布。

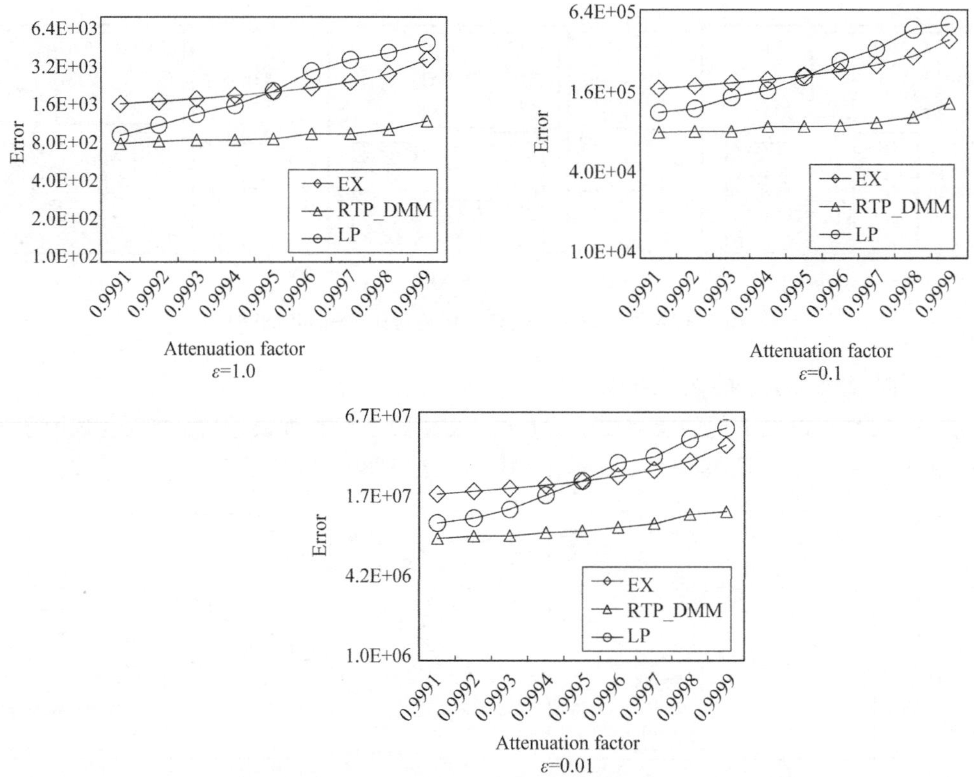

图 7.19　不同衰减因子下的查询误差对比(Nettrace)

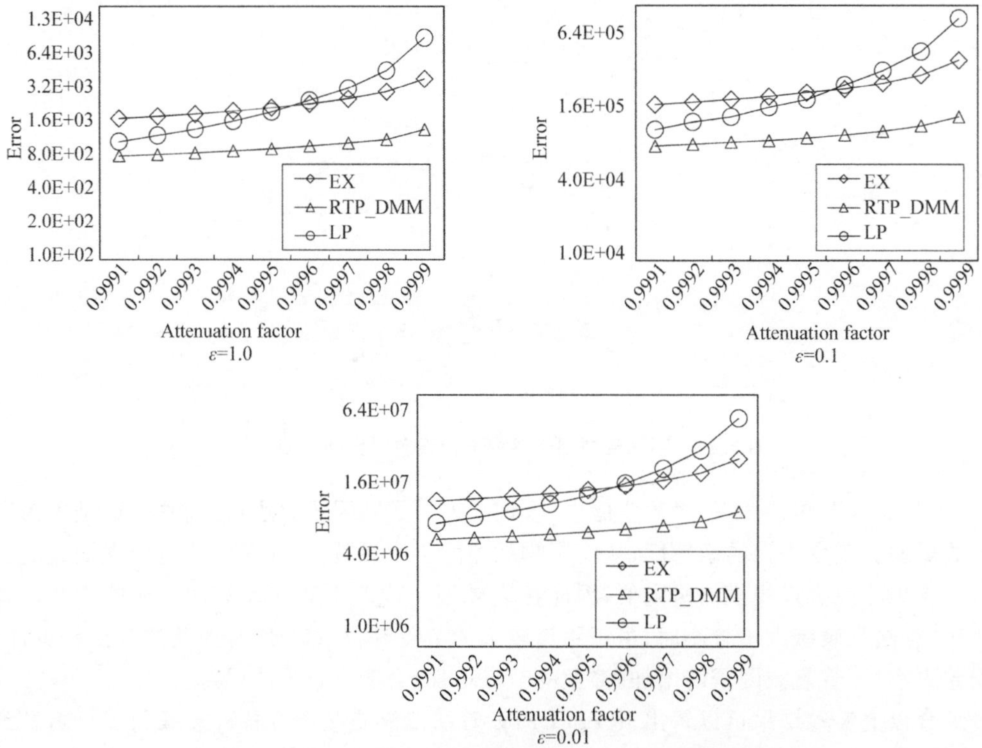

图 7.20　不同衰减因子下的查询误差对比(WorldCup98)

7.5　基于历史查询的差分隐私流数据实时发布

在现有的相关研究工作中，均假设用户的所有查询区间的出现是等概率的，即查询区间是均匀分布的。而实际上不同的场景、不同的用户类型的查询需求是不同的。例如，查询电影的点击率时，对于新上映的电影，用户更倾向于短时间内的点击率查询，而对于老电影，用户更倾向于近一年内或更长时间的点击率查询。对于交通路况的车流量查询，用户在工作日更倾向于对上下班时段查询，而在节假日则会根据出行情况查询。用户的查询需求体现在查询范围的不同或查询时段的不同，如果能够根据用户的历史查询设计出有针对性的算法，则能够有效地提高用户的查询精度。在流数据发布算法中，能够不断地获取用户的历史查询记录。因此可以不断收集这些历史查询记录，根据历史查询记录设计分析与预测模型，以此来对流数据实时发布中的树结构进行调整，从而调整其隐私预算分配结果，降低用户的查询误差。

通过图 7.21、图 7.22 所示的示例的查询误差计算可以发现，树的高度对不同的区间查询有着显著影响。

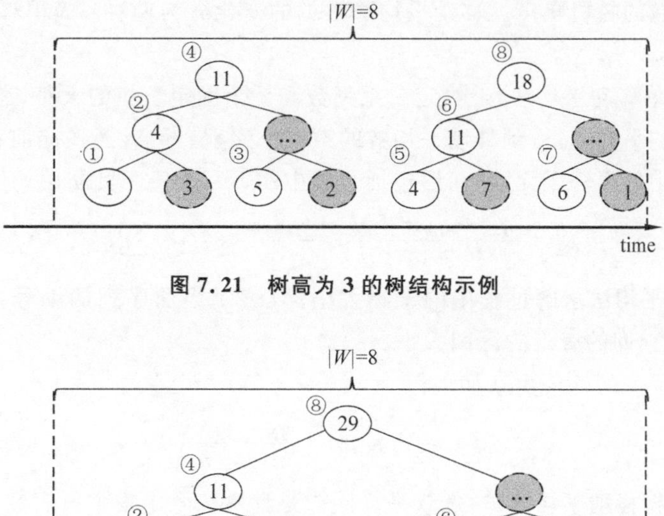

图 7.21　树高为 3 的树结构示例

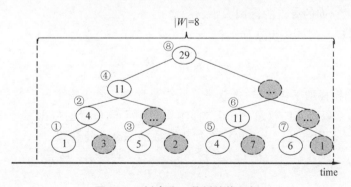

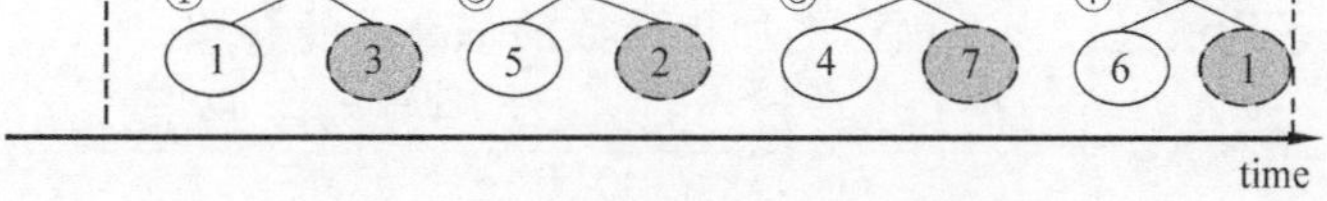

图 7.22　树高为 4 的树结构示例

图 7.21 中的树高为 3，为保证其满足差分隐私，每个节点上添加的噪声为 Lap(3)。图 7.22 中的树高为 4，为保证其满足差分隐私，每个节点上添加的噪声为 Lap(4)。Lap(n)表示噪声规模为 n 的拉普拉斯噪声，其方差为 $2n^2$。对于查询区间[1,8]而言，按照图 7.21 的树结构设置，$\text{result}_{1\sim8}$ =④+⑧，按照图 7.22 的树结构设置，$\text{result}_{1\sim8}$ =⑧，由此可计算出其相应的误差：$\text{error}_{5.1}=2\times3^2+2\times3^2=36$，$\text{error}_{5.2}=2\times4^2=32$，$\text{error}_{5.2}<\text{error}_{5.1}$，树高为

4 的树结构对于较大的区间查询得到的误差更小。而对于区间[1,4]而言，按照图 7.21 的树结构设置，$\text{result}_{1\sim4}$=④，按照图 7.22 的树结构设置，$\text{result}_{1\sim4}$=④，均只需要通过一个节点值即可获取对应的查询结果。但是由于树高的差异，节点上添加的噪声是有差异的。此时，$\text{error}_{5.1}=2\times3^2=18$，$\text{error}_{5.2}=2\times4^2=32$，$\text{error}_{5.2}>\text{error}_{5.1}$。对于区间较小的查询，树高为 3 的树结构可以得到更好的查询结果。本节的主要工作集中在如何根据收集的历史查询信息确定动态构建过程中的树结构，并且实现动态构建过程中不同树结构之间的过渡。

7.5.1 算法思想

在统计学中，移动平均数是计算数据点的一种方法，它通过创建完整数据集的不同子集的一系列平均值来计算数据点。

移动平均数常用于时间序列数据，以平滑短期波动并突出长期趋势或周期。从数学上讲，移动平均线是一种卷积，因此可以看作用于信号处理的低通滤波器的一个例子。当与非时间序列数据一起使用时，移动平均值会过滤更高频率的分量，而不需要与任何特定的时间点相关，可以用于平滑数据。

本节借鉴移动平均数的计算方法来获取历史查询区间大小的统计信息，以此过滤查询区间大小可能存在的随机噪声。移动平均法常见的变化分为两种：简单移动平均法和加权移动平均法。

定义 7.5(简单移动平均法)　给定一系列数和一个固定子集的大小，通过取这一系列数的初始固定子集的平均值，得到移动平均数的第一个元素。然后通过向前移动来修改子集，即舍弃子集序列中的第一个元素，而后包括子集中的下一个值。其初始均值计算形式为

$$\bar{q}_{\text{SM}}=\frac{q_M+q_{M-1}+\cdots+q_{M-(n-1)}}{n}=\frac{1}{n}\sum_{i=0}^{n-1}q_{M-i} \tag{7.16}$$

其中，n 表示移动平均法求解过程中的子集大小；M 表示当前序列的编号，即当前的查询编号；q_i 表示第 i 次查询的查询的区间大小。

向前移动过程中的均值更新如下：

$$\bar{q}_{\text{SM}}=\bar{q}_{\text{SM,prev}}+\frac{q_M}{n}-\frac{q_{M-n}}{n} \tag{7.17}$$

定义 7.6(加权移动平均法)　加权平均同样是计算一个子集中所有数的平均数，但是子集中的每个数均乘以对应的权重因子，给样本窗口中不同位置的数据赋予不同的权重。在数学上，加权移动平均法是以一个固定的加权函数的基准点的卷积。

$$\text{WMA}_M=\frac{f(0)q_M+f(1)q_{M-1}+\cdots+f(n-1)q_{M-(n-1)}}{f(0)+f(1)+\cdots+f(n-1)} \tag{7.18}$$

WMA_M 表示加权平均数，$f(i)$表示权重因子函数。加权移动平均法同样存在向前移动的过程，当权重因子函数为指数衰减模式时，$f(i)=p^i$ 的更新公式为

$$\text{WMA}_{M+1}=\frac{(\text{WMA}_M-q_{M-(n-1)})p+q_{M+1}}{f(0)+f(1)+\cdots+f(n-1)} \tag{7.19}$$

由于树高不是给定的，而是根据历史查询统计确定的，因此树高的发布有可能会泄露用户的隐私信息，如根据树高获取用户的查询习惯，从而分析出用户的身份、职业等。因此，对于树高的发布，也需要添加噪声，使其满足差分隐私。通过对查询区间的大小建立发布模

型，由于子集大小 n 是确定的参数，可以直接计算出最优树结构。根据第 3 章、第 4 章的内容，简单移动平均法适用于用第 3 章的方法建立查询区间大小的发布模型，而加权移动平均法则适用于用第 4 章的方法建立查询区间大小的发布模型。在当一棵树即将完全移出滑动窗口时，根据计算的平均数选择合适的树高构建树，如图 7.23 所示。

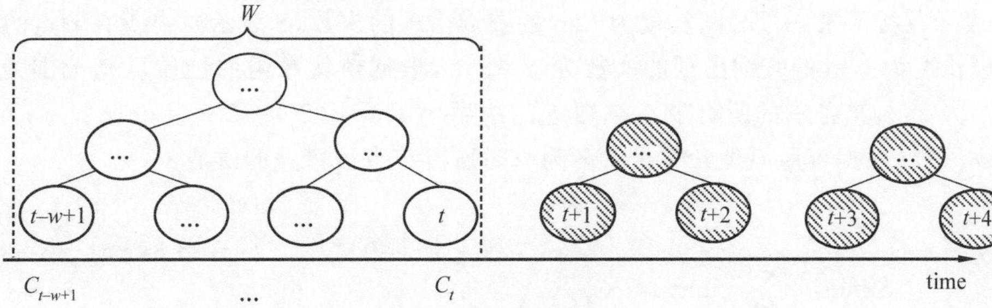

图 7.23　树结构调整过程

如图 7.24 所示，滑动窗口内包含两棵二叉树的一部分。其中，灰色节点已滑出滑动窗口，在随后的查询发布中不再涉及这些节点；而条纹节点为即将使用的节点，在树中第一个节点进入滑动窗口时，整棵二叉树中的所有节点已经预先建立，当新的数据进入滑动窗口后，这些节点将相应地被激活。此处与第 3 章提到的滑动窗口下的区间树构建过程的差异在于：滑动窗口内的区间树不再是相同结构的区间树，而是根据历史查询分析的结果构建的不同结构的区间树。

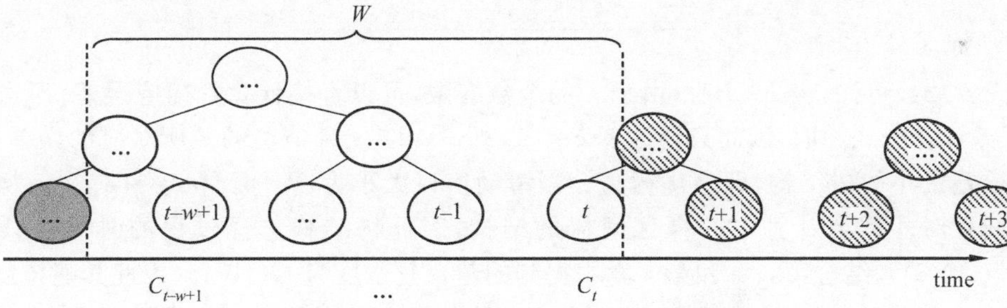

图 7.24　滑动窗口下的区间树构建过程

由于树状数组建树的局限性，即所建区间树均为二叉树结构，因此树中的叶节点个数均为 2 的幂。对于根据历史查询统计计算出的区间大小 Len，一定存在一个 i 使得 $2^i < \text{Len} \leqslant 2^{i+1}$，可以选择树高为 i 或者 $i+1$ 来建立预构建树。

定义 7.7(平均查询节点覆盖个数)　当区间树的树高已确定且查询区间大小固定时，假设所有查询出现的概率相同，计算所有查询值所要访问的树中节点个数的平均值，对于单个节点而言，其被查询区间覆盖的次数为

$$\text{count}_x = \begin{cases} \text{Qsum}(x), & x \text{ 为根节点} \\ \text{Qsum}(x) - \text{count}_{f_x}, & \text{否则} \end{cases} \tag{7.20}$$

其中，f_x 表示节点 x 的父节点，$\text{Qsum}(x)$ 表示包含节点 x 所表示范围的查询个数：

$$\text{Qsum}(x) = \begin{cases} \text{Len} - r_x + l_x, & (r_x - l_x + 1)\text{Len} \\ 0, & \text{否则} \end{cases} \tag{7.21}$$

其中，Len 表示查询区间的大小，l_x、r_x 表示节点 x 所表示的查询范围。由此得平均查询节点覆盖个数为

$$\text{count}_{\text{ave}}=\frac{\sum_{i\in S}\text{count}_i}{n} \tag{7.22}$$

其中，n 表示在接下来一段时间长度为 Len 的查询出现的次数，S 表示树中所有节点的集合。

假设长度为 Len 的查询出现的次数为 $n=2^{i+1}$，根据树状数组的性质可知范围为 2^j 的节点个数为 2^{i-j}，该范围的所有节点被覆盖的次数为 $\text{Qsum}(2^j)=2^{i-j}(\text{Len}-2^j+1)$，由于 $2^i<\text{Len}\leqslant 2^{i+1}$，根据容斥原理计算出树高为 k 时所有节点被覆盖的次数：

$$\text{Sum}_k=\sum_{j\in S_k}\text{count}_j=\begin{cases}\sum_{j=0}^{k}(-1)^j 2^{i-j}(\text{Len}-2^j+1), & k\leqslant i\\ \sum_{j=0}^{i}(-1)^j 2^{i-j}(\text{Len}-2^j+1), & \text{否则}\end{cases} \tag{7.23}$$

对于单个查询而言，计算涉及的树中节点个数和区间树的高度可以确定查询产生的误差。结合树高所添加的噪声 Lap(k)得到对应的期望误差表示为

$$\text{error}_k=\begin{cases}\dfrac{\left(\sum_{j=0}^{k}(-1)^j 2^{i-j}(\text{Len}-2^j+1)\right)k^2}{2^{i+1}}, & k\leqslant i\\ \dfrac{\left(\sum_{j=0}^{i}(-1)^j 2^{i-j}(\text{Len}-2^j+1)\right)k^2}{2^{i+1}}, & \text{否则}\end{cases} \tag{7.24}$$

由式(7.24)可知，当 $k\leqslant i$ 时，由于 k 的个数有限，可以直接计算其期望误差；而当 $k>i$ 时，其误差计算公式相同，因此只要计算 $k=[1,2,\cdots,i]$ 共 i 种情况的 k 所对应的误差，即可求得使误差最小的树结构，即最优树高。当滑动窗口大小为 $|W|$ 时，由于只有在一棵区间树构建结束时才需要计算下一棵区间树的结构，因此树结构选择过程的时间复杂度为 $O(|W|/(2^i\times i))$，结合第 3 章和第 4 章中提到的建树复杂度为 $O(|W|)$，因此其建树复杂度为 $O(|W|+|W|/(2^i\times i))=O(|W|)$。对于单个节点而言，其建树复杂度依旧为 $O(1)$。

7.5.2 算法描述

通过 7.5.1 节的分析，本节算法分为两部分：①基于移动平均数的查询区间统计；②根据计算的查询区间统计值进行树结构选择。

首先，为保证树高的分布不会造成隐私泄露，结合第 3 章的发布方法，实现基于移动平均数的查询区间统计算法 getLen。

算法 7.9 基于移动平均数的查询区间统计算法 getLen

输入： 历史查询结果，移动平均的时期个数 n，时序编号 i

输出： 查询区间的统计值 Len

1. 根据移动平均的时期个数 n，初始化树高 H、树状数组 S(大小为 $L=2^{H-1}$)和 Sum 数组(表示连续统计值，大小为 L)
2. 调用节点插入算法 Insert(与算法 7.1 相同)动态插入节点，将滑出滑动窗口的 Sum

数组中的节点删除，并移至回收池

3. 考虑当前时序编号 i

   if($i\%L==0$) 转到步骤 4；

   else 转到步骤 5；

4. 将 S 数组初始化，创建新的 Sum 数组，旧的 Sum 数组值保留

5. 对于滑动窗口内给定查询，通过多个 Sum 数组的连续统计值计算出查询区间的统计值 L 并返回结果 $\text{Len}=L/n$，转到步骤 2

其次，根据式(7.24)实现树高选择算法 select_treeh，寻找使得误差最小化的树高。

算法 7.10 树高选择算法 select_treeh

输入：历史查询结果，移动平均的时期个数 n，时序编号 i

输出：误差最小化的树高

1. 初始化 min_value 和 treeh
2. for $k=1\sim\log_2|W|+1$
3. $\text{min\_value}\leftarrow\min\left(\dfrac{\left(\sum_{j=0}^{k}(-1)^j2^{i-j}(\text{getLen}(n,i)-2^j+1)\right)k^2}{2^{\lfloor\log_2\text{Len}\rfloor+1}},\text{min\_value}\right)$；
4. if $\text{min\_value}==\dfrac{\left(\sum_{j=0}^{k}(-1)^j2^{i-j}(\text{getLen}(n,i)-2^j+1)\right)k^2}{2^{\lfloor\log_2(\text{Len})\rfloor+1}}$ then $\text{treeh}\leftarrow h$；
5. end for
6. $\text{min\_value}\leftarrow\min\left(\dfrac{\left(\sum_{j=0}^{\lfloor\log_2\text{Len}\rfloor}(-1)^j2^{i-j}((\text{getLen}(n,i)-2^j+1)\right)k^2}{2^{\lfloor\log_2\text{Len}\rfloor+1}},\text{min\_value}\right)$；
7. if $\text{min\_value}==\dfrac{\left(\sum_{j=0}^{\lfloor\log_2\text{Len}\rfloor}(-1)^j2^{i-j}((\text{getLen}(n,i)-2^j+1)\right)k^2}{2^{\lfloor\log_2\text{Len}\rfloor+1}}$ then $\text{treeh}\leftarrow h$；
8. 返回误差最小化的树高 treeh

最后，在算法 7.2 和算法 7.5 的步骤 4 中，新的 Sum 数组的长度通过算法 7.10 的结果来获得，实现算法 HQ_RTP、HQ_RTPMM。

7.5.3 实验结果与分析

本节从查询效率和查询精度两个方面对四个算法进行比较以说明算法的有效性，其中 RTP、RTP_MM 算法为第 3 章提出的滑动窗口下的差分隐私流数据实时发布算法，HQ_RTP、HQ_RTPMM 算法为本节提出的在第 3 章的算法基础上添加历史查询优化的流数据实时发布算法。为了排除随机参数对实验结果的影响，每组实验运行 30 次，取其平均值用作实验对比数据。

1. 实验数据与环境

为方便对比与分析，实验数据沿用 7.3.5 节的数据集。

实验环境为：Intel Core i5 4570 3.2GHz 处理器，8GB 内存，Windows 7 操作系统；算法用 C++ 语言实现；由 Excel 生成实验图表。

2. 查询精度的对比分析

1）不同查询规模下的查询误差对比

在本实验中，设置不同的查询区间规模来说明本节算法在特定查询规模下的有效性。本实验设置 3 种不同的查询规模：small，查询区间集中于 1～1024；middle，查询区间集中于 1025～8192；large，查询区间集中于 8193～$|W|$（$|W|$ 为设置的滑动窗口大小）。本实验设置 $\varepsilon=1.0$。实验结果如图 7.25 至图 7.27 所示。

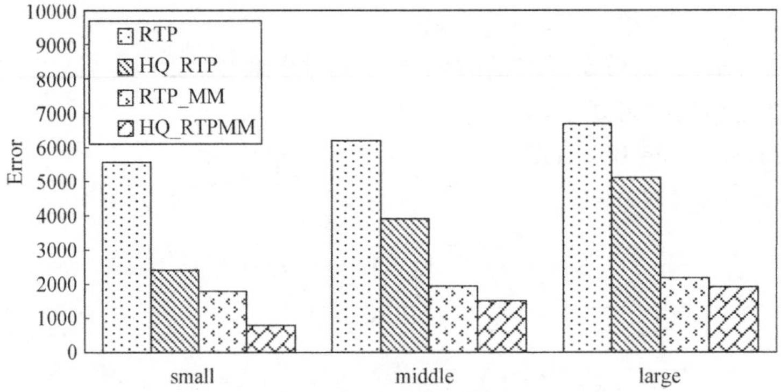

图 7.25　不同查询规模下的查询误差对比（Search Logs）

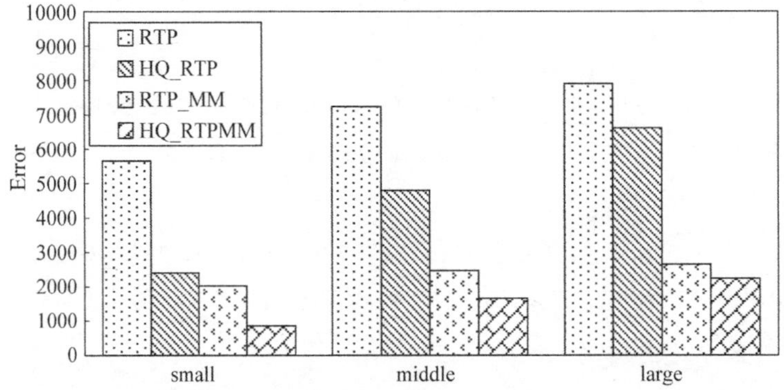

图 7.26　不同查询规模下的查询误差对比（Nettrace）

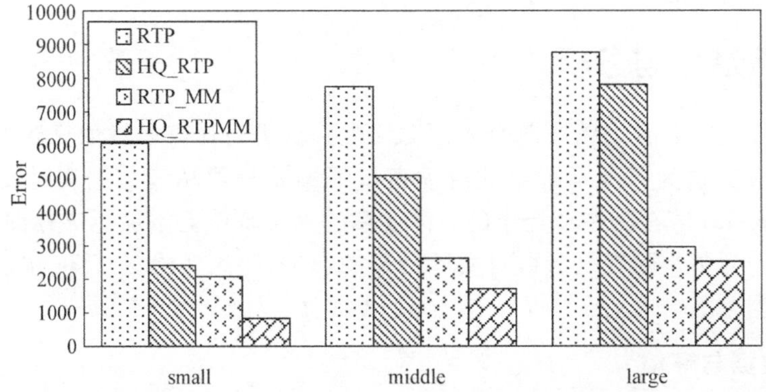

图 7.27　不同查询规模下的查询误差对比（WorldCup98）

从实验结果可以看出，随着查询区间大小的变化，RTP 与 HQ_RTP 以及 RTP_MM 与 HQ_RTPMM 越来越接近。这是因为，对于 RTP 和 RTP_MM 算法而言，其树高只与滑动窗口大小相关，查询区间大小越接近滑动窗口大小 $|W|$，越能带来较好的结果。而当查询区间大小与滑动窗口大小差异较大时，由于每个节点添加了不必要的噪声，使得误差增加。而 HQ_RTP 和 HQ_RTPMM 算法根据历史查询调节树高，在不同的查询规律下都有较好的精度优化效果，查询区间越小，其带来的优化效果越明显。

2）不同查询区间大小下的查询误差对比

在本实验中，通过随机生成特定大小的查询区间来比较查询误差。区间大小分别取 2^0，2^1，…，2^{13}，…，每隔一段固定时间生成一条查询。实验结果如图 7.28 至图 7.30 所示。

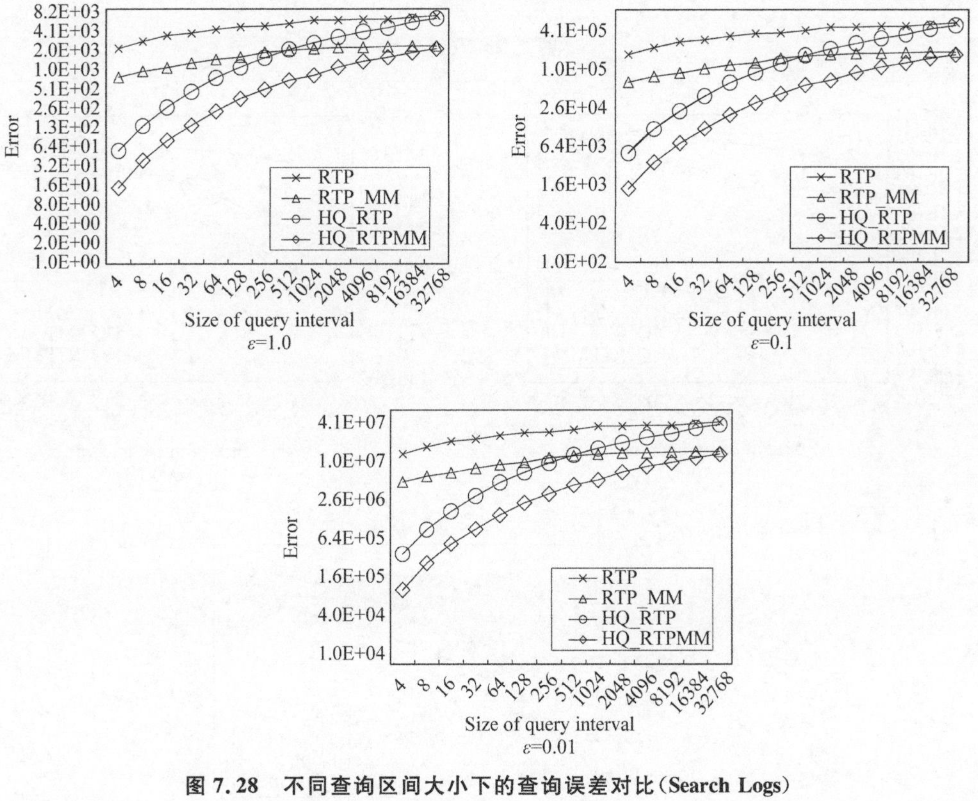

图 7.28　不同查询区间大小下的查询误差对比（Search Logs）

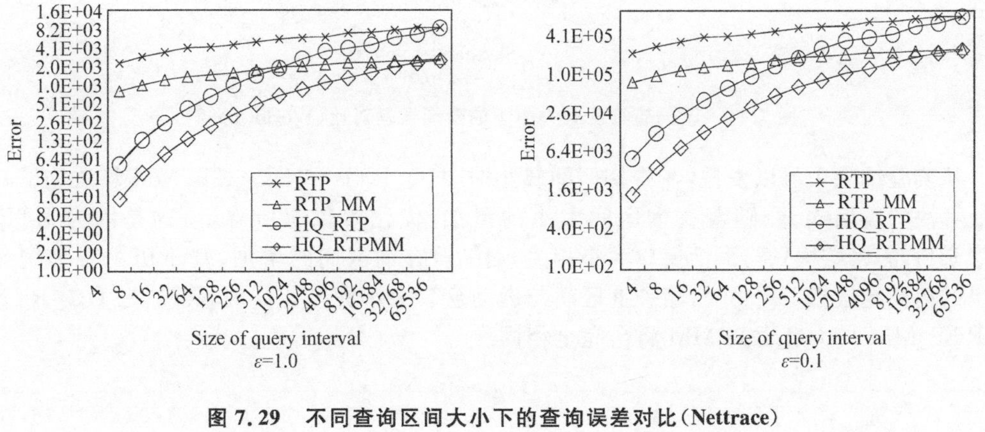

图 7.29　不同查询区间大小下的查询误差对比（Nettrace）

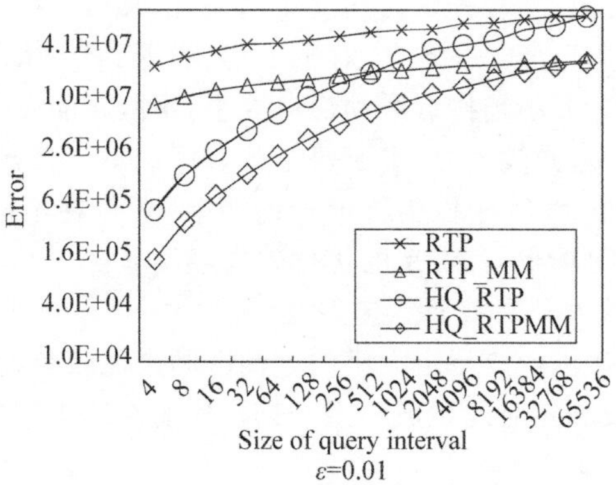

图 7.29 （续）

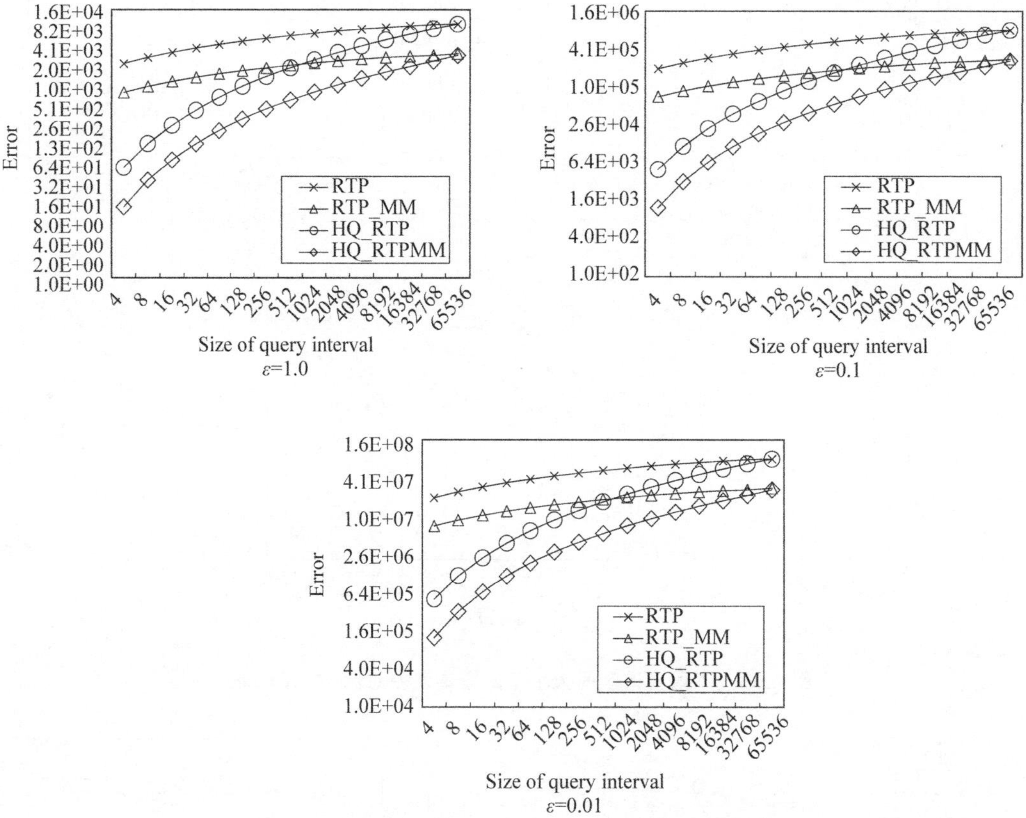

图 7.30 不同查询区间大小下的查询误差对比（WorldCup98）

从实验结果中可以发现，在查询区间较小时，HQ_RTP 和 HQ_RTPMM 算法能够有效降低算法的查询误差；随着查询区间大小的增加，优化效果有所降低，这是因为 RTP 与 HQ_RTP 的树结构只与滑动窗口大小相关，而随着查询区间的增加，基于历史查询统计而得出的树高越接近 $\log_2|W|$，当查询区间与滑动窗口大小完全相同时，RTP 与 HQ_RTP 以及 RTP_MM 与 HQ_RTPMM 将会完全相同。

3. 算法运行效率的对比分析

在滑动窗口大小(32 768)相同时,对 RTP、RTP_MM、HQ_RTP、HQ_RTPMM 4 个算进行比较来说明增加历史查询优化过程后对算法运行效率的影响,其结果如图 7.31 所示。

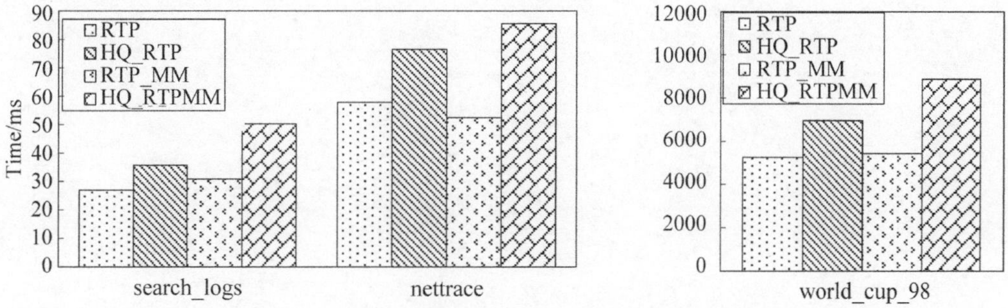

图 7.31 增加历史查询优化过程后算法运行效率的影响

从图 7.31 中可以发现,与 RTP、RTP_MM 算法相比,HQ_RTP、HQ_RTPMM 的运行时间差异较小,这是因为历史查询优化的时间复杂度依旧为 $O(1)$,只有常数级的改变,算法的整体的运行效率依旧是 $O(1)$。

7.6 本章小结

本章针对许多与流数据相关的实际应用需要进行大量的实时查询的问题,在滑动窗口下建立差分隐私流数据发布模型。利用树状数组构建滑动窗口内的流数据发布模型,在 $O(1)$时间内获得用户需要的任意区间查询结果,利用矩阵在处理关联性查询方面的优势,将模型转换为矩阵表示,在查询效率量级不变的前提下,利用对角矩阵优化提高查询精度。针对指数衰减模式下的流数据发布问题,将指数衰减模式下的查询表示为查询矩阵,对矩阵进行分解,并通过树状数组实现。最后利用历史查询信息,提出基于历史查询的差分隐私流数据实时发布算法。通过滑动平均法建立统计与分析模型,并根据历史查询的分析结果结合节点覆盖情况计算出最优树高,以优化查询精度。

参考文献

[1] Fung B, Wang K, Chen R, et al. Privacy-preserving Data Publishing: A Survey of Recent Developments[J]. ACM Computing Surveys, 2010, 42(4):2623-2627.

[2] Chan T H H, Shi E, Song D. Private and Continual Release of Statistics[J]. ACM Transactions on Information and System Security (TISSEC), 2011, 14(3): 26.

[3] 蔡剑平,吴英杰,王晓东. 基于矩阵机制的差分隐私连续数据发布方法[J]. 计算机科学与探索,2016,(04): 481-494.

[4] Hay M, Rastogi V, Miklau G, et al. Boosting the Accuracy of Differentially Private Histograms

through Consistency[J]. Proceedings of the VLDB Endowment, 2010, 3(1-2): 1021-1032.

[5] Kellaris G, Papadopoulos S, Xiao X, et al. Differentially Private Event Sequences over Infinite Streams[J]. Proceedings of the VLDB Endowment, 2014, 7(12): 1155-1166.

[6] Bolot J, Fawaz N, Muthukrishnan S, et al. Private Decayed Predicate Sums on Streams[C]. Proceedings of the 16th International Conference on Database Theory. ACM, 2013: 284-295.

第8章 矩阵机制下差分隐私数据发布方法的误差分析

8.1 引言

在现实生活中，由于数据统计和科学研究的需要，许多研究机构或组织会对外发布数据。如何保证发布的数据既是可用的，又不会泄露数据中所包含的个体的隐私信息，已成为当前数据挖掘与信息共享领域一个十分热门的研究课题。国际上众多研究人员对隐私保护数据发布进行了深入研究，提出了不少隐私保护数据发布模型。然而，现有的隐私保护模型大多以匿名为基础，这些模型均需要特殊的攻击假设和一定的背景知识，因此具有很大的局限性。为此，Dwork 等人[1-3]提出了差分隐私模型，该模型适用于各种背景条件，并且具有严格的数学证明，得到了广泛的认可。基于该隐私保护模型，学者们开展了很多相关研究工作。内容涉及直方图发布[4-8]，连续数据发布[9]，空间划分发布[10,11]，智能数据分析[12-14]等。

差分隐私算法通过对数据添加随机噪声来实现隐私保护，因此，在保护隐私的同时必然会产生相应的数据误差。算法的误差是评价算法的重要指标，因此，对于差分隐私算法来说，计算均方误差是该算法最为基本也是最为重要的工作。然而，现有的差分隐私算法对均方误差的估计往往是基于实验或者采用先统计各变量的均方误差再累加的方法。该做法难以对算法的均方误差进行定量分析，或者使得分析过程极为复杂，不能有效、简洁地让读者了解该算法的精确性，给读者对算法的理解造成一定的困扰。

近年来，许多研究者提出了多种差分隐私数据发布算法，多数集中在两个方面：一是以 k-叉树的形式对数据进行处理，然后采用一致性约束的分层结构差分隐私算法；二是利用策略矩阵进行变换，加噪后通过还原矩阵进行还原的基于矩阵机制的差分隐私算法。其中，Wahbeh 等人对以 Boost 为代表的分层结构差分隐私算法的均方误差做了有效的理论分析，并提出了相应的求解方法[15]。而以 Prievlet 算法为代表的基于矩阵机制的差分隐私算法尚缺乏相应的理论分析。本章通过研究现有的差分隐私数据发布算法的均方误差计算方法，并结合矩阵运算的相关理论，提出基于矩阵运算的均方误差计算方法。该方法能够将基于矩阵机制的差分隐私算法的均方误差进行一般化处理，是一种具有普遍性的方法，能够简洁、有效地求出基于矩阵机制的差分隐私算法的均方误差。本章以 Prievlet 算法[4]为例进行详细的分析、推导，其他的算法可通过类似推导完成。

8.2 基础知识与问题提出

差分隐私保护模型是一种强健的隐私保护框架，由 Dwork 等人首次提出。差分隐私保护模型在数据发布过程中，不论攻击者具备何种背景知识，都能保证隐私数据不泄露。该模型定义如下。

定义 8.1（ϵ-差分隐私[1]） 设有一对兄弟数据集 D_1 和 D_2（D_1 和 D_2 只有一条记录不同），若一个发布算法 $\boldsymbol{A}$ 在兄弟数据集 D_1 和 D_2 上的所有可能的输出 $\boldsymbol{O}$ 满足以下条件，则称算法 A 满足 ϵ-差分隐私。

$$\Pr[A(\boldsymbol{D}_1) \in \boldsymbol{O}] \leqslant e^{\epsilon} \times \Pr[A(\boldsymbol{D}_2) \in \boldsymbol{O}] \tag{8.1}$$

定义 8.2（敏感度） 统计某数据库中的数据集 D_1 和 D_2 分别得到两组由列向量表示的结果：

$$Q(\boldsymbol{D}_1) = (x_1, x_2, \cdots, x_n)^{\mathrm{T}}, \quad Q(\boldsymbol{D}_2) = (x'_1, x'_2, \cdots, x'_n)^{\mathrm{T}}$$

那么查询集合 Q 的敏感度 Δ_Q 满足以下定义：

$$\Delta_Q = \max_{D \cong D'} \| Q(\boldsymbol{D}) - Q(\boldsymbol{D}') \|_p \tag{8.2}$$

在差分隐私数据发布算法中，更为经常使用的范数为 1-范数，即 $p=1$。下文中的敏感度如无特殊说明，均以 1-范数来度量。敏感度表明了当 $\boldsymbol{D}$ 仅改变一条记录的情况下对统计结果 $Q(\boldsymbol{D})$ 的影响。一般而言，敏感度越大，$Q(\boldsymbol{D})$ 受影响的程度越高，需要添加的噪声也越强。

差分隐私数据发布算法经常需要将原数据进行线性变换后再进行发布，此时，计算出每个变量的均方误差再进行累加并不能反映该算法的均方误差。考虑如下情景：某差分隐私算法 A 运行后输出两个随机变量 x_1, x_2，并计算它们的均方误差 $\mathrm{D}(x_1)$，$\mathrm{D}(x_2)$ 用于评价算法 A。假如算法 B 是在算法 A 的基础上实现的，其需要输出 z，满足 $z=x_1+x_2$。根据概率统计的原理可知，新的算法输出变量 z 的均方误差为

$$D(z) = D(x_1) + D(x_2) + 2\mathrm{cov}(x_1, x_2)$$

而由于协方差的存在，仅凭 $D(x_1)$、$D(x_2)$ 是无法计算出 $D(z)$ 的。该例子说明完整的均方误差分析应该包含随机变量之间的协方差。而在概率统计领域，人们常常使用协方差矩阵来表示一组随机变量间的协方差（主对角线上的值表示均方误差）。设 $\boldsymbol{X}=(x_1, x_2, \cdots, x_n)^{\mathrm{T}}$ 为一个随机变量，则它的协方差矩阵如图 8.1 所示。

以随机向量 $\widetilde{\boldsymbol{L}}_n$ 为例，它的每一个分量均是一个满足 Lap(1)分布的独立随机量，显然随机量间的协方差为 0。而 Lap(1)分布的均方误差为 2，则 $\widetilde{\boldsymbol{L}}_n$ 的协方差矩阵如图 8.2 所示。

$$\boldsymbol{\Sigma} = \begin{pmatrix} \mathrm{cov}(x_1,x_1) & \mathrm{cov}(x_1,x_2) & \cdots & \mathrm{cov}(x_1,x_n) \\ \mathrm{cov}(x_2,x_1) & \mathrm{cov}(x_2,x_2) & \cdots & \mathrm{cov}(x_2,x_n) \\ \vdots & \vdots & \ddots & \vdots \\ \mathrm{cov}(x_n,x_1) & \mathrm{cov}(x_n,x_2) & \cdots & \mathrm{cov}(x_n,x_n) \end{pmatrix}$$

图 8.1 $\boldsymbol{X}$ 的协方差矩阵

$$\boldsymbol{\Sigma} = \begin{pmatrix} 2 & 0 & \cdots & 0 \\ 0 & 2 & \cdots & 0 \\ \vdots & \vdots & \ddots & \vdots \\ 0 & 0 & \cdots & 2 \end{pmatrix}$$

图 8.2 $\widetilde{\boldsymbol{L}}_n$ 的协方差矩阵

然而，仅仅使用协方差矩阵进行误差分析无法满足大多数应用的需要，大多数算法涉及随机向量间的线性变换。为此，本章在误差分析时将使用以下定理：

定理 8.1[16] 若随机向量 $\boldsymbol{Z}$ 与 $\boldsymbol{X}$ 之间存在线性关系 $\boldsymbol{Z}=\boldsymbol{AX}$($\boldsymbol{A}$ 为矩阵)，且已知 $\boldsymbol{X}$ 的协方差矩阵表示为 $R_{\boldsymbol{X}}$，则 $\boldsymbol{Z}$ 的协方差矩阵为 $R_{\boldsymbol{Z}}=\boldsymbol{A}R_{\boldsymbol{X}}\boldsymbol{A}^{\mathrm{T}}$。

由协方差矩阵的性质可知，其对角线元素为各随机变量的均方误差。因此，人们通常利用函数 trace 求解最终的均方误差，由于忽略了协方差，该方法得出的均方误差不能精确地表示算法的误差。

8.3 Prievlet 算法的误差分析

8.3.1 Prievlet 差分隐私算法

Prievlet 差分隐私算法[4]通过对数据进行前置处理来提高数据发布的精度。这种方法受到哈尔小波变换的启发，先使用哈尔小波变换矩阵对原始数据进行压缩，再对压缩后的数据添加拉普拉斯噪声，使其满足差分隐私。然后，将原始数据与压缩数据组合在一起构建一棵形如图 8.3 的具有 8 个节点的 Prievlet 二叉树，其中叶节点为原始数据，自下而上求每个非叶节点的权值，其权值为左子树叶节点权值之和减去右子树叶节点的权值之和。构造过程见算法 8.1。

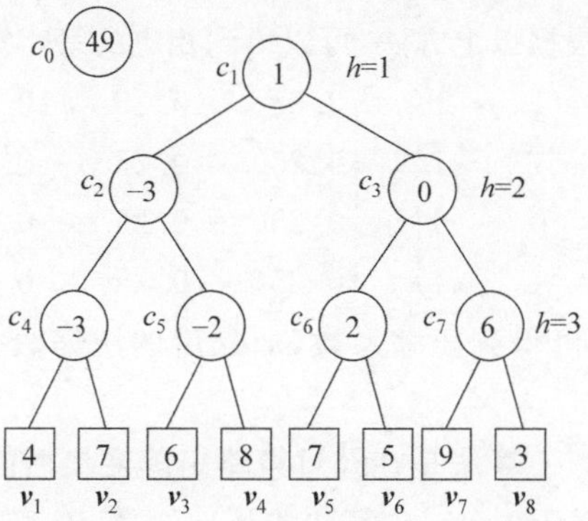

图 8.3 8 个节点 Prievlet 二叉树

算法 8.1 Prievlet 差分隐私算法

输入：原始数据向量 $\boldsymbol{v}_i(1\leqslant i\leqslant 2^h)$，隐私预算 ε

输出：Prievlet 算法的压缩系数 $\tilde{c}_k$

1. 输入初始数据
2. 对数据进行压缩转换。每个非叶节点的值等于左子树叶节点权值之和减去右子树叶节点的权值之和，具体公式如下：

$$\begin{cases} c_0 = \sum\limits_{i=1}^{2^h} \boldsymbol{v}_i \\ c_k = \sum\limits_{i=1+(k-2^t)\times 2^{h-t}}^{(2k-2^{t+1}+1)\times 2^{h-t-1}} \boldsymbol{v}_i - \sum\limits_{i=1+(2k-2^{t+1}+1)\times 2^{h-t-1}}^{(k-2^t+1)\times 2^{h-t}} \boldsymbol{v}_i \\ t = \lfloor \log_2 k \rfloor, \quad 1 \leqslant k \leqslant 2^h \end{cases} \tag{8.3}$$

3. 敏感度 $\Delta=h+1$，对所有 c_k 添加拉普拉斯噪声 $\mathrm{Lap}\left(\dfrac{h+1}{\varepsilon}\right)$，得到满足差分隐私的压

缩系数 $\widetilde{c}_k$

由算法 8.1 得到的压缩系数可通过式(8.4)还原，求出所有满足差分隐私算法的输出数据

$$\widetilde{\boldsymbol{v}}_k = \frac{1}{2^h}\widetilde{c}_0 + \sum_{k=0}^{h-1} \frac{-1\lfloor (i-1)/2^{h-k-1} \rfloor \bmod 2}{2^{h-k}} \widetilde{c}_{2^k + \lfloor (i-1)/2^{h-k} \rfloor} \tag{8.4}$$

Prievlet 算法适用于区间查询，其查询均方误差复杂度为 $O(\log_2^3 n)$，$n=2^h$。相比于其他二叉树方法，使用小波变换方法压缩的数据不存在不一致性问题，无须采用任何后置处理方法来提高算法的精确性。

8.3.2 分析 Prievlet 算法的均方误差

通过研究 Prievlet 算法可以发现，Prievlet 算法对数据的变换是线性的，这意味着可以用一种基于矩阵的运算来表示 Prievlet 算法的变换过程。因此，可以根据 Prievlet 算法的变换过程构造相应的策略矩阵，从而对 Prievlet 算法的均方误差进行有效的分析。

首先，需将 Prievlet 算法的变换过程用矩阵表示。根据算法 8.1，由 c_k 的计算公式，即式(8.3)，可以得到 Prievlet 算法的策略矩阵，同时根据式(8.4)可以得到 Prievlet 算法的还原矩阵。例如，当数据量为 4 时，根据以上方法，可以得到相应的策略矩阵和还原矩阵，分别如下：

$$\begin{pmatrix} 1 & 1 & 1 & 1 \\ 1 & 1 & -1 & -1 \\ 1 & -1 & 0 & 0 \\ 0 & 0 & 1 & -1 \end{pmatrix} \quad \begin{pmatrix} 0.25 & 0.25 & 0.5 & 0 \\ 0.25 & 0.25 & -0.5 & 0 \\ 0.25 & -0.25 & 0 & 0.5 \\ 0.25 & -0.25 & 0 & -0.5 \end{pmatrix}$$

数据通过策略矩阵变换可得到压缩系数，加噪后的压缩数据通过还原矩阵可得到加噪后的数据。

根据文献[4]可知，Prievlet 算法是在经过策略矩阵变换后的系数上添加噪声，因此对策略矩阵不需要进行分析，而对于 Prievlet 算法的还原矩阵 $\boldsymbol{B}$，直接对加噪后的系数进行线性组合来完成还原是均方误差的主要来源，接下来将对其进行详细的分析。矩阵 $\boldsymbol{B}$ 的构建可根据式(8.4)得出，图 8.4 是还原矩阵中单行(单个数据)的求解流程图，整个还原矩阵 $\boldsymbol{B}$ 的求解见算法 8.2。

算法 8.2 求解 Prievlet 的还原矩阵

输入：Prievlet 算法的数据量 N

输出：还原矩阵 $\boldsymbol{B}$

1. $\boldsymbol{B} \leftarrow \boldsymbol{O}_{N\times N}$；$h=\log_2 N$；
2. for $p=1$ to N do
3. $B_{p,1} \leftarrow \frac{1}{2^h}$
4.   将 $p-1$ 表示为二进制$(\cdots b_m \cdots b_1 b_0)_2$
5. $\mathrm{pt}_h=2$；$t=h$；　　　　//pt_i 表示 Prievlet 第 i 层节点的位置
6.   for $t=h$ to 1 do
7.   if $b_{t-1}=0$ then

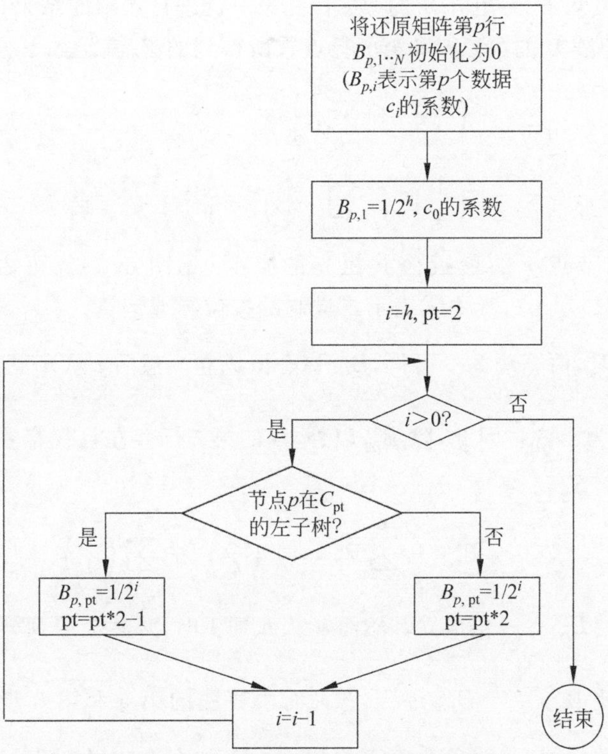

图 8.4　还原矩阵 B 第 p 行求解流程图

　　　　$B_{p,\mathrm{pt}_t} \leftarrow \dfrac{1}{2^t}$； $\mathrm{pt}_{t-1} \leftarrow 2\mathrm{pt}_t - 1$

　　if $b_{t-1}=1$ then

　　　　$B_{p,\mathrm{pt}_t} \leftarrow -\dfrac{1}{2^t}$； $\mathrm{pt}_{t-1} \leftarrow 2\mathrm{pt}_t$；

　　end for

end for

return $\boldsymbol{B}$

通过算法 8.2 得到还原矩阵后，结合定理 8.1，可以得到通过 Prievlet 算法变换后的数据 $\tilde{v}_i$ 的协方差矩阵：

$$\boldsymbol{B} \times \left(2\left(\frac{h+1}{\varepsilon}\right)^2\right) \times \boldsymbol{B}^{\mathrm{T}} = 2\left(\frac{h+1}{\varepsilon}\right)^2 \times \boldsymbol{B}\boldsymbol{B}^{\mathrm{T}} \tag{8.5}$$

其中 $2\left(\frac{h+1}{\varepsilon}\right)^2$ 是一个固定的参数，可先不考虑，以简化问题的分析过程，求出 $\boldsymbol{BB}^{\mathrm{T}}$ 再乘上 $2\left(\frac{h+1}{\varepsilon}\right)^2$ 即可。下面重点对 $\boldsymbol{BB}^{\mathrm{T}}$ 进行分析，令 $\boldsymbol{\Sigma}=\boldsymbol{BB}^{\mathrm{T}}$，那么 $N=4$ 时 $\boldsymbol{\Sigma}$ 如下所示：

$$\begin{pmatrix} 0.375 & -0.125 & 0 & 0 \\ -0.125 & 0.375 & 0 & 0 \\ 0 & 0 & 0.375 & -0.125 \\ 0 & 0 & -0.125 & 0.375 \end{pmatrix}$$

由矩阵的乘法可知 Σ_{ij} 为矩阵 $\boldsymbol{B}$ 的第 i 行和第 j 行进行点乘的结果，且满足如下定理。

定理 8.2 由矩阵 $\boldsymbol{B}$ 的第 i 行和第 j 行点乘所得到的 Σ_{ij} 满足如下公式：

$$\begin{cases} \Sigma_{ij} = \left(\dfrac{1}{4}\right)^h + \displaystyle\sum_{t=1}^{h}\left(\dfrac{1}{4}\right)^t, & i = j \\ \Sigma_{ij} = \left(\dfrac{1}{4}\right)^h + \displaystyle\sum_{t=k+1}^{h}\left(\dfrac{1}{4}\right)^t - \left(\dfrac{1}{4}\right)^k, & i \neq j \end{cases} \tag{8.6}$$

其中，k 为节点 i 与节点 j 的最近公共祖先的高度（见图 8.3）。可由式(8.6)求得 $k=\lfloor \log_2((i-1)\oplus(j-1))\rfloor+1$，其中$\oplus$表示二进制的按位异或运算。

证明：当 $i=j$ 时，由算法 8.2 可得，$B_{i,1}=\dfrac{1}{2^h}$恒成立。然后 t 从 h 到 1 循环，每次循环都将一个 B_{i,pt_t} 由 0 置为$\pm\dfrac{1}{2^t}$。因此，除 $B_{i,1}$ 以外，B 的第 i 行存在且仅存在一个元素$\pm\dfrac{1}{2^t}$($1\leqslant t\leqslant h$)。因此：

$$\Sigma_{ij} = B_{i,1}^h + \sum_{t=1}^{h} B_{p,\mathrm{pt}_t}^t = \left(\frac{1}{4}\right)^h + \sum_{t=1}^{h}\left(\frac{1}{4}\right)^t$$

当 $i\neq j$ 时，$B_{i,1}=B_{j,1}=\dfrac{1}{2^h}$仍成立。然而，$t$ 从 h 到 1 时，必然会遇到第一个（即满足 $b_{k-1}^{(i)}\neq b_{k-1}^{(j)}$的最大的 k，因此 $B_{i,\mathrm{pt}_k}=-B_{j,\mathrm{pt}_k}=\pm\dfrac{1}{2^k}$。而由算法的第 5 和第 6 步可知，第 i 行和第 j 行下一次循环的位置 $\mathrm{pt}_{k-1}^{(i)}\neq\mathrm{pt}_{k-1}^{(j)}$。由于位置 pt_i 和 pt_{i+1} 在二叉树表示中具有父子节点的关系，因此，接下来的循环必有 $\mathrm{pt}_t^{(i)}\neq\mathrm{pt}_t^{(j)}$ ($t<k$)。而两个数字在二进制表示下最大不相等的位可由$\lfloor \log_2(a\oplus b\rfloor$计算，$k$ 比该位的数值大 1。因此，可求出 $k=\lfloor \log_2((i-1)\oplus(j-1))\rfloor+1$。则 Σ_{ij} 的计算公式如下：

$$\begin{aligned} \Sigma_{ij} &= B_{i,1}\times B_{j,1} + \sum_{t=k}^{h} B_{i,\mathrm{pt}_t}\times B_{j,\mathrm{pt}_t} + \sum_{t=1}^{k-1} B_{i,\mathrm{pt}_t}\times 0 + \sum_{t=1}^{k-1} B_{j,\mathrm{pt}_t}\times 0 \\ &= B_{i,1}\times B_{j,1} + \sum_{t=k+1}^{h} B_{i,\mathrm{pt}_t}\times B_{j,\mathrm{pt}_t} + B_{i,\mathrm{pt}_k}\times B_{j,\mathrm{pt}_k} \\ &= \left(\frac{1}{4}\right)^h + \sum_{t=k+1}^{h}\left(\frac{1}{4}\right)^t - \left(\frac{1}{4}\right)^k \end{aligned}$$

定理 8.2 得证。

为了便于计算，对式(8.6)进一步化简，得到与之等价的公式：

$$\begin{cases} \Sigma_{ij} = \dfrac{1}{3} + \dfrac{2}{3}\left(\dfrac{1}{4}\right)^h, & i = j \\ \Sigma_{ij} = \dfrac{2}{3}\left(\left(\dfrac{1}{4}\right)^h - \left(\dfrac{1}{4}\right)^k\right), & i \neq j \end{cases} \tag{8.7}$$

又令 Φ_k 表示两节点最小公共祖先层数为 k 时的协方差，则 Φ_k 满足如下递推关系：

$$\Phi_k = \Phi_{k-1} + 2\left(\frac{1}{4}\right)^k \tag{8.8}$$

接下来对 Prievlet 算法的均方误差进行求解。

8.3.3 求解 Prievlet 算法的均方误差

求解 Prievlet 算法的均方误差分两步进行：首先对任意固定查询区间的均方误差进行求解；然后求解随机查询区间的均方误差。

1. 求解任意固定查询区间的均方误差

将经过 Prievelet 算法变换后的数据用向量的形式表示成 $\widetilde{\boldsymbol{V}}=(\widetilde{v}_1,\widetilde{v}_2,\cdots,\widetilde{v}_n)^{\mathrm{T}}$，则可以将查询区间$[l,r]$表示成向量：$\boldsymbol{I}=(\underbrace{0,0,\cdots,0}_{l-1个},\underbrace{1,1,\cdots,1}_{r-l+1个},\underbrace{0,0,\cdots,0}_{n-r个})$，那么查询结果为 $\boldsymbol{Q}=\boldsymbol{I}^{\mathrm{T}}\widetilde{\boldsymbol{V}}$。

根据定理 8.1 和式(8.5)，得到这个查询的均方误差：

$$\begin{aligned}\mathrm{Err}(\boldsymbol{Q})&=2\left(\frac{h+1}{\varepsilon}\right)^2\times\boldsymbol{I}^{\mathrm{T}}\boldsymbol{B}\boldsymbol{B}^{\mathrm{T}}\boldsymbol{I}=2\left(\frac{h+1}{\varepsilon}\right)^2\times\boldsymbol{I}^{\mathrm{T}}\boldsymbol{\Sigma}\boldsymbol{I}\\&=2\left(\frac{h+1}{\varepsilon}\right)^2\times\sum_{i=l}^{r}\sum_{j=l}^{r}\Sigma_{ij}\end{aligned}\tag{8.9}$$

式(8.9)需要进行矩阵乘法运算，该运算的复杂度较高。而从 8.2.1 节的分析结果可以发现协方差矩阵存在规律，可以由定理 8.2 以及式(8.6)计算得出协方差矩阵中的任意一个值。利用上述特点，本节提出一个可以快速计算 Prievlet 算法区间查询的均方误差的算法。

由定理 8.2 可以得出，对于节点 i 与节点 j，它们的均方误差为 $\Phi_k=\left(\frac{1}{4}\right)^h+\sum_{t=k+1}^{h}\left(\frac{1}{4}\right)^t-\left(\frac{1}{4}\right)^k$，这意味着每对节点的均方误差只与最近祖先高度有关。由此对每个非叶节点进行考虑，只需计算出以该节点为最近公共祖先的叶节点的对数，再乘以对应的协方差即可。

以图 8.5 为例，共有 8 个叶节点，查询区间为[3,7]。图中条纹节点是只有部分区间被查询区间覆盖的节点，而灰色节点是整个区间都被查询区间覆盖的节点。例如，节点 c_3 表示的是[4,8]这个区间，查询区间[3,7]只覆盖了该区间的一部分；而节点 c_5 所表示的整个区间则完全被查询区间[3,7]覆盖。

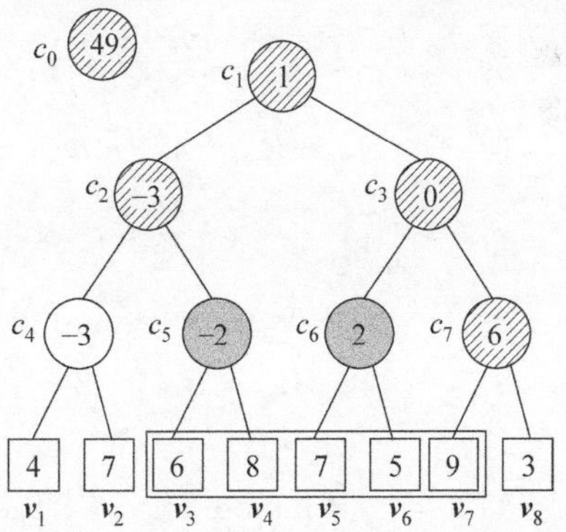

图 8.5　Prievlet 算法查询[3,7]的示例

灰色节点是被查询区间完全覆盖的，以该节点为最近公共祖先的节点对数可以由左右子树叶节点个数的乘积得到。根据这个二叉树的性质可以知道，如果该节点在第 k 层，那么其覆盖范围是 2^k，左右子树叶节点个数都为 2^{k-1}。因此，如果一个节点是第 k 层节点，那么以该节点为最近公共祖先的叶节点对数为 4^{k-1}。因此只需再计算出第 k 层灰色节点的个数即可，可由以下公式算出：

$$a_k=\left\lfloor\frac{r}{2^k}\right\rfloor-\left\lfloor\frac{l-2}{2^k}\right\rfloor-1\tag{8.10}$$

图 8.5 中的条纹节点是查询边界上的节点，显而易见，这种节点在每一层最多会出现两个。因此可以直接枚举进行求解。假设节点 c_k 是第 k 层的节点，覆盖区间为$[l_x,r_x]$，可以

得出以节点 c_x 为最近公共祖先的叶节点对数,如下:

$$| \boldsymbol{P} | \times | \boldsymbol{R} | , \quad \text{其中} \quad \boldsymbol{P} = \left[l_x, \frac{l_x + r_x - 1}{2} \right] \bigcap [l, r], \quad \boldsymbol{R} = \left[\frac{l_x + r_x + 1}{2}, r_x \right] \bigcap [l, r]$$

(8.11)

除了考虑协方差之外,还需要对各个变量的均方误差进行考虑,即$\boldsymbol{\Sigma}$矩阵中的对角线元素$\boldsymbol{\Sigma}_{ii}$。由定理 8.2 可以发现,这些均方误差都是固定的,只需将该均方误差乘以区间的长度 $r - l + 1$ 即可。

根据上述分析,本节提出了一种求解 Prievlet 差分隐私算法任意区间查询的均方误差系数的算法。在 Prievlet 算法中,敏感度和隐私预算 ε 都是一个固定的值,这两个参数只会影响要添加的噪声大小,而对于采取相同噪声机制的差分隐私算法不会产生影响,为了方便计算分析,暂时不予考虑这两个参数,只考虑均方误差的系数。

算法 8.3 求解任意固定区间查询的均方误差系数。

输入:Prievlet 树高 h,查询区间$[l, r]$

输出:均方误差系数 R_{err}

1. 由式 $\sigma^2 = \frac{1}{3} - \frac{2}{3} \left(\frac{1}{4} \right)^h$ 计算区间覆盖变量的独立均方误差

2. $R_{err} \leftarrow (r - l + 1) \times \sigma^2$　　　　　　//累加独立均方误差部分

3. for $k = 1$ to h

4. 　　$\Phi_k = \frac{1}{3} \left(\left(\frac{1}{4} \right)^h - \left(\frac{1}{4} \right)^k \right)$　　　　//式(8.7)

5. 　　$a_k = \left\lfloor \frac{r}{2^k} \right\rfloor - \left\lfloor \frac{l-2}{2^k} \right\rfloor - 1$;　　　　//灰色节点个数

6. 　　$R_{err} \leftarrow R_{err} + 4^{k-1} a_k \Phi_k$;

7. 　　if $\left\lfloor \frac{r-1}{2^k} \right\rfloor - \left\lfloor \frac{l-1}{2^k} \right\rfloor > 0$ then　　　　//查询区间的两端点不在该层同一节点内

8. 　　　　if $0 < (l-1) \bmod 2^k < 2^{k-1}$ then

9. 　　　　　　$R_{err} \leftarrow R_{err} + (2^{k-1} - (l-1) \bmod 2^k) \times 2^k \times \Phi_k$

10. 　　　　end if

11. 　　　　if $r \bmod 2^k > 2^{k-1}$ then

12. 　　　　　　$R_{err} \leftarrow R_{err} + (r \bmod 2^k - 2^{k-1}) \times 2^k \times \Phi_k$

13. 　　　　end if

14. 　　else　　　　　　　　　//查询区间的两端点在该层的同一节点内

15. 　　　　if$(l-1) \bmod 2^k < 2^{k-1}$ and $(r-1) \bmod 2^k \geq 2^{k-1}$ then

16. 　　　　　　$R_{err} \leftarrow R_{err} + 2(2^{k-1} - (l-1) \bmod 2^k) * ((r-1) \bmod 2^k - 2^{k-1} + 1) \Phi_k$

17. 　　　　end if

18. 　　end if

19. end for

20. return R_{err}

由算法 8.3 得出的 R_{err},可以求出查询区间$[l, r]$的均方误差,如下所示:

$$\mathrm{Err}(l,r)=R_{\mathrm{err}}\times\frac{2(h+1)^2}{\varepsilon^2} \tag{8.12}$$

分析算法 8.3 可以发现,其时间复杂度为 $O(h)$ 即 $O(\log N)$,只需遍历一次 1 到 h 就能得出结果,因此该算法能够完成海量数据的均方误差求解任务。

2. 求解随机查询区间的均方误差

算法 8.3 可以快速、有效地求得任意固定查询区间下 Prievlet 算法的均方误差,但固定区间查询的均方误差不能体现该算法平均情况下的均方误差,因此,下面在算法 8.3 的基础上对随机查询区间下 Prievlet 算法的均方误差进行求解,得出该算法一般情况下的均方误差。

观察式(8.9),对于所有查询来说,Prievlet 算法添加的噪声是一样的,其不同之处是 $\boldsymbol{I}^{\mathrm{T}}\boldsymbol{\Sigma}\boldsymbol{I}$ 的值不同,称这部分为均方误差系数。接下来对均方误差系数进行重点分析。

观察均方误差系数 $\boldsymbol{I}^{\mathrm{T}}\boldsymbol{\Sigma}\boldsymbol{I}$ 可以发现,该计算过程等价于取出$\boldsymbol{\Sigma}$ 矩阵中的一个子矩阵,即从第 l 行到第 r 行,从第 l 列到第 r 列,然后将子矩阵中所有的元素相加。

图 8.6 是 8 个节点、查询区间为[3,7]的例子,图中矩阵是该查询规模下的协方差矩阵,虚线框内是取出的子矩阵

$$\begin{pmatrix}
\frac{11}{32} & -\frac{5}{32} & -\frac{1}{32} & -\frac{1}{32} & 0 & 0 & 0 & 0\\
-\frac{5}{32} & \frac{11}{32} & -\frac{1}{32} & -\frac{1}{32} & 0 & 0 & 0 & 0\\
-\frac{1}{32} & -\frac{1}{32} & \frac{11}{32} & -\frac{5}{32} & 0 & 0 & 0 & 0\\
-\frac{1}{32} & -\frac{1}{32} & -\frac{5}{32} & \frac{11}{32} & 0 & 0 & 0 & 0\\
0 & 0 & 0 & 0 & \frac{11}{32} & -\frac{5}{32} & -\frac{1}{32} & -\frac{1}{32}\\
0 & 0 & 0 & 0 & -\frac{5}{32} & \frac{11}{32} & -\frac{1}{32} & -\frac{1}{32}\\
0 & 0 & 0 & 0 & -\frac{1}{32} & -\frac{1}{32} & \frac{11}{32} & -\frac{5}{32}\\
0 & 0 & 0 & 0 & -\frac{1}{32} & -\frac{1}{32} & -\frac{5}{32} & \frac{11}{32}
\end{pmatrix}$$

图 8.6　8 个节点、查询区间为[3,7]的协方差矩阵和取出的子矩阵

接下来,对 Prievlet 算法的一般情况下的均方误差进行求解,在一般情况下,可以认为所有的查询区间$[l,r]$($l\leqslant n,l\leqslant r,r\leqslant n$)出现的概率都是均等的。可将上文中 $\boldsymbol{I}^{\mathrm{T}}\boldsymbol{\Sigma}\boldsymbol{I}$ 的求解方式进行变换,考虑每个 Σ_{ij} 会被多少个查询区间用到。计算公式如下:

$$\begin{aligned}\mathrm{cnt}_{\Sigma_{ij}}&=|\{\boldsymbol{Q}:[l,r]\mid \boldsymbol{Q}\text{的累加因子包含}\Sigma_{ij}\}|\\&=\min(i,j)\times(2^h-\max(i,j)+1)\end{aligned} \tag{8.13}$$

若只考虑 $i\leqslant j$ 的情况,式(8.13)可以进一步化简为 $\mathrm{cnf}_{\Sigma_{ij}}=i\times(2^h-j+1)$。

$i>j$ 时,可以利用$\boldsymbol{\Sigma}$ 矩阵的对称性进行求解,即 $\mathrm{cnt}_{\Sigma_{ij}}=\mathrm{cnt}_{\Sigma_{ji}}$。

从上面的分析可以看出,协方差矩阵$\boldsymbol{\Sigma}$ 中有很多相等的值,因此可按不同的值分别讨论,以提高求解效率。从定理 8.2 中可以看出求解总体的均方误差可以分为两步。

首先,求解两个不同节点的均方误差系数之和。根据两个节点的最近公共祖先的高度划分,假设高度为 k,那么 $\sum\limits_{ij}$ 满足 $\sum\limits_{ij}=\Phi_k$。然后用式(8.14)计算所有区间中 Φ_k 的总和 S_{Φ_k}:

$$S_{\Phi_k}=\frac{1}{6}\left(\frac{2^{h+k}}{48}+\frac{7\times 2^{2k-h}}{48}+\frac{2^k}{2}+\frac{2^{k-h}}{4}+\frac{4^h}{4}+\frac{2^h}{4}\right)-\frac{1}{6}\left(\frac{4^k}{4}+\frac{2^{k-h}}{4}+\frac{2^{3h-k}}{6}+\frac{2^{2h-k}}{2}+\frac{2^{h-k}}{4}\right) \tag{8.14}$$

计算过程如下：

$$\begin{aligned}
S_{\Phi_k}&=\Phi_k\times\sum_{t=1}^{2^{h-k}}\sum_{i=1}^{2^{k-1}}\sum_{j=1+2^{k-1}}^{2^k}\left((i+2^k(t-1))(2^h-j-2^k(t-1)+1)\right)\\
&=\Phi_k\times\sum_{t=1}^{2^{h-k}}\left(\sum_{i=1}^{2^{k-1}}(i+2^k(t-1))\sum_{j=1}^{2^{k-1}}(j+(2^h-2^kt))\right)\\
&=\Phi_k\times\sum_{t=1}^{2^{h-k}}\left(\left(\frac{2^{k-1}(2^{k-1}+1)}{2}+2^{2k-1}(t-1)\right)\left(\frac{2^{k-1}(2^{k-1}+1)}{2}+(2^{h+k-1}-2^{2k-1}t)\right)\right)\\
&=4^{k-1}\Phi_k\times\sum_{t=1}^{2^{h-k}}\left(\left(2^kt+\frac{2^{k-1}+1}{2}-2^k\right)\left(-2^kt+\frac{2^{k-1}+1}{2}+2^h\right)\right)\\
&=4^{k-1}\Phi_k\times\sum_{t=1}^{2^{h-k}}\left(-4^kt^2+2^k(2^h+2^k)t+\left(\frac{2^{k-1}+1}{2}\right)^2+(2^h-2^k)\left(\frac{2^{k-1}+1}{2}\right)-2^{h+k}\right)\\
&=4^{k-1}\Phi_k\times\left(-4^k\left(\frac{8^{h-k}}{3}+\frac{4^{h-k}}{2}+\frac{2^{h-k}}{6}\right)+2^k(2^h+2^k)\frac{2^{h-k}(2^{h-k}+1)}{2}\right)\\
&\quad+4^{k-1}\Phi_k\times\left(\left(\frac{2^{k-1}+1}{2}\right)^2+(2^h-2^k)\left(\frac{2^{k-1}+1}{2}\right)-2^{h+k}\right)\\
&=4^{k-1}\Phi_k\times\left(\frac{2^{3h-k}}{6}-\frac{4^h}{4}+\frac{7\times 2^{h+k}}{48}-\frac{2^h}{4}+\frac{2^{2h-k}}{2}+\frac{2^{h-k}}{4}\right)\\
&=\frac{1}{6}(4^{k-h}-1)\times\left(\frac{2^{3h-k}}{6}-\frac{4^h}{4}+\frac{7\times 2^{h+k}}{48}-\frac{2^h}{4}+\frac{2^{2h-k}}{2}+\frac{2^{h-k}}{4}\right)\\
&=\frac{1}{6}\left(\frac{2^{h+k}}{6}-\frac{4^k}{4}+\frac{7\times 2^{3k-h}}{48}-\frac{2^{2k-h}}{4}+\frac{2^k}{2}+\frac{2^{k-h}}{4}\right)-\\
&\quad\frac{1}{6}\left(\frac{2^{3h-k}}{6}-\frac{4^h}{4}+\frac{7\times 2^{h+k}}{48}-\frac{2^h}{4}+\frac{2^{2h-k}}{2}+\frac{2^{h-k}}{4}\right)\\
&=\frac{1}{6}\left(\frac{2^{h+k}}{6}-\frac{4^k}{4}+\frac{7\times 2^{3k-h}}{48}-\frac{2^{2k-h}}{4}+\frac{2^k}{2}+\frac{2^{k-h}}{4}\right)-\frac{1}{6}\left(\frac{2^{3h-k}}{6}-\frac{4^h}{4}-\frac{2^h}{4}+\frac{2^{2h-k}}{2}+\frac{2^{h-k}}{4}\right)\\
&=\frac{1}{6}\left(\frac{2^{h+k}}{48}-\frac{4^k}{4}+\frac{7\times 2^{3k-h}}{48}-\frac{2^{2k-h}}{4}+\frac{2^k}{2}+\frac{2^{k-h}}{4}-\frac{2^{3h-k}}{6}+\frac{4^h}{4}+\frac{2^h}{4}-\frac{2^{2h-k}}{2}-\frac{2^{h-k}}{4}\right)\\
&=\frac{1}{6}\left(\frac{2^{h+k}}{48}+\frac{7\times 2^{3k-h}}{48}+\frac{2^k}{2}+\frac{2^{k-h}}{4}+\frac{4^h}{4}+\frac{2^h}{4}\right)-\frac{1}{6}\left(\frac{4^k}{4}+\frac{2^{2k-h}}{4}+\frac{2^{3h-k}}{6}+\frac{2^{2h-k}}{2}+\frac{2^{h-k}}{4}\right)
\end{aligned}$$

其次，求解每个查询区间的各个元素的独立均方误差总和 S_D。计算过程如下：

$$\begin{aligned}
S_D&=\left(\frac{1}{3}+\frac{2}{3}\left(\frac{1}{4}\right)^h\right)\times\sum_{i=1}^{2^h}\sum_{j=i}^{2^h}(j-i+1)\\
&=\left(\frac{1}{3}+\frac{2}{3}\left(\frac{1}{4}\right)^h\right)\times\sum_{i=1}^{2^h}\sum_{j=i}^{i}j
\end{aligned}$$

$$=\left(\frac{1}{3}+\frac{2}{3}\left(\frac{1}{4}\right)^{h}\right)\times\sum_{i=1}^{2^h}\frac{i\times(i+1)}{2}$$

$$=\left(\frac{1}{3}+\frac{2}{3}\left(\frac{1}{4}\right)^{h}\right)\times\left(\frac{8^h}{6}+\frac{4^h}{2}+\frac{2^h}{3}\right)$$

$$=\frac{8^h}{18}+\frac{4^h}{6}+\frac{2\times 2^h}{9}+\frac{1}{3}+\frac{2}{9\times 2^h} \tag{8.15}$$

最后，将上述两个步骤的计算结果结合，得到区间查询的均方误差系数总和：

$$T=\sum_{Q\in\{[1,r]\mid 1\leqslant 1\leqslant r\leqslant 2^h\}}D(Q)=S_D+2\sum_{k=1}^{h}S_{\Phi_k}$$

$$=\frac{8^h}{18}+\frac{4^h}{6}+\frac{2\times 2^h}{9}+\frac{1}{3}+\frac{2}{9\times 2^h}+\frac{1}{3}\sum_{k=1}^{h}\left(\frac{2^{h+k}}{48}-\frac{4^k}{4}+\frac{7\times 2^{3k-h}}{48}-\frac{2^{2k-h}}{4}+\frac{2^k}{2}+\right.$$

$$\left.\frac{2^{k-h}}{4}-\frac{2^{3h-k}}{6}+\frac{4^h}{4}+\frac{2^h}{4}-\frac{2^{2h-k}}{2}-\frac{2^{h-k}}{4}\right)$$

$$=\frac{8^h}{18}+\frac{4^h}{6}+\frac{2\times 2^h}{9}+\frac{1}{3}+\frac{2}{9\times 2^h}+$$

$$\frac{1}{3}\left(\frac{7\times 2^h}{48}\sum_{k=1}^{h}8^k-\left(\frac{1}{4}+\frac{2^h}{4}\right)\sum_{k=1}^{h}4^k+\left(\frac{2^h}{48}+\frac{1}{2}+\frac{2^{-h}}{4}\right)\sum_{k=1}^{h}2^k\right)+$$

$$\frac{1}{3}\left(\left(\frac{4^h}{4}+\frac{2^h}{4}\right)\times h-\left(\frac{2^{3h}}{6}+\frac{2^{2h}}{2}+\frac{2^h}{4}\right)\sum_{k=1}^{h}2^{-k}\right)$$

$$=\left(\frac{37}{72}+\frac{h}{12}\right)\times 2^h+\left(\frac{1}{72}+\frac{h}{12}\right)\times 4^h+\frac{13}{36}+\frac{1}{9\times 2^h} \tag{8.16}$$

根据上面的方法求出查询区间的均方误差系数总和之后，只需将其除以区间的总个数 $C_{2^h+1}^2$ 即可得到 Prievlet 算法在进行区间查询时均方误差系数的一般情况。计算过程如下：

$$\overline{D}(h)=\frac{\sum_{Q\in\{[l,r]\mid 1\leqslant l\leqslant r\leqslant 2^h\}}D(Q)}{\mid\{[l,r]\mid 1\leqslant l\leqslant r\leqslant 2^h\}\mid}=\frac{T}{C_{2^h+1}^2}$$

$$=\frac{\left(\frac{37}{72}+\frac{h}{12}\right)\times 2^h+\left(\frac{1}{72}+\frac{h}{12}\right)\times 4^h+\frac{13}{36}+\frac{1}{9\times 2^h}}{\frac{2^h(2^h+1)}{2}}$$

$$=\frac{\left(\frac{1}{36}+\frac{h}{6}\right)\times(4^h+2^h)+2^h+\frac{13}{18}+\frac{2}{9\times 2^h}}{4^h+2^h}$$

$$=\frac{1}{36}+\frac{h}{6}+\frac{1}{2^h+1}+\frac{13}{18(4^h+2^h)}+\frac{2}{9(8^h+4^h)} \tag{8.17}$$

当 $h\to\infty$ 时式(8.17)的极限为

$$\lim_{h\to\infty}\overline{D}(h)=\lim_{h\to\infty}\left(\frac{1}{36}+\frac{h}{6}+\frac{1}{2^h+1}+\frac{13}{18(4^h+2^h)}+\frac{2}{9(8^h+4^h)}\right)$$

$$=\frac{1}{36}+\frac{h}{6}+\lim_{h\to\infty}\left(\frac{1}{2^h+1}+\frac{13}{18(4^h+2^h)}+\frac{2}{9(8^h+4^h)}\right)$$

$$=\frac{1}{36}+\frac{h}{6}$$

当 $h\to\infty$ 时，$\overline{D}(h)$ 为 $\frac{1}{36}+\frac{h}{6}$，这表明 Prievlet 算法在进行区间查询时的平均性能与树高 h 为线性关系。因此，当 h 较大时，$\overline{D}(h)$ 可用以下公式表示：

$$\overline{D}(h)\approx\frac{1}{36}+\frac{h}{6} \tag{8.18}$$

实验表明，当 $h>10$ 时，式(8.17)与式(8.18)计算结果的差别可以忽略不计。

最后，只需要将根据式(8.17)得到的均方误差系数乘以 Prievlet 算法的均方误差，就可以得到一般情况下的均方误差：

$$\begin{aligned}\overline{\mathrm{Err}}(\boldsymbol{Q}) &= 2\left(\frac{h+1}{\varepsilon}\right)^2\times\overline{D}(h)\\ &= 2\left(\frac{h+1}{\varepsilon}\right)^2\times\left(\frac{1}{36}+\frac{h}{6}+\frac{1}{2^h+1}+\frac{13}{18(4^h+2^h)}+\frac{2}{9(8^h+4^h)}\right)\\ &= \boxed{\left(\frac{h^3}{6}+\frac{13h^2}{36}+\frac{4h}{18}+\frac{1}{36}+\frac{h^2+2h+1}{2^h+1}+\frac{13h^2+26h+13}{18(4^h+2^h)}+\frac{2h^2+4h+2}{9(8^h+4^h)}\right)}\times 2\left(\frac{1}{\varepsilon}\right)^2\\ &\approx \boxed{\left(\frac{h^3}{6}+\frac{13h^2}{36}+\frac{4h}{18}+\frac{1}{36}\right)}\times 2\left(\frac{1}{\varepsilon}\right)^2\end{aligned} \tag{8.19}$$

由式(8.19)可得 $\overline{\mathrm{Err}}(\boldsymbol{Q})$ 的渐进阶为 $O(\log_2^3 N)$，而且最高阶系数为 $\frac{1}{6}$，与朴素二叉树均方误差 $\overline{\mathrm{Err}}(\boldsymbol{Q})=(h^3-2h^2))\times 2\left(\frac{1}{\varepsilon}\right)^2$ 的最高阶系数为 1 的算法[17]相比，Prievlet 算法产生的误差仅约为其 1/6，这从理论上说明了为什么 Prievlet 算法比朴素二叉树算法误差更低。

通过对 $\overline{\mathrm{Err}}(\boldsymbol{Q})$ 的进一步研究可以发现，计算结果分为两部分：一部分是误差系数，如式(8.19)中方框所示的部分；另一部分是基本的噪声误差 $2\left(\frac{1}{\varepsilon}\right)^2$。

上述两部分中，基本的噪声误差不可变，取决于用户想要保护隐私的程度。误差系数主要由算法和数据规模确定。而其中数据规模取决于应用的需要，不随算法的改变而改变。为反映差分隐私算法的性能，8.4 节将对误差系数进行处理，将与算法性能无关的部分去掉，提出一种直观的、能够反映算法性能的评价指标。

8.4 $O(\log_2^3 N)$ 精确度指标

在现有的差分隐私数据发布领域，目前所有算法的均方误差渐进阶最低能达到 $O(\log_2^3 N)$[15]。因此，本节针对此类算法提出差分隐私 $O(\log_2^3 N)$ 精确度指标，具体定义如下。

定义 8.3($O(\log_2^3 N)$ 精确度指标)　已知差分隐私算法 $\boldsymbol{A}$ 与该算法所处理的数据规模 N。令 $f(N)=\frac{\overline{\mathrm{Err}}(N)}{\frac{2}{\varepsilon^2}}$ 表示在该数据规模下算法 $\boldsymbol{A}$ 产生的平均均方误差系数函数，则该算法的 $O(\log_2^3 N)$ 精确度指标 k 表示为

$$k=\lim_{N\to\infty}\frac{\log_2^3 N}{f(N)} \tag{8.20}$$

以 Prievlet 算法为例。$O(\log_2^3 N)$精确度指标 k 计算如下：

$$k=\lim_{N\to\infty}\frac{\log_2^3 N}{\frac{\log_2^3 N}{6}+\frac{13\log_2^2 N}{36}+\frac{4\log_2 N}{18}+\frac{1}{36}}$$

$$=\lim_{h\to\infty}\frac{h^3}{\frac{h^3}{6}+\frac{13h^2}{6}+\frac{4h}{18}+\frac{1}{36}}=6$$

因此，随机区间查询下的 Prievlet 算法的 $O(\log_2^3 N)$精确度指标为 6。

与传统的描述均方误差复杂度的方法相比，上面提出的精确度指标能更直观地反映差分隐私算法的性能。一般而言，$O(\log_2^3 N)$精确度指标相同的算法，精确度方面性能相近；而对于 $O(\log_2^3 N)$精确度指标不同的算法，随着数据规模的增大，$O(\log_2^3 N)$精确度指标越低的算法误差越大。因此，该指标能够准确地反映差分隐私算法的精确性。

另一方面，研究表明，绝大多数算法的 $O(\log_2^3 N)$精确度指标均为正数，这使得结果更加直观，能够简洁地反映差分隐私算法的精确性，便于人们对算法性能的研究和比较分析。经过理论分析，常见的 3 种差分隐私算法——朴素二叉树算法、Boost 算法、Prievlet 算法的 $O(\log_2^3 N)$精确度指标分别为 1、6、6。其中关于朴素二叉树算法和 Boost 算法的 $O(\log_2^3 N)$精确度指标的前置分析计算过程在文献[15]中有详细的分析，只需将均方误差按本节提出的方法进一步推导即可得出，因此不再赘述；而 Prievlet 算法的 $O(\log_2^3 N)$精确度指标已在上面得出。

8.5 实验分析

本节通过实验来验证本章提出的求解均方误差的算法以及公式的正确性。本节进行了多次实验，对多次实验的误差取平均值作为实验误差。同时通过算法 8.3 以及式(8.18)计算出相应的理论上的误差，将两者进行比较，来验证本章理论分析的正确性。

本节实验是在奔腾双核 CPU T4200 2.00GHz 的计算机上完成的，采用的语言为 Matlab，在实验中将差分隐私参数 ε 统一设置为 1。

8.5.1 验证固定区间查询误差算法

为了能够体现出实验效果，同时考虑实验需要消耗的时间，本实验采用的数据规模为 1024，并且随机生成了 50 个查询区间，分别计算了理论上和实验实际产生的均方误差。每个查询区间重复实验 100 次，将每次产生的均方误差取平均值，作为最终的实验结果，而理论误差则通过算法 8.3 计算。详细实验结果如表 8.1 所示。

表 8.1 固定区间查询下两种误差的计算结果

查询区间	实验误差	理论误差	查询区间	实验误差	理论误差
[17,159]	189.4292	283.5102	[58,555]	335.3053	523.3846
[22,1003]	590.1725	615.5341	[67,258]	305.8175	283.7562
[47,638]	450.2551	447.3802	[68,360]	323.1053	396.7594

续表

查询区间	实验误差	理论误差	查询区间	实验误差	理论误差
[93,316]	357.9742	356.0874	[389,568]	272.5108	300.3066
[101,248]	240.8084	279.2438	[394,771]	419.6028	433.7941
[104,896]	428.8195	453.3341	[401,603]	296.3138	387.6312
[121,508]	296.8180	296.0822	[411,929]	446.1195	496.2849
[125,194]	250.5109	238.9333	[505,769]	256.4901	251.8570
[129,487]	319.8981	315.5548	[515,832]	248.4207	236.2894
[149,537]	399.9405	450.2840	[516,624]	197.3363	259.2681
[157,288]	262.3264	265.9504	[522,605]	336.9548	365.4445
[157,404]	354.2655	387.0168	[580,924]	385.9613	422.5376
[159,229]	297.6962	341.5214	[581,966]	365.9426	401.8667
[160,530]	426.4356	418.4591	[583,974]	338.6258	442.8346
[205,500]	360.9263	363.3840	[601,684]	247.7858	305.0036
[223,696]	481.3016	430.9351	[614,952]	371.8594	429.3948
[235,755]	422.1010	510.0178	[628,938]	395.2197	480.0909
[271,333]	423.1806	345.7679	[694,870]	473.0600	452.9353
[278,913]	483.8595	558.5163	[718,866]	453.8476	410.6806
[282,852]	545.1150	528.2723	[767,865]	261.6092	279.8213
[298,844]	575.9438	531.3889	[777,985]	272.3886	341.0856
[312,626]	507.8513	467.6375	[792,869]	293.1814	389.5186
[318,775]	373.9641	472.4485	[894,909]	297.4250	292.2640
[338,889]	636.2841	527.2804	[930,988]	333.0157	280.8995
[377,867]	343.4523	458.6552	[997,1020]	197.9246	196.7136

为了让读者更加直观地比较理论误差与实验误差，将表 8.1 中的数据制作成折线图，如图 8.7 所示。

观察图 8.7，可以发现，总体上实验误差与理论误差还是比较接近的，而且实验误差围绕着理论误差上下波动，符合差分隐私所添加的噪声是随机的这一特点。此外，在表 8.1 中，有的查询区间实验误差与理论误差比较接近，而有的则相差较大，这说明不同查询区间产生的误差波动程度不一，这也是由于实验次数不够多所造成的，随着实验次数增多，所有查询区间的误差会与理论误差越来越接近。

8.5.2 验证平均区间查询误差算法

接下来，将对前面分析得出的 Prievlet 算法在平均情况下的均方误差进行实验论证。

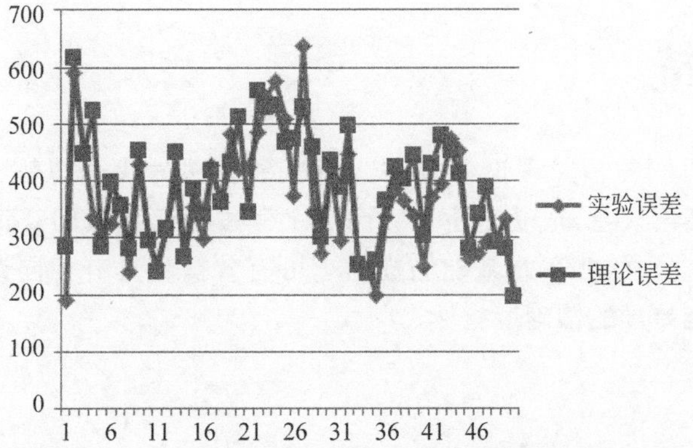

图 8.7　固定查询区间下实验误差与理论误差的对比

为了更好地验证该理论分析的正确性，本节对所有可能的区间进行实验，最终取其平均值作为实验误差。本实验采用的数据规模为 $N=2^m, 0\leqslant m\leqslant 10$，共 10 组模拟数据，进行实验对比，与 8.5.1 节的实验一样，本实验也重复做了 100 次，最后取平均值作为实验误差，并根据式(8.18)计算得出的理论上的均方误差进行比较好，如表 8.2 所示。

表 8.2　一般情况下的实验误差与理论误差

数据规模	实验误差	理论误差	数据规模	实验误差	理论误差
2	4.282 256	5.333 333	64	108.5584	102.2470
4	8.154 785	10.80 000	128	152.3626	153.8867
8	19.518 26	20.77 778	256	223.9268	221.1321
16	35.585 97	37.79 871	512	294.0130	305.9460
32	62.499 97	64.23 153	1024	402.6527	410.2918

为了方便观察，将实验误差用折线图的方式表示，如图 8.8 所示。

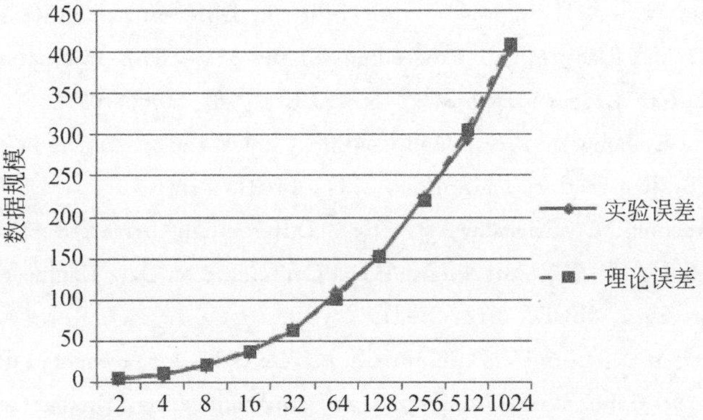

图 8.8　一般情况下实验误差与理论误差的对比

从图 8.8 可明显地看出，实验误差与分析的误差几乎一样，进一步说明式(8.18)计算出的 Prievlet 算法均方误差能准确地反映算法性能，验证了该公式的正确性。

8.6 本章小结

本章利用矩阵机制的相关理论，分析以 Prievlet 算法为代表的基于矩阵机制的差分隐私数据发布方法的理论误差，成功求解了 Prievlet 算法在任意区间查询下的均方误差和一般情况下的均方误差公式，并在此基础上提出了可有效衡量具有相同误差渐进阶的不同差分隐私发布算法性能差异的精确度指标。

参考文献

[1] Dwork C, Mcsherry F, Nissim K, et al. Calibrating Noise to Sensitivity in Private Data Analysis[J]. Proceedings of Theory of Cryptography Conference, 2006:265-284.

[2] Dwork C. Differential Privacy: A Survey of Results[C]. Proceedings of the International Conference on Theory and Applications of Models of Computation, China, April 25-29, 2008. Berlin, Heidelberg: Springer, 2008: 1-19.

[3] Dwork C, Lei J. Differential Privacy and Robust Statistics[C]. Proceedings of the 41st Annual ACM Symposium on Theory of Computing, USA, May 31-June 2, 2009. ACM, 2009: 371-380.

[4] Xiao X K, Wang G Z, Gehrke J. Differential Privacy via Wavelet Transforms[J]. IEEE Transactions on Knowledge and Data Engineering, 2011, 23(8): 1200-1214.

[5] Acs G, Castelluccia C, Chen R. Differentially Private Histogram Publishing through Lossy Compression[C]. Proceedings of the 12th IEEE International Conference on Data Mining (ICDM), Brussels, Belgium, Dec 10-13, 2012. IEEE, 2012:84-95.

[6] Xu J, Zhang Z J, Xiao X K, et al. Differentially Private Histogram Publication[J]. The VLDB Journal—The International Journal on Very Large Data Bases, 2013, 22(6): 797-822.

[7] Hay M, Rastogi V, Miklau G, et al. Boosting the Accuracy of Differentially Private Histograms through Consistency[J]. Proceedings of the VLDB Endowment, 2010, 3(1-2): 1021-1032.

[8] Li H, Cui J, Lin X, et al. Improving the Utility in Differential Private Histogram Publishing: Theoretical Study and Practice[C]. Proceedings of the 2016 IEEE International Conference on Big Data, Washington, DC, USA, Dec 5-8, 2016. IEEE, 2016: 1100-1109.

[9] Chan T H H, Shi E, Song D. Private and Continual Release of Statistics[J]. ACM Transactions on Information and System Security (TISSEC), 2011, 14(3): 26.

[10] Cormode G, Procopiuc C, Srivastava D, et al. Differentially Private Spatial Decompositions[C]. Proceedings of the 2012 IEEE 28th International Conference on Data Engineering, Washington, DC, USA, April 1-5, 2012. IEEE, 2012: 20-31.

[11] Qardaji W, Yang W N, Li N H. Differentially Private Grids for Geospatial data[C]. Proceedings of the 2013 IEEE 29th International Conference on Data Engineering, Brisbane, Australia, April 8-11, 2013. IEEE, 2013: 757 - 768.

[12] Smith A. Privacy-preserving Statistical Estimation with Optimal Convergence rates[C]. Proceedings of the 43rd annual ACM Symposium on Theory of Computing, New York, USA, June 6-8, 2011. ACM, 2011: 813-822.

[13] Zhang J, Zhang Z J, Xiao X K, et al. Functional Mechanism: Regression Analysis under Differential

Privacy[J]. Proceedings of the VLDB Endowment，2012，5(11)：1364-1375.

[14] Fletcher S，Islam M Z. A Differentially Private Random Decision Forest Using Reliable Signal-to-Noise Ratios[C]. Proceedings of Australasian Joint Conference on Artificial Intelligence，Australia，Nov 30- Dec 4，2015. Springer，Cham，2015：192-203.

[15] Qardaji W，Yang W，Li N. Understanding Hierarchical Methods for Differentially Private Histograms[J]. Proceedings of the VLDB Endowment，2013，6(14)：1954-1965.

[16] Zhang X D. Matrix Analysis and Application[M]. Beijing：Tsinghua University Press，2004.

[17] Yaroslavtsev G，Cormode G，Procopiuc C M，et al. Accurate and Efficient Private Release of Datacubes and Contingency Tables[C]. Proceedings of 2013 IEEE 29th International Conference on Data Engineering，Australia，April 8-12，2013. IEEE，2013：745-756.